STATIQUE

CHIMIQUE

DES ANIMAUX

IMPRIMERIE D'E DUVERGER,

RUE DE VERNEUIL, N° 6.

STATIQUE CHIMIQUE

DES

ANIMAUX

APPLIQUÉE SPÉCIALEMENT

A LA QUESTION DE L'EMPLOI AGRICOLE

DU SEL

PAR

J.-A. BARRAL

Ancien élève et répétiteur de l'École Polytechnique.

PARIS

LIBRAIRIE AGRICOLE DE LA MAISON RUSTIQUE

RUE JACOB, 26

Et chez les principaux Libraires de la France et de l'Étranger.

1850

PRÉFACE

« Les plantes, les animaux, l'homme, renferment de la matière. D'où vient-elle ? Que fait-elle dans leurs tissus et dans les liquides qui les baignent ? Où va-t-elle quand la mort brise les liens par lesquels ses diverses parties étaient si étroitement unies ? »

(*Essai de statique chimique des êtres organisés*, par MM. Dumas et Boussingault.)

Ayant été chargé de traiter, pour le *Journal d'Agriculture pratique*, la question du sel qui occupait alors le monde politique et agricole, je m'empressai de prendre connaissance des nombreux écrits qu'a fait éclore la mémorable lutte parlementaire relative à la réduction du lourd impôt qui pesait en France sur la consommation de cette matière. Mais je m'aperçus bientôt que la science possédait bien peu de données exactes sur le rôle du sel, soit dans l'alimentation de l'homme et des animaux, soit dans la production végétale. Car, telle était sur presque tous les points la confusion des idées, que chacun invoquait les mêmes faits à l'appui d'opinions diamétralement opposées, et croyait cependant avoir pour soi la raison et l'expérience. Il me parut alors impossible de me faire une opinion motivée sur les avantages ou les inconvénients d'une alimentation salée sans examiner préalablement avec soin l'action du sel commun dans tous les phénomènes vitaux, sans suivre cette substance dans son passage à travers tous les organes pour aboutir aux diverses excrétions.

Les différentes parties de mon travail s'appuyant tantôt sur des expériences qui me sont propres, tantôt sur les expériences des divers observateurs qui se sont occupés spécialement de la question du sel, ou sur les données antérieures de la science, ont été, à quelques exceptions près, publiées successivement durant ces deux dernières années. Aujourd'hui je les réunis dans ce volume en les reliant les unes aux autres après les avoir augmentées, corrigées et revues avec le plus grand soin. Je n'ai pu toutefois m'occuper encore que de l'économie animale; je me ferai un devoir de poursuivre mes recherches et de les compléter en ce qui concerne l'économie végétale, si mes forces me le permettent.

Le titre de ce livre me semble indiquer suffisamment le but que j'ai voulu atteindre en rattachant une question spéciale aux lois générales de la vie animale. Peut-être cependant dois-je justifier et définir le terme de *statique* dont je me suis servi. Je rappellerai d'abord que ce mot a été employé par les premiers observateurs qui se sont occupés de recherches physico-médicales relatives aux gains et aux pertes du corps humain, par Sanctorius, Dodart, Keill. Plus tard Hales publia, sous le titre de *Statique des végétaux et des animaux*, de nombreuses expériences sur la circulation de la séve et du sang ; la première partie de cet ouvrage, *la Statique des végétaux*, a été traduite par l'illustre Buffon. Enfin, en 1841, M. Dumas a fait à la Faculté de médecine de Paris une leçon célèbre qui, augmentée d'un appendice, a formé un volume, publié sous son nom et celui de M. Boussingault, et intitulé

Essai de statique chimique des êtres organisés.

De pareils exemples autorisent sans aucun doute, aux yeux de tout le monde, l'emprunt que je fais aux sciences mathématiques d'un terme qui implique l'idée de forces produisant dans un corps un équilibre plus ou moins stable. Mais n'est-ce pas de cette manière qu'on doit envisager les diverses forces chimiques, physiques, mécaniques et vitales qui président à l'entretien de tout être organisé dans son état normal? On ne pourrait guère qu'objecter l'ignorance absolue où nous sommes des rapports réels qui existent entre l'agent vital, l'affinité chimique, la cohésion, la chaleur, l'électricité et les autres agents physiques. Mais il n'est point nécessaire de connaître la nature des causes pour mesurer les effets, et en mécanique on n'arrive à avoir une idée de la grandeur des forces que par la comparaison des quantités d'action qu'elles fournissent. De même en biologie, sans se préoccuper de la nature des forces qui transforment les aliments en ma-

tières assimilables et successivement excrétées, on peut établir une relation entre les
produits mis à la disposition d'un animal et
les produits qu'il rend par diverses voies.
Cette relation est une équation, soit qu'on
considère l'entretien de la vie dans un temps
tel que l'économie ait pu perdre ce qu'elle a
reçu, soit qu'on l'envisage pendant toute
une existence, en tenant compte alors de la
portion de matière qui est retenue par les
organes et les constitue.

La chimie n'opère pas d'ailleurs, quant à
présent du moins, autrement qu'en mettant
plusieurs corps en présence et en égalant
leurs masses à celles des corps qui se sont
formés pendant la réaction. Il y a eu mouvement durant cette réaction entre les molécules des corps ; mais les phénomènes de
mouvement, qui constitueraient la *mécanique chimique*, échappent encore presque in-
tégralement à l'observateur ; celui-ci se
borne à la constatation des faits ultimes,
qui se manifestent pendant le repos, c'est-à-
dire avant et après la combinaison ou la dé-

composition des corps mis en présence, ce qui ne fournit que des notions d'équilibre ou de statique.

Quand il s'agit de la matière vivante et non plus de la matière morte, des forces nouvelles interviennent, il est vrai, et modifient profondément les arrangements des molécules en contact; mais, malgré cette intervention, il n'y a pas moins lieu de constater l'état des combinaisons et d'égaler les masses des corps qui ont agi aux masses des corps qui se sont formés. On fait de la chimie dans ce dernier cas tout aussi bien que dans le premier. Aussi les effets de l'introduction du chlorure de sodium dans la nutrition m'ont-ils toujours paru pouvoir être appréciés d'une manière statique, en examinant les changements introduits dans les produits des phénomènes vitaux, dans les mutations des tissus, dans les excrétions, par ce nouveau corps mélangé aux composés alimentaires mis en présence dans l'organisme animal ou végétal, sous l'action des agents de la vie. C'est ainsi que j'ai cherché sinon à résoudre complétement, du moins à éclairer la question qui m'était posée. L'expérience a été constamment mon guide, et je n'ai point reculé devant l'assujettissement de recherches pénibles et souvent rebutantes. Mais je laisse des doutes subsister sur beaucoup de points, et on me rendra, je l'espère, cette justice, que, plein de respect pour la vérité et pour la science, j'ai mieux fait de signaler des obscurités que de les masquer par les trompeuses lueurs de théories imaginaires.

STATIQUE

CHIMIQUE

DES ANIMAUX

APPLIQUÉE SPÉCIALEMENT

A LA QUESTION DE L'EMPLOI AGRICOLE

DU SEL

CHAPITRE Iᵉʳ.

Aperçu sur le rôle du sel dans les phénomènes vitaux.

I.— Séparation de la question scientifique et de la question politique.

Au premier rang des questions dignes d'attirer l'attention des hommes qui s'occupent des
intérêts des nations et des relations établies
entre les sociétés et les gouvernements se pla-

1

cent impérieusement toutes celles qui concernent l'hygiène et l'alimentation publiques.
Faire que les subsistances soient de bonne qualité, abondantes et à bon marché, tel doit être le
but d'une partie des efforts de tout homme
d'État, de tout législateur qui a conscience de
ses devoirs et de sa mission.

Aussi, par son honorable persistance à demander la réduction de l'impôt qui pesait en France
sur la consommation du sel, M. Demesmay aura
rendu à la cause de l'humanité un triple service.
Les populations pauvres et surtout les populations agricoles béniront un jour son nom pour
le bienfait dont il a réussi à les doter.

La science pure sera également redevable à
M. Demesmay de la solution d'une question physiologique d'une haute importance, celle de l'influence du sel sur l'économie animale. En effet,
sans l'enquête faite dans le passé et dans le présent par le laborieux Représentant, l'obscurité
la plus grande aurait longtemps encore conti-
nué à régner sur toutes les parties d'un problème qui tient une grande place dans le monde
immense des *inconnues* que l'homme est appelé à conquérir.

Enfin, la pratique agricole recueillera un certain nombre de données précises sur l'emploi
qu'elle doit faire du sel, soit pour l'engraissement ou même l'alimentation du bétail, soit
pour l'amendement des terres.

Profitant de tous les documents fournis sur la question, nous voulons les coordonner et en tirer les conséquences qui en découlent, dans l'intérêt seul de la vérité. Nous voulons faire concourir les nombreuses recherches chimiques et physiologiques, faites dans des buts divers par de nombreux travailleurs, à la solution de la question économique et politique de l'impôt du sel. Enfin nous nous servirons avec bonheur des résultats obtenus récemment par plusieurs agriculteurs et observateurs habiles qui ont cherché à éclairer du flambeau de l'expérience directe le problème posé devant les Chambres. Les recherches de MM. Boussingault, Becquerel, Daurier, Dailly, Husson, Turck, etc., ont apporté des éléments précieux de discussion. Des faits, encore des faits, et toujours des faits, pourvu qu'il y ait aussi appréciation sage et discussion approfondie, nous ne connaissons pas d'autres bases réellement scientifiques à la solution des questions de physiologie végétale ou animale.

Nous sommes tout à fait partisans de la réduction de l'impôt qui pesait sur le sel ; nous voudrions plus encore que n'a accordé l'Assemblée constituante ; nous voudrions sa suppression absolue. Nous voudrions, en outre, des mesures d'organisation propres à empêcher le renchérissement du sel amené par les coalitions puissantes des producteurs de cette denrée ; ces coalitions ont créé aussi un impôt dont la pression sur le consommateur surpasserait un jour, si l'on n'y prenait garde, la pression naguère exercée par le fisc.

Aucun impôt ne doit peser sur la source même de la vie ; or, le sel, abondamment répandu dans la nature, est une des sources de la vie de l'humanité. L'étude attentive des forces qui président à la composition et à la décomposition des corps nous le prouve tous les jours davantage. Le sel est appelé, à cause des éléments aux affinités si énergiques qui le constituent, à des destinées immenses qu'on a à peine devinées jusqu'à ce jour et qui ne sauraient se développer qu'autant qu'il restera à la libre disposition de tous, comme l'air et l'eau. Toutefois, hâtons-nous de le dire, la question de la réduction de l'impôt du sel et de l'utilité de l'emploi de cet agent dans l'alimentation du bétail ne sont point entièrement liées l'une à l'autre. Le sel fût-il inutile, son emploi fût-il même dangereux pour cet usage, l'impôt n'en devrait pas moins être supprimé ou réduit.

C'est à tort, selon nous, que l'on a invoqué, contre la diminution de l'impôt, les expériences qui n'ont pas démontré l'efficacité du sel en tout et pour tout dans l'agriculture. La question de la suppression de l'impôt est au-dessus de ce débat ; elle peut être fortifiée de la solution affirmative du problème de l'utilité agricole ; elle

ne saurait être ébranlée par une solution contraire.

Ainsi donc, les conséquences de notre travail
ne saurait être récusées, parce que notre opinion sur la question sociale et politique est toute
formée à l'avance. Nous sommes le plus fervent
admirateur et le disciple le plus zélé sur qui
puisse compter l'illustre pair de France dont
l'opinion a opposé à M. Demesmay une barrière
qui paraissait infranchissable et qu'une révolu-
tion a renversée. Tous les travaux de M. Gay-
Lussac sont marqués du signe de la sagesse et
du génie ; les chimistes surtout sont habitués à
respecter les décisions de son esprit judicieux
pour tout ce qui concerne sa science de prédi-
lection. Si notre illustre maître pouvait être,
sur la question du rôle du sel dans l'économie,
d'une opinion contraire à celle qui ressortira de
cet écrit, nous hésiterions à le faire paraître ;
mais cette circonstance n'est pas à craindre.

La science pure, en effet, n'a pas d'opinion
politique, et les savants, consciencieux cher-
cheurs de la vérité, ne sauraient être partagés
en partisans ou en non partisans du sel. M. Gay-
Lussac reconnaît l'utilité de l'emploi du sel dans
l'alimentation ; il ne nous sera pas difficile de le
démontrer par ses rappports mêmes à l'ancienne
Chambre des pairs. Seulement, M. Gay-Lussac
pense qu'on a exagéré l'importance numérique
de la quantité de sel nécessaire aux fonctions de

l'organisme ; comme la question n'a pas encore été complétement élucidée par les physiologistes, comme l'expérience directe laisse, jusqu'à présent, des doutes nombreux, cette opinion repose sur de justes fondements. Nous avons l'espoir d'avoir trouvé la vérité sur ce point de doctrine difficile, sans prétendre avoir dit le dernier mot. Arriverons-nous à faire changer d'opinion les adversaires de la mesure politique de la diminution de l'impôt du sel ? Nous tâcherons de faire en sorte que notre désir bien vif sur ce point ne nous enlève pas l'indépendance nécessaire pour ne tirer des faits que les conséquences qu'ils comportent.

II. — *Des diverses hypothèses relatives au rôle du sel dans l'économie animale.*

Il a été fait un certain nombre d'expériences sur l'influence du sel dans l'alimentation des principales classes d'animaux domestiques. On a voulu souvent conclure de ce qui avait été observé pour une classe d'animaux placés dans des conditions particulières à ce qui se passerait pour tous les autres animaux. Nous ne croyons pas à l'abri de tout reproche ce mode de procéder ; il n'est pas du moins acceptable sans un examen fait préalablement avec beaucoup de soin, sans une appréciation sévèrement raisonnée de l'influence des circonstances nouvelles. Dans tous les cas, si on l'admet, il faut l'admettre dans toute son étendue, et alors conclure de l'homme aux animaux tout aussi bien que des bœufs aux moutons, ou à toute autre classe de bestiaux.

Or, l'efficacité du sel étant universellement reconnue pour l'alimentation de l'homme, on devrait rigoureusement en tirer la conséquence que l'emploi du sel doit exercer une heureuse influence sur tous les animaux domestiques, et même sur tous les êtres de la création, aussi bien à l'état de sauvagerie qu'à l'état de domestication.

Un fait bien connu de toute antiquité confirme pleinement cette conséquence : c'est le plaisir incontestable que tous les animaux éprouvent à absorber les aliments salés. On n'aime pas ce qui est nuisible, à moins d'avoir les goûts dépravés ; or, il nous paraît difficile d'admettre que le goût de tous les animaux qui peuplent nôtre planète soit perverti.

Toutefois une objection sérieuse a été faite par M. Gay-Lussac. Dans son premier Rapport à la Chambre des pairs (19 juin 1846), l'illustre chimiste s'est exprimé en ces termes : « On sait avec quelle appétence les animaux recherchent le sel. Cependant cette appétence n'est pas la preuve d'un besoin impérieux et essentiel à satisfaire pour l'exercice de leurs fonctions, car ils sont peut-être plus friands encore de

sucre, aussi bien les herbivores que les carnivores. » Le sel ne serait peut-être, si nous com-
prenons bien, qu'une sorte de friandise pour
les animaux, de même que le sucre est une
friandise pour l'homme. Mais le sucre, ainsi que
cela est bien reconnu aujourd'hui par tous les
chimistes et teus les physiologites, n'est point
une friandise inutile ; en brûlant dans le travail
de la respiration, il fournit un complément de
chaleur nécessaire à la vie. L'appétence pour
le sucre est donc ici le signe d'un besoin réel à
satisfaire, et non pas un simple caprice d'estomac malade. Si le sucre devenait d'un prix assez
peu élevé pour qu'on pût *sans perte d'argent*
en donner aux bestiaux, il faudrait en assaisonner quelques-uns de leurs aliments. C'est avant
tout une question d'économie, *de balance pécuniaire*, et cela n'ôte rien à la réalité du bon
effet produit. Il est de certaines fonctions animales qui peuvent se remplir assez mal, sans
que pour cela la vie s'arrête. On a bien de la
marche devant soi, quand on donne aux animaux une nourriture insuffisante, avant d'avoir
réduit la dose des aliments à la limite précise
au-dessous de laquelle la mort serait imminente.
Faut-il donc ne se nourrir qu'en supportant des
privations qui, peu sensibles d'abord, amène-
raient à la longue le dépérissement des races ?
Conclure de l'impossibilité actuelle de donner
du sucre aux bestiaux à la possibilité de les pri-

ver de sel nous semble un raisonnement vicieux. Aux paroles si vraies de M. Gay-Lussac : « Appétit et digestion sont deux effets corrélatifs, » il faut donc ajouter : Appétence et besoin sont deux phénomènes d'une connexité intime.

Ainsi donc, avant toute étude, il est pour nous évident que l'emploi du sel est utile, nécessaire même, dans l'alimentation, et nous ne comprendrions pas que ses bons effets pussent être contestés. « Son emploi, a d'ailleurs dit M. Gay-Lussac, est trop préconisé et trop répandu pour qu'on doute de son utilité. »

L'analyse chimique a, du reste, mathématiquement démontré que le sel absorbé par l'homme ou par les animaux ne passe pas simplement à travers l'économie animale sans produire aucun effet, sans subir aucune décomposition ; elle a prouvé que le sel est une condition de la vie.

Nous trouvons encore cette démonstration écrite dans le premier rapport de M. Gay-Lussac. « On ne peut contester, dit-il, que le sel ne soit utile à l'économie animale, dans ce sens qu'il pourrait, s'il n'en existait pas d'autres sources, lui fournir la soude qui existe dans le sang, la bile, la salive, les liquides albumineux, quoique en quantité très minime. La nécessité de cette base alcaline est même démontrée par sa présence constante dans beaucoup de sécrétions semblables chez des animaux très diffé-

1.

rents, les favorisant au moins, si elle n'y entre pas comme élément plus essentiel.

« Le sel qui doit fournir la soude est puisé par les animaux dans les végétaux qui leur servent de nourriture ; ceux-ci le prennent au sol sur lequel ils croissent, et le sol lui-même en reçoit, une partie au moins, des engrais destinés à le fertiliser. Si donc le sel manquait au sol, il est probable que les animaux et peut-être aussi les végétaux en souffriraient, et qu'il deviendrait nécessaire de lui donner en complément tout ce qui lui manquerait. » Il n'est pas possible de rendre plus évidente la nécessité de l'emploi du sel dans de certaines circonstances faciles à prévoir.

Postérieurement à M. Gay-Lussac on a cherché en Allemagne à préciser davantage la nature du rôle du sel dans l'économie. On lit à ce sujet dans un des meilleurs recueils modernes de physiologie le passage suivant[1] :

« Relativement au rôle que joue le chlorure de sodium dans l'organisme vivant, nous n'avons encore que des fragments de connaissances. Dans le sang où il a été constamment trouvé en masse considérable, il paraît constituer une partie importante, parce qu'il empêche la combinaison des corpuscules avec l'albumine. D'un

(1) *Handwœrterbuch der Physiologie von Rudolph Wagner, neunzehnte Lieferung*, p. 677, art. Digestion (*Verdauung*), par M. Frierichs, de Gœttingue.

autre côté, il est vraisemblable qu'il favorise la
dissolution des corps albumineux et particulièrement de la matière fibrineuse. De grandes masses de ce sel peuvent empêcher la coagulation
de la fibrine de la même manière que les autres
sels alcalins. La principale importance du sel
commun ingéré consiste, son influence sur la
transsudation n'étant pas suffisamment connue,
en ce qu'il forme la source la plus abondante
de la soude, d'une base qui est indispensable
pour la constitution d'un grand nombre de matières animales.

« Presque toutes les substances de l'organisme contiennent de l'alcali combiné avec du
chlore ou de l'acide phosphorique en plus ou
moins grande quantité. Souvent cependant la
potasse est prédominante, comme dans la viande[1] ; elle se rencontre aussi davantage dans les
végétaux où il n'est pas rare que la soude manque complétement. Les plantes qui poussent au
bord de la mer font seules exception. Pour l'établissement des combinaisons de la soude nécessaires à l'économie animale, il est dès lors indispensable qu'on ajoute à la plupart des aliments un sel de soude ; pour quelques autres
cela est moins utile. Dans ce but, le sel commun sert en partie en entrant en nature dans
le sang, en partie en rendant possible la forma-

(1) *Voir* plus loin, p. 82, les résultats des expériences
de M. Liebig.

tion du phosphate de soude par la mutuelle décomposition du chlorure de sodium et du phosphate de potasse. De cette façon, le sel commun possède, particulièrement dans une alimentation végétale, une haute importance pour la formation du sang. Cela explique comment l'emploi de cette substance a pu prendre une si grande extension sur tous les points de la terre, et comment il s'est fait que toutes les nations, depuis les plus barbares jusqu'aux plus civilisées, le regardent comme de la première et de la plus pressante nécessité. »

Beaucoup de physiologistes admettent que de tous les sels contenus dans le sang, le phosphate de soude est celui qui se prête le mieux à l'absorption et à l'élimination de l'acide carbonique ; ils pensent, en conséquence, qu'il intervient dans les phénomènes vitaux et qu'il se forme par le chlorure de sodium ajouté aux aliments, lorsque ceux-ci, comme le froment, l'orge, l'avoine, les tubercules et autres végétaux de certaines localités, de l'Odenwald, de la Saxe, de la Bavière[1], par exemple, ne contiennent que du phosphate de potasse.

Récemment M. le Dr Plouviez, de Lille, a fait quelques expériences relatives à l'emploi du sel dans l'alimentation de l'homme, expériences sur lesquelles M. Robinet a fait un rapport à l'Aca-

(1) *Cours de physiologie* de M. Bérard, t. I, p. 561.

démie de médecine[1]. M. Plouviez a cru pouvoir tirer de ses observations les conséquences suivantes, qui peut-être seulement ne sont pas toutes (notamment la huitième) également bien démontrées :

« 1° Le sel est un condiment jusqu'à son entrée dans l'estomac ;

« 2° Un réactif par ses éléments dans ce viscère et les intestins ;

« 3° Un producteur d'une quantité plus considérable de chyle par son influence sur les éléments du chyme ;

« 4° Un excitateur des vaisseaux absorbants intestinaux ;

« 5° Un modificateur avantageux du sang en diminuant les proportions d'eau ;

« 6° Un agent principal de la dissolution de la fibrine et de l'albumine ;

« 7° Un des agents qui poussent à l'augmentation ou à la création des globules[2] ;

« 8° Un coadjuteur de la plus haute importance dans l'acte de l'hématose, aide sans le-

(1) *Bulletin de l'Acad. de médecine,* t. **XIV**, p. 1077.

(2) Cette conclusion est le résultat le plus curieux et le mieux prouvé auquel soit arrivé M. Plouviez ; elle repose sur deux analyses de sang effectuées par M. Poggiale. Le sang de la première analyse a été tiré après 148 jours d'un régime alimentaire où la dose de sel ingéré chaque jour était de 4 à 5 gr. au delà de la dose ordinaire. Le sang de la deuxième analyse provenait d'une saignée pratiquée plus tard, après 70 jours de

quel le sang ne rougirait pas par le contact de l'oxygène de l'air ;

« 9° Enfin, un auxiliaire de grande valeur dans l'acte intime d'assimilation et de désassimilation. »

Tels sont les seules données souvent un peu hypothétiques que la science possède réellement sur le rôle général du sel dans l'économie animale.

Relativement à l'utilité vague que depuis long-

régime ordinaire. Les résultats obtenus sont les suivants :

	1re analyse.	2e analyse.
Eau....................	767.60	779.92
Globules...............	143.00	130.08
Fibrine................	2.25	2.10
Albumine..............	74.00	77.44
Matières grasses........	1.31	1.13
Sels et matières extractives..	11.84	9.33
	1000.00	1000.00

Sels solubles dans l'eau.

Chlorure de sodium......	6.10	4.40
Chlorure de potassium.....	0.30	0.27
Phosphate de soude......	1.68	1.37
Sulfate de soude........	0.42	0.44
Carbonates alcalins.......	0.56	0.48
Perte.................	0.18	0.10

Sels insolubles dans l'eau.

Phosphate de chaux......	0.72	0.67
Carbonate et sulfate de chaux.	0.38	0.34
Oxyde de fer..........	1.50	
Sesqui-oxyde de fer.......		1.26
	11.84	9.33

« Dans une autre analyse, ajoute M. Plouviez, faite hors le temps des expériences, mon sang avait fourni : globules, 131; sels et matières extractives, 9; ce qui me fait admettre que c'est là son état normal. »

temps on attribue au sel dans l'engraissement du bétail, elle n'a été jusqu'à présent expliquée théoriquement que par M. Gay-Lussac. Voici comment s'est expliqué à ce sujet cet illustre chimiste (rapport du 19 juin 1846) : « Pour démontrer que l'emploi du sel doit procurer l'engraissement du bétail avec quantité moindre de fourrage, nous distinguerons la ration de fourrage donné au bétail à l'engrais en deux parties égales, en vue de simplicité seulement, la ration d'entretien nécessaire pour maintenir le bétail au même point, et la ration d'engrais destinée à en augmenter le poids. Supposons, de plus, ce que tout le monde accorde, que le sel soit propre à exciter l'appétit du bétail, et conséquemment à lui faire consommer une plus grande quantité de fourrage. Voici quelques exemples :

« Du bétail est mis à l'engrais avec du fourrage naturel. Outre la ration d'entretien, il ne consomme que la moitié de la ration d'engrais. L'engraissement prendra donc un temps double du premier, c'est-à-dire six mois, et conséquemment, pour une ration de fourrage d'engrais, on aura dépensé deux rations d'entretien au lieu d'une.

« C'est principalement dans cet excès de ration d'entretien pour le bétail qu'est la perte qu'éprouve l'agriculture. Si donc le sel ajouté au fourrage, dans l'exemple précédent, allèche

assez le bétail pour lui faire prendre la ration
entière d'engrais avec la ration d'entretien, il
aura réduit la dépense du fourrage de trois parties à deux, et l'économie serait d'un tiers du
fourrage.

« Si le bétail mis à l'engrais ne consommait
que les trois quarts de la ration d'engrais et que
l'addition du sel lui fît consommer la ration entière, l'économie serait encore d'un septième
de la quantité totale du fourrage consommé.

« Telle serait la source des avantages que l'a-
griculture pourrait retirer de l'application du
sel à l'alimentation du bétail, pour peu que le
sel contribuât à diminuer le temps de l'engraissement. Mais bien des recherches seraient encore nécessaires pour en diriger l'emploi de la
manière la plus profitable. »

Nous devons regretter que ces vues si exactes
de M. Gay Lussac n'aient pas été comprises par
les expérimentateurs qui, pratiquant l'engrais
des bestiaux dans leurs étables, auraient pu facilement arriver par quelques pesées à déterminer le degré de l'utilité du sel, en mesurant le
temps nécessaire pour amener un engraissement de grandeur fixée à l'avance, sous l'influence de diverses doses de sel. Toutes les expériences que nous aurons à citer dans la suite
de cet ouvrage ont au contraire été exécutées
en laissant le temps constant et sans bien tenir
compte de la ration d'engrais surajoutée à la

ration d'entretien, de telle sorte qu'elles présentent moins de précision, et qu'il est plus difficile d'en faire ressortir la vérité sur les questions qui nous occupent.

Quoi qu'il en soit, c'est avec raison que M. Gay-Lussac a appelé *réhabilitation* de l'utilité de l'application du sel à l'alimentation du bétail la théorie que nous venons d'exposer d'après lui, car elle est de nature à dissiper les ténèbres que des assertions légères et exagérées dans tous les sens avaient amoncelées autour de faits très simples à concevoir.

Avant d'aborder les questions spéciales que ces faits soulèvent, nous allons d'abord nous occuper, d'une manière générale et d'ensemble, du rôle organique du sel dans les diverses fonctions vitales.

III.—*Respiration, nutrition, digestion.*

Le problème qu'il s'agit de résoudre est de savoir si la rotation naturelle de la soude, du sol dans les végétaux, puis dans les animaux et de nouveau dans le sol par les engrais, rotation signalée en termes d'une concision remarquable par M. Gay-Lussac, s'effectue toujours sans entraves, si l'homme n'est pas appelé à activer son accomplissement, à la créer même dans les nombreux cas où elle est peut-être interrompue. N'entre-t-il pas essentiellement dans le rôle de l'homme de surveiller l'application des lois naturelles dont l'étude lui révèle le règne harmonique? Ne doit-il pas profiter de ses découvertes pour améliorer sa situation sur cette terre, et par suite pour améliorer aussi les conditions de l'existence de tous les êtres qui l'entourent?

Nous allons chercher à éclairer ce problème en montrant la présence dans les animaux des éléments du sel ordinaire, le chlore et le sodium, ou, ce qui revient au même, à cause de l'eau qui sert toujours de véhicule au sel, l'acide chlorhydrique et la soude.

Nous allons voir que si la soude n'entre pas nécessairement dans la composition de tous les organes, elle est au moins nécessaire pour l'accomplissement des réactions chimiques qui se passent dans le corps de tout animal.

Si nous parvenons ensuite à fixer expérimentalement les doses de chlore et de sodium que contiennent naturellement, pour les animaux herbivores, les aliments végétaux, et pour les animaux carnivores les aliments de diverse nature qu'ils consomment, il sera facile de voir si l'équilibre existe entre l'entrée et la sortie, de telle sorte que, en même temps, les mutations des tissus s'effectuent dans les meilleures conditions. Dès lors, on saura s'il est nécessaire ou convenable d'ajouter du chlorure de sodium aux aliments pour assurer l'accomplissement de toutes les fonctions des animaux vivants et pour perpétuer les races.

Rappelons d'abord en quelques mots en quoi consistent les phénomènes de la respiration, de la nutrition et de la digestion ; nous pourrons ensuite exposer clairement l'utilité possible du sel dans l'alimentation.

Dans un animal herbivore ou carnivore, les fonctions de la vie s'accomplissent par un travail de combustion lente, c'est-à-dire d'oxydation du carbone et de l'hydrogène charriés dans le sang, à l'aide de l'oxygène de l'air amené dans les poumons par la respiration. Cette oxydation est accompagnée, comme la combustion de nos foyers, d'un dégagement de chaleur et d'électricité nécessaires aux manifestations vitales ; elle produit de l'acide carbonique et de l'eau qui sont exhalés, en même temps que l'azote atmosphérique sans action bien catégoriquement démontrée ou du moins bien comprise[1] jusqu'à présent sur l'économie animale, au moment même où l'oxygène de l'air est pris en échange. Cette oxydation se fait par suite de la propriété que possède le sang veineux d'absorber un volume considérable d'oxygène en se changeant en sang artériel qui, à son tour, lors de son passage dans les capillaires, redevient sang veineux en cédant son oxygène aux matières combustibles provenant des aliments qu'il rencontre.

Mais, outre la chaleur et l'électricité néces-

(1) On sait seulement que dans l'état d'inanition les animaux prennent de l'azote à l'atmosphère.

saires aux manifestations vitales et qui servent à réparer les pertes extérieures du rayonnement calorifique et de la dépense de force mécanique, il y a encore la formation des tissus, leur accroissement dans les jeunes animaux, leur réparation dans les adultes. Cet autre phénomène est relatif à la restitution des parties de l'organisme que l'exercice de la vie a détruites, à l'assimilation d'une portion des aliments quotidiennement absorbés, à la nutrition en un mot. L'assimilation porte surtout sur les matières azotées et sur les matières grasses. C'est encore par une oxydation, une combustion lente, non pas du carbone et de l'hydrogène, mais bien de la matière azotée charriée dans le sang, que s'explique cette seconde partie de l'acte vital. Il se forme, comme produit destiné à être rejeté de l'organisme, de l'urée qui est séparée par les reins et ensuite évacuée par les urines; de l'azote est également mis alors en liberté et rejeté dans l'atmosphère à l'état de gaz par la perspiration pulmonaire ou cutanée.

Toutes ou presque toutes les matières produites par la mutation des organes et devenues impropres à la vie se trouvent dans le sang veineux qui circule dans toutes les parties du corps et sont brûlées par l'oxygène que l'acte respiratoire fournit incessamment.

Cette combustion attaquerait bientôt d'abord la graisse mise en réserve pendant un repos

prolongé et une alimentation convenable, et ensuite les tissus eux-mêmes, et il se passerait le phénomène de l'inanition dont le prolongement amènerait la mort , si les pertes n'étaient réparées.

Dans l'état normal, le sang emprunte aux substances alimentaires et charrie tous les éléments
indispensables à cette double nécessité de production de chaleur et de nutrition que nous venons de rappeler.

Cet emprunt se fait par la digestion.

La digestion n'est pas autre chose que la dissolution, la liquéfaction des aliments par une
action de contact sous l'influence d'une sorte de
ferment azoté qu'on rencontre dans la salive,
dans le suc gastrique, dans le suc pancréatique.

Les aliments sont de deux sortes : en premier
lieu, ils sont féculents, c'est-à-dire analogues à
l'amidon ou à ses dérivés ; ils se distinguent en
ce qu'ils ne renferment pas d'azote, et en ce
qu'ils contiennent particulièrement de l'hydrogène et du carbone; en second lieu, ils sont aussi
azotés , c'est - à - dire fibrineux ou albumineux.
Les aliments féculents ou amilacés servent surtout à la respiration ; les aliments azotés à la
nutrition.

« Pendant que la mastication amène les aliments à un état de division convenable , dit
M. Dumas[1] , la *salive* sécrétée en abondance
vient les imprégner et faciliter la formation et

(1) *Chimie appliquée aux arts*, t. VIII, p. 609.

le glissement du bol alimentaire. Mais le rôle
de la salive ne se borne pas à cette action purement mécanique. D'après les expériences de
MM. Leuchs et Mialhe, on est autorisé à admettre qu'elle peut intervenir dans la dissolution de l'amidon, et l'on s'explique aisément ce
fait déjà observé par plusieurs physiologistes,
que déjà dans l'estomac l'amidon se transforme
partiellement en sucre. » Alors la salive, combinée aux aliments, d'alcaline qu'elle était, devient acide par son mélange avec le *suc gastri-*
que acide de l'estomac. Or, le suc gastrique ne
dissout que les aliments fibrineux, et la salive
n'étant plus pure, l'amidon en excès n'est plus
attaqué dans l'estomac. Le rôle de la salive aura
besoin d'être repris plus tard par un autre agent.

« Le rôle du suc gastrique, poursuit M. Dumas, est beaucoup plus important que celui de
la salive. C'est dans l'estomac, en effet, que les
aliments fibrineux perdent leur consistance, se
ramollissent et finissent par se dissoudre, et
ces changements sont dus à l'action du suc gastrique, comme les expériences de digestion artificielle l'ont suffisamment prouvé. Pendant
que cette dissolution s'opère, on voit les aliments se transformer peu à peu en une pulpe
grisâtre à laquelle on a donné le nom de *chyme,*
mais dont la composition doit nécessairement
varier suivant la nature des aliments ingérés.
Ce qu'il y a de certain, c'est que ce chyme ren-

ferme en dissolution des matières albumineuses
que les veines de l'estomac absorbent pour les
transporter directement dans le torrent de la
circulation. Bien entendu que toutes les matières solubles dans l'eau pure se dissolvent dans
les boissons ingérées, et sont absorbées avec
elles par les veines de l'estomac. »

Les matières solubles dans l'acide du suc gastrique étant ainsi entraînées dans les veines, il
ne reste plus qu'un chyme contenant les graisses et les matières amilacées sur lesquelles les
acides de l'estomac n'ont pas d'action. Il paraît,
toutefois, qu'une petite quantité d'amidon peut
se transformer en acide lactique dans l'estomac,
mais la plus grande partie des substances féculentes franchit le pylore avec les matières grasses et les résidus de la digestion stomacale. L'absorption de ces matières s'accomplit dans le duodénum et dans l'intestin grêle au moyen d'autres agents. Ces agents sont la *bile* et le *suc
pancréatique*, liquides alcalins qui, sortant des
organes où ils sont sécrétés, se mélangent avec
le chyme qui s'écoule de l'estomac, lui ôtent sa
réaction acide et concourent à le transformer en
chyle.

Toutes les circonstances de cette métamorphose ne sont pas encore bien connues. On peut
présumer, mais l'expérience ne l'a pas encore
vérifié, que la bile qui est sécrétée par le foie et
qui, par sa nature et par ses propriétés, se rap-

proche tant des savons, sert à émulsionner les matières grasses.

Quant au suc pancréatique qui est sécrété par le pancréas, dont la structure anatomique a tant d'analogie avec celle des glandes salivaires, il a pour rôle principal, d'après les expériences de MM. Bouchardat et Sandras, de transformer rapidement les matières amilacées en dextrine et en glucose, et, d'après celles de M. Cl. Bernard, de digérer les matières grasses neutres alimentaires et de permettre leur absorption par les vaisseaux chylifères. Son action est en quelque sorte complémentaire de celle de la salive.

Tandis que les produits fortement azotés de la digestion, de la dissolution stomacale, sont absorbés directement par les veines de l'estomac et portés dans le sang, les produits de la digestion, de la dissolution intestinale, sont absorbés par un appareil particulier formé par des vaisseaux appelés chylifères et des vaisseaux lymphatiques qui pompent, par une sorte d'affinité élective, les liquides appropriés aux rôles qu'ils sont appelés à jouer. Le chyle des chylifères se distingue surtout de la lymphe en ce qu'il contient une grande quantité de globules de graisse. A travers les glandes lymphatiques, il se passe quelques nouvelles réactions chimiques encore obscures, et, finalement, il y a métamorphose en sang. Dans les mammifères femelles, vers la fin de la gestation et après la naissance du nouvel être, les mamelles sécrètent le lait.

« Pendant son passage à travers les intestins, dit M. Berzélius [1], la masse alimentaire perd continuellement du liquide qu'elle contient ; elle devient plus consistante et plus sèche. En même temps, il disparaît quelques-unes des matières qui s'y trouvent dissoutes, tandis que les autres se concentrent de plus en plus dans la dissolution restante. La séparation du liquide et des parties non dissoutes est le résultat de deux actes différents. La membrane muqueuse est garnie de villosités qui lui donnent l'apparence du velours, et qui, mises en contact avec un corps liquide, s'en imbibent comme une éponge, tandis que la masse non dissoute glisse peu à peu sur elles avec les portions qui sont moins divisées. Les orifices des vaisseaux absorbants s'ouvrent entre ces villosités pour pomper la liqueur..... La masse finirait par perdre entièrement son liquide, si le *suc intestinal*, dont l'écoulement a lieu sans interruption, ne lui en restituait pas de nouveau, qui est absorbé à son tour dans la portion suivante de l'intestin. C'est un véritable lavage, semblable à celui qu'on exécute sur un filtre, où le précipité se dépouille d'une manière à chaque

____

(1) *Traité de chimie*, édition franç. de 1833, t. VII, p. 261 et suiv.

instant plus complète de la petite quantité de matière dissoute qui a pu rester interposée entre les molécules de la portion non dissoute..... (avec cette différence, toutefois, que contrairement à ce qui a lieu sur un filtre où tout liquide passe indistinctement à travers les pores du papier ou du drap, il y a ici choix ou élection des liquides à absorber par les vaisseaux qui jouent ce rôle)........... La masse, de plus en plus consistante, passe de l'intestin grêle dans le cœcum, dans le gros intestin et arrive enfin au dernier de ces organes, le rectum. Dans ce trajet, elle devient plus épaisse, plus sèche, plus brune, et acquiert une odeur plus décidément excrémentitielle. Elle s'accumule en certaine quantité dans le rectum ; après quoi cet intestin se contracte, le sphincter s'ouvre, et la masse sort du corps. On lui donne alors le nom d'excréments ou de matières fécales. Pendant le séjour qu'elle fait dans le rectum, l'absorption s'empare encore d'une certaine portion du liquide dont elle est imbibée, de sorte que quand elle y reste longtemps, elle finit par devenir dure et sèche. »

Les excréments se composent ainsi du résidu des aliments et de tous les produits des sécrétions, particulièrement de la sécrétion biliaire, qui viennent s'y joindre et qui ne sont pas de nature à être absorbés de nouveau pour rentrer dans la circulation ou dans l'organisme.

IV.—Questions à résoudre relativement au rôle du sel commun ou de ses éléments dans les phénomènes de la vie.

Nous avons suivi les aliments dans toute leur marche à travers l'organisme animal depuis leur entrée dans l'appareil de la mastication jusqu'à leur sortie du corps. Cette sortie s'effectue soit par les organes respiratoires à l'état d'eau et d'acide carbonique, soit par les urines à l'état d'urée, après qu'ils ont passé dans le sang pour servir à la respiration et à la mutation des tissus, soit par la transpiration à l'état de sueur, soit enfin par l'organe des déjections solides à l'état d'excréments contenant en outre les produits des sécrétions des matières devenues impropres à l'absorption vitale.

Le sel commun ou ses éléments, l'acide chlorhydrique et la soude, jouent-ils un rôle dans ce grand phénomène ? C'est le problème que nous nous sommes posé dans cet écrit, et que nous aurons résolu après l'examen chimique de tous les éléments du corps animal. La rapide exposition que nous venons de faire dans le paragraphe précédent de la respiration, de la nutrition et de la digestion , nous indique la marche à suivre. Nous devons rechercher le chlorure de sodium, ou la soude, ou l'acide chlorhydrique, ou même le chlore dans les diverses substances liquides ou solides dont voici l'énumération chimique rationnelle :

1° Dans les liquides élaborants. . { salive, suc gastrique, suc pancréatique, bile, suc intestinal. }

2° Dans les liquides circulants[1]. . { sang, lymphe, chyle, lait. }

3° Dans les organes. . . . . . { tissu musculaire, viscères, divers tissus et membranes, peau, cerveau, moelle épinière, nerfs, sperme, graisse, os. }

4° Dans les déjections. . . . . { sueur, urine, mucosités, larmes, etc., excréments. }

Nous n'avons pas la prétention d'apporter une rigueur absolument mathématique dans la détermination de la quantité de soude ou de chlorure de sodium contenue dans chacune de ces substances, soit pour l'homme lui-même, soit pour chacun des principaux animaux domestiques, bœuf, cheval, porc, mouton. Les analyses chimiques jusqu'à présent publiées sont incomplètes, surtout envisagées du point de vue

(1) Nous avons rapproché des liquides et des organes qui, en physiologie, devraient être séparés ; les analogies de composition ou de rôle chimique nous ont paru devoir l'emporter sur toute autre considération, d'après le but que nous nous proposons.

où nous nous sommes placé ; quant à les refaire en totalité, nous n'y pouvions songer à cause du temps considérable qu'une pareille tâche eût exigé : nous n'avons pu qu'apporter notre faible contingent ; il est de la nature des choses que la science attende son complément du travail d'un grand nombre de ses adeptes. Nous tâcherons seulement de faire nos évaluations avec toute l'approximation que l'état actuel de nos connaissances comporte, et de manière à éviter toute erreur sensible.

Relativement aux explications théoriques du rôle de la soude, de l'acide chlorhydrique ou du sel dans chacun des agents, des organes ou des excrétions considérés, nous sommes également forcé de faire le même aveu et les mêmes réserves d'inexactitude certaine, mais aussi d'approximation souvent très rapprochée de la rigoureuse vérité. Il n'est pas facile, dans une pareille matière surtout, de rendre compte de tous les faits naturels ; leur constatation bien exacte est la seule grande satisfaction qui puisse être donnée à l'observateur.

Pour faire en sorte que les personnes étrangères à la chimie suivent plus facilement les calculs et les détails qui vont suivre, nous rappellerons seulement que le sel de cuisine, ou sel ordinaire, ou sel marin, ou encore muriate de soude, est composé de chlore et de sodium dans les rapports suivants :

2.

	En centièmes.	En équivalents.	
Chlore. . . .	60.34	442.65	Cl
Sodium. . . .	36.66	290.89	Na
Chlorure de sodium.	100.00	733.54	$Cl\,Na$

Quand le chlorure de sodium est dissous dans l'eau, ce qui est le cas ordinaire dans l'économie animale, on doit, pour toutes les réactions chimiques, le regarder comme uni à un équivalent d'eau dont la composition chimique est :

Hydrogène.	12.50	H
Oxygène.	100.00	O
Eau.	112.50	H O

Alors la formule du sel est $Cl\,Na + H\,O$, et on peut tout aussi bien le considérer comme étant le résultat de la combinaison de l'acide chlorhydrique ($Cl\,H$) avec la soude ($Na\,O$, oxyde de sodium) ; on a, en effet :

$$Cl\,Na + H\,O = Cl\,H,\ Na\,O.$$

CHAPITRE II.

Du sel dans la digestion.

Les recherches que nous entreprenons dans ce chapitre ont pour but de constater positivement le degré d'importance du chlorure de sodium ou de ses éléments dans l'accomplissement du principal des actes vitaux. Dans les autres chapitres, nous tâcherons de fixer la quantité de ce sel qui est absolument nécessaire à l'homme et à chacun des animaux domestiques.

I.— *De la salive.*

L'analyse de la salive a été faite par plusieurs chimistes et physiologistes.

Relativement à la salive de l'homme, on trouve les renseignements les plus complets dans les nombres fournis par M. Berzélins et par M. Mitscherlich. Selon le premier [1], la salive humaine a la composition suivante :

```
Eau.. . . . . . . . . . . . . . . . . . . . . 992.9
Ptyaline (mat. salivaire constituante).    2.9
Mucus. . . . . . . . . . . . . . . . . . .    1.4
Extrait de viande avec lactate alcalin..    0.9
Chlorure de sodium.. . . . . . . . . . .    1.7
Soude . . . . . . . . . . . . . . . . . . .    0.2
                                           ─────
                                         1,000.0
```

M. Mitscherlich [2] a trouvé pour la salive recueillie par une fistule du canal de Stenon :

```
Eau.. . . . . . . . . . . . . . . . . . . . 983.2
Soude.. . . . . . . . . . . . . . . . . . .    1.6
Sels insolubles dans l'eau et l'alcool. .    2.5
Sels solubles divers et matières organ.   12.7
                                           ─────
                                         1,000.0
```

La salive des animaux a été très peu exami-

(1) *Traité de chimie*, t. VII, p. 157.
(2) *Annales de Poggendorf*, t. XXVIII, p. 320.

née. MM. Tiedemann et Gmelin d'une part, et
MM. Leuret et Lassaigne d'autre part, ont constaté que la salive de la brebis a une composition très rapprochée de celle de l'homme.

M. Simon a fait l'analyse de la salive du cheval ; il a trouvé[1].

```
Eau. . . . . . . . . . . . . . . . . . . . 982.0
Ptyaline. . . . . . . . . . . . . . . . . .   4.4
Caséine. . . . . . . . . . . . . . . . . . .   5.4
Albumine. . . . . . . . . . . . . . . . . .   0.6
Sels, mat. extractive et mat. grasse. .   7.3
                                       ————
                                        999.7
```

Le résultat principal qui ressort de ces recherches, c'est que la salive contient, outre du sulfo-
cyanogène qui la caractérise, une certaine
quantité non pas seulement de chlorure de sodium, mais encore de soude libre. Cette soude
provient d'une sécrétion qui doit probablement
séparer en même temps de l'acide. Quelquefois, en effet, particulièrement dans le cas d'affections gastriques, elle devient acide ; sans
doute alors le suc gastrique de l'estomac sursa-
ture l'alcali et prédomine de temps à autre.
« S'il en est ainsi, dit M. Dumas, la formation
du dépôt dentaire connu sous le nom de tartre,
et qui est formé par un mélange de phosphates
insolubles et de mucus, s'expliquerait facilement. On sait, en effet, que tous les liquides

(1) *Traité de chimie* de M. Dumas, t. VIII, p. 602.

acides de l'économie renferment des phosphates
en dissolution ; mais dès que l'acide est saturé,
ces phosphates se déposent à l'état insoluble. »

La sécrétion de la salive par les glandes pa-
rotides, sous-maxillaires et sublinguales doit
donc se faire dans de bonnes conditions normales, non-seulement pour aider à la déglutition
des aliments et à un commencement de digestion amilacée, mais encore pour entretenir la mâ-
choire dans un état de conservation convenable.

En quelle proportion maintenant la production de la salive doit-elle avoir lieu?

Nick et ensuite M. Mitscherlich ont évalué à
500 grammes environ la quantité qui se forme
chez l'homme en 24 heures, et cette quantité
suppose environ 1 gr. de sel mis en élaboration.

M. Schultz a obtenu environ 1700 gr. de salive
dans 24 heures, au moyen d'une fistule du canal
de Stenon d'un cheval, ce qui suppose l'emploi
de 3 à 4 gr. de sel. Mais il doit y avoir des variations dépendantes des aliments ingérés.

M. Lassaigne, en effet, a trouvé, en expérimentant sur le cheval et le mouton, que les aliments au même état de dessiccation ou d'humidité exercent des influences très variables suivant leur nature sur la sécrétion de la salive
dans l'acte de la mastication. Les recherches de
M. Lassaigne [1] ont été faites en prenant la
quantité d'eau contenue dans l'aliment et celle

____

(1) *Journal de chimie médicale*, 1845, p. 470.

du bol alimentaire, et en concluant de l'excès d'humidité la quantité de salive mélangée à l'aliment. Voici les résultats qu'il a obtenus :

Expériences sur le cheval.

Espèce de l'aliment.	Eau contenue dans l'aliment.	Eau contenue dans le bol alimentaire.
Foin	0.15	0.82
Farine d'orge	0.15	0.70
Avoine........................	0.14	0.60
Feuilles et tiges d'orge vertes..	0.72	0.81
Luzerne	0.10	0.79
Paille	0.07	0.82

Expériences sur le bélier.

	Eau contenue dans l'aliment.	Eau contenue dans le bol alimentaire.
Avoine	0.14	0.55
Farine d'orge................	0.15	0.72
Feuilles et tiges vertes de vesce.	0.75	0.82

Expériences sur le cheval.

Composition du bol alimentaire.			Rapport de l'aliment au fluide salivaire.
Foin...........	20.4	100.0	1,000
Salive.........	79.6		3,901
Farine d'orge....	34.6	100.0	1,000
Salive.........	65.4		1,890
Avoine.........	46.97	100.00	1,000
Salive	53.03		1,129
Orge verte......	67.48	100.00	1,000
Salive.........	32.52		481
Luzerne........	22.3	100.0	1,000
Salive.........	77.7		3,184
Paille.........	19.2	100.0	1,000
Salive.........	80.8		4,208

Expériences sur le bélier.

Avoine.........	51.6	100.0	1,000
Salive.........	48.4		937
Farine d'orge....	32	100	1,000
Salive.........	68		2,125
Feuilles vertes...	71.7	100.0	1,000
Salive.........	28.3		393

Il résulte de ces recherches que selon l'aliment, chez le cheval, la quantité de salive sécrétée pendant la mastication peut varier de 1 à 9, et chez le mouton du simple au quintuple. Comme la salive est alcaline et suppose une sécrétion de soude, nous devrons tenir compte de ce fait quand nous nous occuperons du sel nécessaire aux divers aliments.

II.—Du suc gastrique.

Le suc gastrique, sécrété en abondance par l'estomac pendant l'acte de la digestion, a été étudié par un grand nombre de chimistes et de physiologistes ; mais les recherches considérables auxquelles il a donné lieu n'ont encore pu prouver d'une manière irréfragable que son acidité ; le rôle important qu'il joue dans la digestion est démontré sans être toujours bien expliqué. Nous avons suffisamment indiqué dans le § III du chapitre précédent la nature de son action sur les aliments. Nous avons ici un intérêt particulier à en étudier la composition.

Et d'abord quel est l'acide qui est en liberté dans le suc gastrique de manière à lui donner sa réaction acide bien tranchée ? M. Dumas[1] répond en ces termes à cette question : « Il y a beaucoup de données contradictoires relativement

(1) Traité de chimie, loco citato.

à la nature chimique de cet acide. Proust, qui
le premier a analysé le suc gastrique de différents animaux, a prétendu qu'il renfermait de
l'acide chlorhydrique. Son observation a été
confirmée par MM. Tiedemann et Gmelin, qui
signalent en outre la présence de l'acide acétique dans le suc gastrique du chien et du cheval,
et de l'acide butyrique dans celui du cheval.

« M. Schultz a également signalé l'existence
d'un acide volatil dans le chyme de différents
animaux, qu'il distillait avec de l'eau ; mais,
d'après ses expériences, cet acide ne serait pas
de l'acide chlorhydrique, mais bien de l'acide
acétique. Tout récemment, MM. Bernard et
Barréswil ont répété ces expériences, mais ils
sont arrivés à des résultats tout à fait différents ;
suivant ces chimistes, le suc gastrique ne renferme ni acide acétique libre, ni acétates, et
l'acide chlorhydrique que l'on recueille à la fin
de la distillation ne se forme que par l'action
d'un acide plus fixe sur les chlorures alcalins
que renferment tous les liquides de l'économie.
MM. Bernard et Barreswil croient pouvoir conclure de leurs expériences que le suc gastrique
renferme de l'acide lactique et de l'acide phosphorique à l'état de liberté. Le premier de ces
acides avait déjà été signalé par M. Chevreul
et par MM. Leuret et Lassaigne. »

Faut-il cependant, vu ces contradictions des
observateurs, se contenter d'un simple doute

relativement à la composition chimique du suc
gastrique? Nous ne le croyons pas, en ce qui
concerne du moins le but de nos recherches
dans ce travail. La raison qui nous décide surtout, c'est la présence de la soude libre dans la
salive et dans le suc pancréatique; « c'est le
rôle important que joue la soude dans la transformation de la fibrine et du caséum en sang[1];»
c'est en outre la présence de la soude dans la
bile. Toute cette soude ne saurait provenir
d'une autre source que du chlorure de sodium,
que du sel ingéré, et si la soude est sécrétée,
l'acide chlorhydrique doit l'être également et
par suite il doit se retouver quelque part, non
pas peut-être absolument libre, mais à un certain état de combinaison organique. Or il serait absurde de vouloir prétendre que le suc
gastrique est une dissolution d'un seul acide
dans l'eau ; c'est une combinaison mixte, variable en quantité et sans doute aussi en nature
suivant les aliments introduits dans l'estomac
et qui excitent sa sécrétion. L'acide chlorhydrique et d'autres acides y jouent un rôle important, mais ce n'est pas comme acides isolés ; sans
une substance organique spéciale, de la classe
des ferments et qui est toujours nécessairement
accompagnée d'un acide, il n'y aurait point de
digestion stomacale. Les variations qui se ren-

(1) M. Liebig, *Chimie organique appliquée à la physiologie animale*, traduction de M. Gerhardt, p. 119.

contrent dans les résultats des recherches des observateurs confirment ces remarques.

Quoi qu'il en soit, les nombres donnés par Proust, en 1824, sont encore les seuls que nous ayons aujourd'hui; ce chimiste a trouvé que sur 39.6 parties de chlore contenues dans 1,000 de suc gastrique, 9.5 se trouvaient combinées avec du potassium et du sodium, 7.9 avec de l'ammoniaque, et 22.2 avec de l'hydrogène constituant de l'acide chlorhydrique. Il trouva en outre 12.11 de chlore sous forme saline, et 5.13 sous forme d'acide chlorhydrique dans le liquide acide qu'avait vomi une personne atteinte de dyspepsie.

Quant à la quantité de suc gastrique que l'estomac sécrète, elle paraît dépendre à la fois et de la nature et de la quantité des aliments; on ne saurait, dans l'état actuel de la science, l'évaluer même approximativement.

III. — *Du suc pancréatique.*

Le suc pancréatique est un liquide analogue à la salive, mais plus concentré et plus riche en principes actifs; il ne contient pas en outre de sulfo-cyanogène, corps qui distingue la salive. Il est alcalin; sa composition est la suivante, d'après les recherches de MM. Tiedemann et Gmelin :

	Chien.	Moulon.
Eau.................	917.2	963.5
Matières organiques....	75.5	25.3
Sels incombustibles.....	7.3	11.2
	1,000.0	1,000.0

Ces sels incombustibles, obtenus dans les cendres du suc pancréatique, étaient essentiellement formés de carbonate de soude, de chlorure de sodium en plus grande quantité, de phosphate et de sulfate alcalins, et d'un peu de phosphate et de carbonate de chaux.

Le suc pancréatique, sécrété par une glande volumineuse dite pancréas, située derrière l'estomac, entre la rate et le duodénum, agit surtout par un ferment sur les matières féculentes des aliments, comme l'ont démontré en 1845 MM. Bouchardat et Sandras; on ne sait pas en quelle quantité il est produit.

IV. — *De la bile.*

La bile coule du foie dans le duodénum par un conduit particulier, s'ouvrant derrière un pli qui en bouche l'ouverture tant que l'intestin est vide, mais qui s'efface et permet à la bile de couler, pendant la digestion, lorsque le duodénum est un peu distendu par la masse qui le traverse. A ce conduit excréteur en aboutissent deux autres dont l'un donne accès au suc pancréatique et dont l'autre conduit à la vésicule biliaire qui sert de réservoir à la bile hors du temps de la digestion. La sécrétion de la bile, ainsi qu'il résulte de cette disposition, a lieu d'une manière continue et doit par conséquent fournir une bien plus grande quantité de liquide que cela ne se fait pour les trois autres liquides plus spécialement destinés à la digestion, suc gastrique, suc pancréatique et suc intestinal.

On peut regarder la bile comme étant la dissolution de plusieurs sels et principalement d'une combinaison de soude et d'un acide particulier, acide azoté et sulfuré, que nous appellerons *acide bilique*, de manière à former du *bilate de soude*. La bile de bœuf a la composition suivante, sur laquelle sont d'accord tous les chimistes qui se sont occupés de ce sujet :

Eau.	875.0
Acide bilique.	102.8
Soude.	7.2
Sel marin.	1.9
Autres sels.	8.1
Matièr. colorantes, matièr. grasses div., mucus, etc.	5.0
	1,000.0

Cette composition rend compte du rôle que nous avons attribué à ce liquide dans l'acte de la digestion, celui d'émulsionner les graisses; il y a encore un autre rôle qui dépend de la soude et que M. Liebig expose en ces termes [1] : « Tou-

(1) *Chimie appliquée à la physiologie,* p. 71.

tes les parties de la bile, sauf la soude, disparaissent dans le corps de l'animal. Suivant
beaucoup de physiologistes distingués, elle serait destinée à être évacuée ; d'un autre côté, il
est bien certain qu'une matière si peu azotée ne
peut plus jouer aucun rôle dans le travail nu-
tritif. Mais on n'a qu'à consulter les expériences quantitatives pour se convaincre que la
bile remplit dans l'économie un but bien déterminé et qu'elle y subit certaines transformations.

« Aucun organe ne renferme, parmi ses com-
posants, de la soude ; cet alcali ne se rencontre
en combinaison que dans le sérum du sang, la
graisse cérébrale et la bile. Lorsque les combinaisons sodiques du sang passent à l'état de
fibre musculaire pour former les membranes et
les tissus, la soude qu'elles renferment doit
entrer dans de nouvelles combinaisons ; le sang
cède alors nécessairement sa soude aux produits formés par la mutation des tissus. Or, une
de ces nouvelles combinaisons sodiques, nous
la retrouvons dans la bile.

« Si la bile était destinée à être tout simplement rejetée, nous devrions la retrouver in-
tacte ou modifiée dans les excréments solides,
et dans tous les cas on découvrirait dans ceux-
ci la soude de la bile. Mais sauf un peu de sel
marin et de sulfate de soude, qui sont les principes de tous les liquides animaux, on ne ren-

contre dans les excréments solides aucune trace de combinaison sodique.

« Ainsi la soude de la bile retourne des intestins dans l'organisme, et cela doit se dire conséquemment aussi des substances organiques restées en combinaison avec cette soude.

« .... Pendant la digestion, la soude et tous les principes de la bile qui n'ont pas perdu leur solubilité retournent donc dans l'organisme ; on retrouve la soude d'abord dans le sang nouvellement formé, et finalement dans l'urine à l'état de carbonate, de phosphate et d'hippurate. »

Ainsi, les produits carburés provenant de la mutation des tissus sont versés par le sang veineux ou artériel dans le foie, sécrétés à l'état de bile, versés dans le duodénum, mélangés dans la pâte chymeuse, et retournent dans le sang pour être brûlés, de manière que la soude en soit sécrétée par les reins dans les urines en même temps que les produits azotés (l'urée) devenus impropres à la vie.

D'après les calculs et les expériences de M. Schultz, un homme sécrète par jour 500 à 750 gr. de bile [1], ce qui exige de 3^{gr},6 à 5^{gr},4 de soude combinée à l'acide bilique et de 0^{gr},9 à 1^{gr},4 de sel marin dans les sels ; en traduisant le tout en sel marin, on reconnaît que la sécré-

____

(1) *Physiologie de Burdach*, t. VII, p. 439.

tion biliaire exige en tout de 8 à 12 grammes
de sel par jour, en admettant, ce qui ne saurait être mis en doute, que la soude de l'organisme lui est apportée par les aliments à
l'état de chlorure de sodium.

Un cheval sécrète par jour 18,500 grammes
de bile [1], ce qui exige 133^{gr},4 de soude et
35^{gr},2 de chlorure de sodium, c'est-à-dire en
tout 309 grammes de sel ordinaire. Pour le
bœuf, on arrive exactement aux mêmes résultats. Ces chiffres paraîtront probablement très
élevés; ils prouveraient alors qu'il y aurait une
nouvelle étude à faire de la bile dans les divers
animaux.

La bile de bœuf était jusqu'à ces derniers
temps la seule qui eut été le sujet de recherches
sérieuses et répétées, et l'on admettait généralement que la bile des autres animaux était
composée d'une manière analogue. MM. A.
Strecker et Ch. Gundelach ont publié très ré-
comment [2] un travail important sur la bile de
porc. Ces chimistes sont arrivés à cette conclusion que la bile de porc, comme celle de bœuf,
est un mélange de sels à base de potasse, d'ammoniaque et principalement de soude, et formés par un acide particulier qu'ils nomment
acide hyocholéique (de υς, υος, porc, et χολη,
bile) spécial au porc. De leurs recherches nous

(1) *Physiologie de Burdach*, t. VII, p. 439.
(2) *Ann. de chimie et de physique*, t. XXII, p. 38.

concluons que la bile de cet animal domestique est ainsi composée :

Eau...	888.0
Mucus insoluble dans l'alcool...	5.7
Graisses, matières colorantes et cholestérine.	20.9
Hyocholéate) soude...	5.0
de soude. (acide hyocholéique...	74.3
Chlorure de sodium et autres sels...	6.1
	1,000.0

V. — *Du suc intestinal.*

Il paraît que les nombreux follicules de l'intestin sécrètent un liquide particulier que l'on appelle suc intestinal, mais qui aurait des propriétés acides analogues à celles du suc gastrique. Comme il n'a pas été possible, jusqu'à présent, de recueillir ce suc spécial exempt de mucosités, de bile et de suc pancréatique, il ne peut y avoir que des doutes sur sa nature véritable.

CHAPITRE III.

Du sel dans la circulation.

Nous avons vu le sel ordinaire jouer un grand rôle dans les liquides qui servent à la digestion non pas seulement par sa présence comme corps spécial, mais encore, d'une manière certaine par son élément basique, dans les sécrétions biliaire, salivaire et pancréatique, et, peut-être par son élément acide, dans les sécrétions gastrique et intestinale. Nous allons voir que dans la circulation et dans les phénomènes de mutation des tissus son importance n'est pas moins considérable.

I.—*Du sang.*

Nous rappellerons en quelques mots les divers éléments dont se compose le sang, avant d'en donner la composition centésimale.

Le sang des mammifères pris dans les veines constitue une dissolution presque incolore, toujours alcaline dans l'état normal, dans laquelle nagent des particules circulaires, paraissant quelquefois gonflées, quelquefois aplaties vers le centre, renflées sur les bords et d'une couleur rouge-brun, et nommées globules sanguins. Le sang artériel est rouge vermeil. Quand on abandonne le sang à lui-même, au sortir soit des veines, soit des artères, il se coagule spontément au bout de quelques instants.

La partie coagulée constitue le *caillot* ou *cruor;* la partie restée liquide est le *sérum.*

Le caillot se compose de fibrine et des globules sanguins qui le colorent en rouge-brun.

Le sérum se compose d'eau, d'albumine, de diverses matières organiques extractives et grasses, de sels à base de soude, de potasse, d'ammoniaque, de chaux et de magnésie.

Les globules sont constitués par un tissu enveloppant nommé globuline, qui renferme un mélange de matières albuminoïdes et de la substance colorante ferrugineuse nommée *hématosine*.

La composition du sang peut être envisagée sous deux points de vue ; on peut donner sa composition élémentaire en carbone, hydrogène, azote, oxygène, fer, etc., ou bien l'on peut indiquer dans quelles proportions se trouvent ses diverses substances constituantes, fibrine, albumine, globules, sels, etc. Cette dernière manière de présenter les choses est la seule qui puisse rendre compte des différences existant dans le sang d'un animal aux divers âges ou dans divers états pathologiques, ou bien encore dans le sang de divers animaux. Dans ce système, quand on connaît, d'ailleurs, la composition de la fibrine et de l'albumine, ainsi que celle de l'hématosine , on peut toujours facilement trouver la composition élémentaire du sang envisagée sous le premier aspect. C'est la marche que nous allons suivre.

Voici d'abord la composition de la fibrine, de l'albumine et de l'hématosine, d'après les analyses de MM. Dumas, Cahours et Mulder :

	Fibrine.	Albumine.
Carbone.	52.8	53.5
Hydrogène.	7.0	7.1
Azote.	16.6	15.7
Oxygène	22.91	22.69
Soufre.	0.33	0.68
Phosphore	0.36	0.33
	100.00	100.00

	Hématosine.
Carbone..	65.84
Hydrogène..	5.37
Azote.	10.40
Oxygène..	11.75
Fer	6.64
	100.00

Comme exemple de la composition du sang
et de la chair , et afin de montrer l'identité élémentaire de ces deux substances, si différentes
pourtant au point de vue des propriétés physiques ; pour faire voir, en outre, que le sang
n'est pas autre chose que de la chair en dissolution, nous placerons ici les nombres compa-
ratifs qui expriment la composition de la chair
musculaire et du sang du bœuf desséchés d'a-
près les analyses de MM. Playfair et Bœckmann :

	Chair de bœuf.	Sang de bœuf.
Carbone..	51.86	51.96
Hydrogène..	7.58	7.25
Azote.	15.07	15.07
Oxygène..	21.30	21.30
Cendres.	4.23	4.42
	100.00	100.00

En défalquant les cendres, on obtient pour
la partie organique :

	Chair.	Sang.	Formule chimique et nombres théoriques.	
Carbone. . . .	54.15	54.19	54.62	C 48
Hydrogène.. .	7.91	7.57	7.24	H 39
Azote.	15.69	15.72	15.81	Az 12
Oxygène.. . .	22.75	22.22	22.33	O 15
	100.00	100.00	100.00	

Mais, nous le répétons, pour les besoins de la science économique et de la pratique, ce n'est pas ainsi qu'il faut envisager la composition du sang ; il faut montrer les proportions de globules, de fibrine, d'albumine, de chlorure de sodium et des autres substances qui s'y trouvent contenues.

Pour faire l'analyse constitutive du sang, il est très commode de suivre le procédé suivant donné par M. Dumas ; nous le plaçons ici, parce que les agriculteurs rendraient d'importants services à la science en l'enrichissant d'expériences qu'ils pourraient trouver souvent l'occasion de faire, et sans lesquelles nos connaissances sur les animaux domestiques resteront toujours très bornées.

Comme le sang s'appauvrit à la fin des saignées, il est convenable de le recevoir dans deux vases d'égale capacité, arrangés de façon à ce qu'on puisse, assez exactement, recevoir dans l'un le premier et le quatrième quart, dans l'autre le second et le troisième. On abandonne le sang du premier vase à lui-même ; on bat celui du second, au sortir de la veine, afin de coaguler rapidement la fibrine en en chassant les globules sanguins.

1° On prend la portion battue du sang dans laquelle la fibrine s'est séparée et coagulée, on la jette sur une toile serrée et on lave cette fibrine jusqu'à ce qu'elle soit parfaitement blan-

che ; on la dessèche d'abord à l'étuve et ensuite au bain-marie, jusqu'à ce que son poids
ne varie plus.

2° On sépare, avec beaucoup de soin, le sérum du caillot dans le premier vase ; on dessèche le sérum et on pèse le résidu.

3° On prend le caillot, le découpe en tran-
ches minces , le dessèche et le pèse.

On obtient par ce procédé :

1° Le poids de la fibrine sèche, par la détermination directe;

2° Le poids des matériaux solides du sérum
et le poids de l'eau qu'il renferme ; si on a une
assez grande quantité de matériaux solides, on
peut faire leur analyse pour déterminer les graisses, le sel, etc.

3° Connaissant la quantité d'eau et de matériaux solides du sérum , la perte que le caill-
lot subit donne le poids du sérum qu'il em-
prisonnait et dont la composition est connue ;
on calcule la quantité de matériaux secs laissés
dans le caillot par ce sérum ; on retranche ce
poids du poids total du caillot sec; on en retranche aussi celui de la fibrine, calculée par
rapport au poids total du sang coagulé ; le reste
représente le poids des globules.

Cette méthode d'analyse ne fait bien rigoureusement que la part de trois ordres de matières distinctes plutôt au point de vue physique
qu'au point de vue chimique que le sang ren-

ferme, savoir : 1° matière coagulable ; 2° matière soluble ; 3° matière en suspension. Mais ces données suffisent pour les besoins de la science.

Les chimistes admettent généralement que la caséine, la fibrine, l'albumine et probablement encore d'autres principes de l'économie animale dérivent d'une substance unique, de la *protéine*, qui a pour propriété facilement reconnaissable de se dissoudre dans l'acide chlorydrique en donnant une liqueur d'un beau bleu indigo.

Après ces préliminaires, intéressants à connaître pour pouvoir, au besoin, trouver l'influence des divers éléments sur le principal agent vital, genre de recherches que les agronomes, nous le répétons, pourraient exécuter avec fruit, nous allons donner, d'après M. Nasse, la composition du sang normal des principaux animaux domestiques :

Noms des animaux.	Sur 1,000 parties					
	Eau.	Globules.	Albumine.	Fibrine.	Graisses.	Sels solubl.
Homme.	798.40	116.53	74.20	2.23	1.97	6.67
Chien. .	790.50	123.85	65.19	1.93	2.25	6.28
Chat.. .	810.02	113.39	64.46	2.42	2.70	7.01
Cheval..	804.75	117.13	67.58	2.41	1.31	6.82
Bœuf.. .	799.59	121.87	66.90	3.62	2.04	6.98
Veau.. .	826.71	102.50	56.41	5.76	1.62	7.00
Chèvre.	839.44	86.00	62.70	3.90	0.91	7.05
Brebis. .	827.72	92.42	68.77	2.57	1.61	6.91
Lapin. .	817.30	170.72		3.80	1.90	6.28
Cochon.	768.95	145.53	72.87	3.95	1.95	6.75
Oie. . .	814.88	121.45	50.78	3.46	2.57	7.87
Poule. .	793.42	144.57	48.52	4.67	2.03	6.79

Voici maintenant la composition des sels solubles :

Noms des animaux.	Chlorure de sodium.	Sulfate de soude.	Carbonates alcalins.	Phosph. alcalins.	Totaux.
Homme. . . .	4.690	0.202	0.956	0.823	6.671
Chien.	4.490	0.197	0.799	0.790	6.276
Chat.	5.274	0.201	0.919	0.617	7.011
Cheval. . . .	4.659	0.213	1.104	0.844	6.820
Bœuf.	4.321	0.181	1.810	0.668	6.980
Veau.	4.864	0.269	1.213	0.657	7.003
Chèvre. . . .	5.186	0.265	1.202	0.402	7.055
Brebis. . . .	4.895	0.348	1.272	0.395	6.910
Lapin.	4.092	0.302	0.980	0.897	6.271
Cochon. . . .	4.287	0.089	1.018	1.363	6.756
Oie.	4.246	0.090	0.824	1.705	6.865
Poule.	5.392	0.100	0.350	0.945	6.787

Si on calcule les diverses quantités de chlorure de sodium nécessaires pour produire les sels de soude autres que celui-là contenus dans le sang des divers animaux, on obtient :

Noms des animaux.	Quantités de chlorure de sodium équivalentes aux divers sels de soude du sang. Pour 1,000 parties de sang.
Homme.	1.580
Chien.	1.403
Chat.	1.450
Cheval	1.761
Bœuf.	2.540
Veau.	1.846
Chèvre	1.702
Brebis	2.011
Lapin.	1.721
Cochon.	1.795
Oie.	1.849
Poule.	0.882

Avant de conclure de ces différentes analyses le poids de la quantité de sel ordinaire contenu dans le sang de chaque tête d'animal, il nous faut chercher les proportions des différentes parties des divers animaux ; nous donnerons seulement, en ce moment, les résultats des recherches dans lesquelles on a tenu compte de la quantité de sang.

D'après M. Boussingault [1], ces proportions doivent être établies ainsi :

1° Pour un bœuf pesant 680 kil., on a trouvé :

		Pour 100 de poids vivant.
Les deux quartiers de devant	184k5	55.4
Les deux quart. de derrière..	192.5	
Le cuir.	28.5	4.2
Le suif.	51.0	7.5
Le sang.	50.0	7.4
Bête, av. membres, entr., etc.	173.5	25.5
	680.0	100.0

2° Pour un cheval pesant 401 kil., on a obtenu [2] :

		Pour 100 de poids vivant.
Chair.	230 k.	57.4
Os..	50	12.5
Sang..	28	7.0
Graisse	35	8.7
Issues.	30	7.5
Peau	25	6.2
Crins.	0.5	0.1
Sabots et fers.	2.5	0.6
	401.0	100.0

(1) *Economie rurale*, t. II, p. 588.
(2) *Ibid.*, p. 601.

3° Pour un jeune porc, M. Boussingault a trouvé [1] :

		Pour 100 de poids vivant.
Sang.	2ᵏ68	3.0
Intestins, rate, cœur, etc. .	9.78	10.9
Os.	13.13	15.7
Peau.	6.88	7.6
Chair maigre.	31.85	35.6
Lard net.	16.42	
Graisse des côtes.	1.65	26.3
Graisse des boyaux.	1.60	
Saindoux.	3.87	
Soies, impuretés, perte. . .	1.64	1.9
	89.50	100.0

Dans une autre série d'expériences rapportées également dans son *Économie rurale*, M. Boussingault a retiré 35 kil. de sang de sept porcs pesant ensemble 955 kil., ce qui fait 3.7 de sang pour 100 parties du poids vivant.

Enfin, dans ses recherches expérimentales sur le développement de la graisse pendant l'alimentation des animaux[2], M. Boussingault a obtenu les résultats suivants :

	Porc de 8 mois. kil.	Porc de 11 m. kil.	Porc de 14 m. 8j. kil.	Goret nouv.-né. gr.
Graisse. . . .	15.48	16.27	17.74	0.0
Os degraissés. .	3.87	4.32	5.50	110.2
Peau et soies. .	5.01	6.82	7.56	119.0
Sang	2.17	3.24	2.60	15.0
Viande dégrais.	24.03	26.90	36.50	275.2
Foie, cœur, cervelle, etc. . .	9.99	9.82	14.10	140.6
	60.55	67.37	84.00	650.0

(1) *Ibid.*, p. 616.
(2) *Ann. de chimie et de phys.*, 3ᵉ série, t. XIV, p. 419.

Ce qui donne, en traduisant en centièmes :

Graisse	25.0	24.1	·21,1	0.0
Os.	6.3	6.4	6.5	16.9
Peau et soies. .	8.2	10.1	9.0	18.3
Sang	3.6	4.8	3.1	2.3
Chair.	39.6	39.6	43.4	42.3
Foie, cœur, etc.	14.7	14.7	16.9	20.2
	100.0	100.0	100.0	100.0

La moyenne générale des 11 déterminations que nous venons de grouper est de 3.6 de sang recueilli par hémorrhagie mortelle pour 100 de poids vivant.

4° M. Rayer[1], en pesant les os et les principaux organes d'un mouton-mérinos de cinq ans, a obtenu les résultats suivants :

		Pour 100 de poids vivant.
Sang	1ᵏ5	4.6
Os.	4.5	13.1
Graisse..	2.3	6.7
Chair.	13.3	38.5
Peau garnie de laine.. . . .	5.9	17.1
Organes divers, issues, etc. .	7.0	20.0
	34.5	100.0

A côté de ces renseignements, nous placerons les suivants qui donnent un aperçu de la moyenne en quantité du sang recueilli des saignées opérées sur les différents animaux domestiques[2] :

(1) *Econ. rurale*, par M. Boussingault, t. II, p. 622.
(2) *Maison rustique du XIXᵉ siècle*, t. II, p. 167.

Noms des animaux	Poids de l'animal vivant.	SANG.	
		Poids recueilli.	Proportion p. 100 du poids vivant.
Chevaux et mulets maigres.	350 à 400^k	18 à 21^k	5.2
Un âne maigre.. .	140	8	5.7
Bœufs abattus dans les boucheries..	400 à 800	18 à 25	3.1 à 6.3
Mout. d. les berg.	40 à 65	2 à 3.5	5.0 à 5.4
Chiens de gr. taille.	30 à 35	3 à 3.5	10
Chiens de p. taille.	14	1	7.1

Tous les chiffres précédents ne sauraient servir à une détermination exacte de la proportion de sel élaboré dans le corps de chaque animal par suite de la circulation du sang; nous les emploierons seulement dans l'évaluation du sel contenu dans la totalité de l'organisme, attendu que la proportion de sang qui ne sort pas par la saignée reste dans la chair et est comptée comme telle. Nous avons dû seulement rappeler ici ces nombres pour ne laisser dans l'ombre aucune objection et pour entourer de toutes les garanties possibles la solution du problème cherché.

Hâtons-nous de dire, en effet, qu'en se contentant d'évaluer la proportion du sang contenue dans le corps vivant d'après la quantité de ce liquide qu'on obtient par une hémorrhagie mortelle, on n'arrive qu'à un résultat inexact, pouvant tout au plus servir de limite inférieure au rapport cherché. Il reste beaucoup de sang coagulé dans les petits vaisseaux. M. Valentin [1], s'appuyant sur ce que l'eau injectée dans les veines se répand rapidement dans toute la circulation, a imaginé une méthode qui doit donner des résultats assez rapprochés de la vérité. Elle consiste à saigner l'animal et à déterminer le rapport du résidu fixe qui est contenu dans le sang à l'eau qui sert de dissolvant. Ce point connu, on injecte de l'eau dans des veines et on saigne de nouveau ; on évapore le liquide que l'on en fait sortir, et d'après la quantité de matière fixe qu'il contient et le rapport précédemment trouvé, on sait à quelle quantité de sang réelle ce résidu correspond. Une addition donne alors la quantité totale du sang contenu dans l'animal. En opérant de cette façon, M. Valentin est arrivé aux trois conclusions suivantes :

1° Malgré les différences que les divers états de la vie apportent dans la quantité absolue du sang et le poids du corps d'un individu, le rapport entre le poids du corps et celui du sang est très constant dans la même espèce de mammifères ;

2° Les femelles semblent avoir une quantité relative de sang un peu moindre que les animaux mâles ;

3° Les animaux bien portants et malades possèdent la même quantité relative de sang tant

(1) *Lehrbuch der Physiologie des Menschen*, t. I, p. 491.

que leur organisme total jouit encore d'une
activité bien prononcée.

Voici maintenant les nombres qui ont été
trouvés par M. Valentin pour le rapport du
poids de la quantité absolue de sang au poids
total du corps vivant :

	En moyenne, p. 100.
D'après 3 expériences sur des chiens.	22.9
— 2 expériences sur des chiennes. .	22.7
— 2 expériences sur des chats.	17.3
— 1 expérience sur un lapin femelle.	16.1
— 1 expérience sur une brebis.. . .	19.8

Il y a bien loin de ces chiffres à ceux que
nous avons rapportés auparavant pour l'expression de la quantité de sang que l'on extrait par
une hémorrhagie mortelle. Mais de la diversité
même de ces chiffres nous pouvons tirer cette
conséquence importante, c'est que par la saignée
simple on ne peut tirer qu'environ le tiers du
sang contenu dans un animal.

D'après ce résultat, nous aurons 22.7 p. 100
pour le coefficient représentant la quantité de
sang dans le chien, le cheval, le bœuf, le veau
et même dans l'homme, comme l'admet sans
hésiter M. Valentin ; 20 p. 100 pour le mouton,
la brebis, la chèvre ; 17 p. 100 pour le chat, le
cochon et le lapin. D'après ces coëfficients, à
30 ans, l'homme renferme 14 et la femme
12 kilogr. de sang environ.

En nous servant des analyses du sang rapportées plus haut, nous pouvons maintenant dresser le tableau suivant représentant la proportion pour 100 du poids vivant de la quantité de chlorure de sodium contenu en nature dans le sang de chaque animal, et de la quantité de ce même corps transformé en autres sels par suite de l'accomplissement des fonctions vitales, c'est-à-dire de la respiration et de la mutation des tissus ; la seconde colonne de ce tableau exprimerait, si nous ne nous trompons pas, la quantité de sel qui doit être rejetée par suite de la sécrétion urinaire, non pas comme chlorure de sodium, mais comme autres sels de soude formés par la transformation de celui-ci durant la vie.

Noms des animaux.	Chlorure de sodium charrié dans le sang pour 100 de poids vivant.		
	En nature.	En sels divers équivalents.	En totalité.
Homme.. . . .	0.106	0.036	0.142
Chien..	0.102	0.032	0.134
Chat.	0.090	0.025	0.115
Cheval.	0.106	0.040	0.146
Bœuf.	0.098	0.058	0.156
Veau.	0.110	0.042	0.152
Chèvre.	0.103	0.034	0.137
Brebis.	0.098	0.040	0.138
Lapin.	0.070	0.029	0.099
Cochon..	0.073	0.031	0.104

En nous servant de la table de M. Quételet[1]

(1) *Sur l'homme et le développement de ses facultés ou Essai de physique sociale*, Paris, 1835, t. II, p. 42.

qui donne le poids du corps de l'homme et de la femme aux différents âges, nous calculons les tableaux suivants pour représenter les quantités de sel contenu dans le sang humain à divers âges :

I. — HOMMES.

Âges.	Poids moyen du corps.	Chlorure de sodium charrié dans le sang.		
		En nature.	En sels équivalents.	En totalité.
	kil.	gr.	gr.	gr.
0	3.20	3.4	1.2	4.6
1	10.00	10.6	3.6	14.2
2	12.00	12.7	4.3	17.0
3	13,21	14.0	4.8	18.8
4	15.07	16.0	5.4	21.4
5	16.70	17.9	6.0	23.9
6	18.04	19.1	6.5	25.6
7	20.16	21.4	7.3	28.7
8	22.26	23.6	8.0	31.6
9	24.09	25.5	8.7	34.2
10	26.12	27.7	9.4	37.1
11	27.85	29.5	10.0	39.5
12	31.00	32.9	11.2	44.1
13	35.32	37.4	12.7	50.1
14	40.50	42.9	14.6	57.5
15	46.41	49.2	16.7	65.9
16	53.39	56.6	19.2	75.8
17	57.40	60.8	20.7	81.5
18	61.26	64.9	22.1	87.0
19	63.32	67.1	22.8	89.9
20	65.00	68.9	23.4	92.3
25	68.29	72.4	24.6	97.0
30	68.90	73.1	24.8	98.9
40	68.81	72.9	24.7	97.6
50	67.45	71.5	24.3	95.8
60	65.50	69.4	23.6	93.0
70	63.03	66.8	22.7	89.5
80	61.22	64.9	22.0	86.9

II.— FEMMES.

Ages.	Poids moyen du corps.	Chlorure de sodium charrié dans le sang.		
		En nature.	En sels équivalents.	En totalité.
	kil.	gr.	gr.	gr.
0	2.91	3.1	1.0	4.1
1	9.30	10.0	3.3	13.3
2	11.40	11.1	4.1	15.2
3	12.45	13.2	4.5	17.7
4	14.18	15.0	5.1	20.1
5	15.50	16.4	5.6	22.0
6	16.74	17.7	6.0	23.7
7	18.45	19.6	6.6	26.2
8	19.82	21.2	7.1	28.3
9	22.44	23.8	8.1	31.9
10	24.24	25.7	8.7	34.4
11	26.25	27.8	9.5	37.3
12	30.54	32.4	11.0	43.4
13	34.65	36.7	12.5	49.2
14	38.10	40.4	13.7	54.1
15	41.30	43.8	14.9	58.7
16	44.44	47.1	16.0	63.1
17	49.68	52.2	17.7	69.9
18	53.10	56.3	19.1	75.4
20	54.46	57.7	19.6	77.3
25	55.08	58.4	19.8	78.2
30	55.14	58.5	19.9	78.4
40	56.65	60.0	20.4	80.4
50	58.45	62.0	21.0	83.0
60	56.73	60.1	20.4	80.5
70	53.72	57.0	19.3	76.3
80	51.52	54.6	18.5	73.1

Il résulte de ces deux tableaux que le sang de l'homme adulte contient en moyenne 73 grammes de sel marin, et en outre une quantité de soude équivalente à 25 grammes de ce même sel, c'est-à-dire qu'en tout 98 grammes de sel ordinaire y sont élaborés.

Quant au sang de la femme adulte moyenne, il ne renferme que 62 grammes de sel marin, une quantité de soude équivalente à 21 grammes de ce même sel, c'est-à-dire qu'en tout 83 grammes de sel ordinaire s'y trouvent constamment élaborés.

Nous ne saurions établir pour la race bovine un tableau contenant des chiffres aussi précis que pour la race humaine, à cause des variétés nombreuses que l'on y rencontre et qui empêchent que l'on puisse fixer un poids moyen pour toute l'espèce.

D'après M. Villeroy [1], on peut établir de cette façon les poids moyens de quelques races :

```
Race comtoise. . . . . . . . . . . . .    275 k.
Races  charolaise, bourbonnaise, li-
   mousine . . . . . . . . . . . . . .    375
Race d'Aubrac . . . . . . . . . . . .     425
Race normande du Cotentin. . . . .        775
Race anglaise à courtes cornes. . . . .  1000
```

Dans le dernier concours de Poissy, les poids des dix animaux primés appartenant aux races choletaise, de Salers, charolaise, Durham-charolaise, Durham-normande, Durham-suisse, anglaise à courtes cornes, ont varié de 820 à 1,170 kilogrammes ; le poids moyen a été de 927 kilogrammes, nombre que l'on peut regarder comme très rapproché du poids moyen actuel des bons

____

(1) *Manuel de l'éleveur des bêtes à cornes.*

4

animaux des races perfectionnées. La quantité
moyenne de sel marin contenu en nature dans
leur sang est de 908 grammes ; la soude, ou diverses autres combinaisons qui s'y trouvent,
correspond en outre à 528 grammes du même
sel, de sorte que 1,436 grammes de sel marin
s'y trouvent élaborés.

D'après les détails que donne M. Boussingault[1] sur l'accroissement du bétail, on voit
que pour la race Schwitz les veaux pèsent à
leur naissance moyennement 45 kilogrammes,
et que leur poids monte ensuite à 670 kilogram.
Par conséquent la quantité totale de soude qui
se trouve dans le sang des bœufs de cette race
équivaut, lors de la naissance du veau, à 70
grammes de sel ordinaire, et elle est portée
après la croissance à 1,045 grammes.

Les observations de M. Boussingault fournissent aussi les seuls documents que nous puissions citer pour l'espèce chevaline ; il résulte
de ses pesées que le poids moyen des poulains,
pour la race qu'il emploie dans sa ferme de
Béchelbronn, est à la naissance de 51 kilogrammes, et après la naissance ce poids est porté en
moyenne à 487 kilogrammes. D'après cela, la
quantité totale de soude contenue dans le sang
des chevaux correspondrait à 74 grammes de
sel pour le poulain, et 711 grammes pour le
cheval adulte.

(1) *Economie rurale*, t. II, p. 518 et suiv.

Le poids moyen des gorets, toujours d'après M. Boussingault, est à la naissance de 1ᵏ.25 ; après l'accroissement et l'engraissement, ce poids est de 125 kilogrammes. La quantité de soude du sang du porc correspond ainsi, à la naissance, à 1ᵍʳ.3, et après l'accroissement et l'engraissement à 130 grammes de chlorure de sodium.

Les bêtes à laine sont de tous les animaux employés dans les exploitations agricoles ceux sur lesquels on a le moins de renseignements précis. M. Boussingault n'a pu se procurer aucun détail important sur cette branche de l'économie rurale. Nous dirons seulement que les poids des moutons des diverses races sont assez variables, mais qu'on peut les diviser en trois classes ; nous puisons cette observation dans les faits suivants :

Le poids moyen de chacun des 210 moutons mérinos, ou métis mérinos, ou grosses races à laine longue qui ont remporté les prix aux derniers concours de Poissy et de Lyon, était de 65 kilogrammes ;

Le poids moyen des 40 moutons de race à laine commune primés aux mêmes concours était de 42 kilogrammes, et les 32 moutons sur lesquels M. Daurier a fait les expériences dont nous aurons à parler plus loin pesaient chacun moyennement 46 kilogrammes ;

Enfin la petite race sur laquelle a expérimenté M. Husson a donné 35 kilogrammes pour poids moyen de chacun des animaux pesés.

Il résulte de là que le sang des bêtes ovines contient :

Chlorure de sodium.

Pour les grosses races. . . . . . . 104 gr.
Pour les races moyennes. 63
Pour les petites races. 48

Tels sont les faits qu'il est actuellement possible de constater relativement au rôle du sel marin dans le sang des animaux :

1° Une grande portion de la soude (les deux tiers environ) s'y trouve à l'état de chlorure de sodium ; l'autre tiers y est en combinaison avec les matières albuminoïdes : il a dû subir dans les organes des métamorphoses diverses ; on le retrouve dans les cendres du sang incinéré pour l'analyse chimique à l'état de sulfates, phosphates et autres sels.

2° En quantité absolue assez faible lors de la naissance des animaux, le sang s'emmagasine dans l'organisme en quantité croissante, de telle sorte qu'une portion du sel introduite chaque jour dans l'économie par l'alimentation doit y demeurer, et qu'on ne doit pas par conséquent retrouver dans les excrétions des jeunes animaux tout le sel ingéré.

II.— *De la lymphe.*

La lymphe est le liquide qui remplit les vais-

seaux lymphatiques. Ces vaisseaux, naissent de
toutes les partiés des corps et viennent se réunir
dans l'abdomen en un tronc commun, le canal
thoracique. Ce canal reçoit aussi les vaisseaux
chylifères, lesquels ne sont que les lymphatiques
de l'intestin grêle. La lymphe et le chyle dont
nous parlerons dans le paragraphe suivant, sont
portés dans le système veineux par le canal thoracique. Ainsi mêlés au sang veineux, ces deux
liquides arrivent au cœur qui lance ces substances prêtes à être brûlées, dans les poumons
où s'opère le phénomène de la respiration. Le
sang, alors devenu artériel, est envoyé dans
toules les parties du corps pour fournir les éléments nécessaires à la nutrition des organes et
aux sécrétions.

La lymphe, liquide intermédiaire en quelque sorte, tient du sang et du chyle ; elle paraît différer du premier en ce qu'elle ne contient pas de globules colorés, et du dernier, en ce qu'elle ne renferme point de globules de graisse. Elle est légèrement jaunâtre ;
elle n'a pas d'odeur ; sa saveur est salée et elle
réagit faiblement à la manière des alcalis ; elle
tient en dissolution de l'albumine et de la fibrine ; cette dernière se coagule au bout de
quelques minutes, après l'extraction de la lymphe.

A cause de la petitesse des conduits lymphatiques et aussi à cause de la lenteur de la cir-

culation de la lymphe, on conçoit que l'occasion d'examiner ce liquide se présente bien plus rarement que pour le sang, surtout dans le corps de l'homme. Aussi on n'a que peu d'analyses de la lymphe; nous rapportons dans le tableau suivant celles qui nous sont connues.

	M. Lassaigne. — Lymphe extraite du cou d'un cheval.	MM. Tiedemann et Gmelin. —	MM. Marchand et Colberg. — Lymphe extraite du dos du pied d'un jeune homme.
Eau.	925.00	960.0	969.26
Fibrine. . . .	3.30	2.5	5.20
Albumine. . .	57.36	27.5	4.34
Matièr. extractive et sels..	14.34	10.0	21.20

Il résulte manifestement des divergences de ces chiffres qu'il y a nécessité de revoir à nouveau quelle est la véritable composition de la lymphe normale. Il faudra vérifier aussi si elle ne change pas de nature avec les diverses parties du corps d'où elle provient. Quant à la question spéciale qui nous occupe dans cet écrit, celle de la présence et de l'évaluation de la soude, elle reste présentement insoluble, surtout à cause de l'ignorance complète où l'on est de la quantité de lymphe contenue dans les divers animaux domestiques. Pour nos évaluations définitives, la lymphe sera comptée dans la chair dont il est impossible de la séparer, dans l'état actuel de nos connaissances.

III.— *Du chyle.*

«Les vaisseaux chylifères[1], dit M. Dumas, charrient les principes que la digestion intestinale (en petite partie aussi la digestion stomacale) a rendus aptes à être absorbés. On comprendra sans peine qu'il est impossible de recueillir à l'état de pureté le liquide que les radicules des chylifères pompent dans l'intestin et auquel on a donné le nom de chyle ; car les chylifères proprement dits sont d'une extrême ténuité, et en outre ils s'anastomosent bientôt avec les vaisseaux lymphatiques, de telle manière que le chyle, qu'on peut recueillir sur le trajet des chylifères et dans le canal thoracique lui-même, est déjà mélangé d'une quantité de lymphe qu'il est difficile d'apprécier. Aussi les propriétes qu'on a reconnues au chyle liquide se rapportent-elles à un mélange de chyle tel que celui qu'on peut recueillir dans le canal thoracique. »

Le chyle est d'un blanc laiteux, et cet aspect est dû à des globules de graisse dont le nombre varie avec la nature des aliments. Il exerce la réaction alcaline ; il a une odeur spermatique. Il se coagule quelques minutes après son extraction. Il n'est plus une simple dissolution des aliments, quand on l'extrait du canal thoracique ; la fibrine qu'il contient provient et des substances alimentaires et de la lymphe.

(1) *Traité de chimie*, t. VIII, p. 615.

La composition du chyle est du reste très variable. En voici des exemples, tous pris sur du chyle extrait du canal thoracique du cheval :

MM. Tiedemann et Gmelin.

	I.	II.	III.
Eau..........	924.0	949.8	918.03
Fibrine.......	17.0	4.2	7.08
Albumine.....	4.55	34.3	42.08
Graisse.......	traces.	un peu.	16.12
Mat. ext. et sels.	13.5	10.7	16.69

M. Simon.

	Cheval nourri avec des pois.	Chevaux nourris avec de l'avoine.	
		I.	II.
Eau........	940.67	928.00	916.00
Fibrine......	0.44	0.81	0.90
Albumine....	42.72	46.43	60.53
Graisse......	1.19	10.01	3.05
Matièr. extract.	14.98	5.32	10.96
Sels.........		9.43	8.56

On doit à M. Rees l'analyse du chyle contenu dans le canal thoracique d'un homme mort par suspension[1]; le même observateur a analysé également le chyle et la lymphe d'un jeune âne qui avait été nourri de haricots et d'avoine[2] :

	Ane.		Homme.
	Chyle.	Lymphe.	Chyle.
Eau.......	902.27	965.36	904.8
Fibrine....	3.70	1.20	traces.
Albumine...	35.16	12.00	70.8
Graisse....	36.01	traces.	9.2
Mat. extract..	15.65	15.59	10.8
Sels.......	7.11	5.85	4.4

(1) *Lond. and Edinb. philos. Magaz.*, 1842, p. 508.
(2) *Ibid.*, 1841, p. 547.

Tout ce qu'il est permis de conclure de ces chiffres relativement à la question de l'emploi du sel, c'est que les matières salines contenues dans la lymphe et le chyle sont les mêmes que celles du sang, et qu'elles s'y trouvent à peu près en même proportion.

IV.— *Du lait.*

Dans le lait, émulsion de graisse homogène, liquide et très mobile, sécrétée par les mamelles des mammifères femelles vers la fin de la gestation et surtout après la parturition, il entre une certaine quantité de sels nécessaires au développement de charpente osseuse du jeune animal que le lait seul est appelé à nourrir durant quelque temps. Parmi ces sels, il en est une portion à bases de soude et de potasse, et ceux-ci ne sont pas seulement des chlorures; il se trouve parmi eux des sels de soude à acides organiques, ce qui se manifeste par la réaction alcaline que présente très souvent le lait, si on l'examine aussitôt après sa sortie des mamelles.

Avant de présenter le tableau de la composition du lait dans les divers animaux domestiques, nous rappellerons que ce liquide est caractérisé par la présence : 1° d'une matière azotée, la *caséine*, ayant la même composition, mais non pas les mêmes propriétés que la fibrine et l'albumine; 2° d'une matière saccharine, *le sucre de lait;* 3° de matières grasses qui constituent *le beurre;* 4° de matières extractives ; 5° et enfin de divers sels. C'est un aliment complet renfermant à la fois les substances nécessaires à produire tous les tissus de l'économie et celles qui doivent être consommées dans la respiration pour entretenir la chaleur du corps.

COMPOSITION DU LAIT DE DIVERS MAMMIFÈRES.

	Femme[1].	Vache[2].	Chienne[3].	Anesse[4].
Eau..	883.6	874.0	750.0	905.0
Beurre.	25.3	40.0	68.4	14.0
Caséine.. . . .	34.3	33.9	121.7	17.0
Sucre de lait..	48.2	48.4	50.4	64.0
Mat. extract. .	4.2			
Sels..	4.4	3.7		
	1,000.0	1,000.0	1,000.0	1,000.0
Densités.	1.0203	1.0324	»	1.0355

	Cavale[5].	Chèvre[5].	Brebis[6].
Eau.	888.3	856.0	632.0
Beurre.	16.2	45.0	86.7
Caséine.	8.0	41.0	155.0
Matièr. extract. et sels.	87.5	58.0	126.3
	1,000.0	1,000.0	1,000.0
Densités.. . . .	1.0316	1.0341	1.0409

Le liquide sécrété par les mamelles avant la parturition et qu'on nomme *colostrum* diffère du lait par une grande quantité d'albumine.

(1) Moyenne des analyses faites par M. Simon et MM. Pfaff et Schwartz.

(2) D'après les analyses faites à Béchelbronn par MM. Lebel et Boussingault.

(3) Expériences de M. Dumas.

(4) Analyses de M. Péligot.

(5) Stipriann, Luiscius et Bondt.

(6) M. Payen.

Le lait est, en général, une sécrétion acci-
dentelle, momentanée ; les matériaux qu'il emprunte à l'économie ne sauraient être considérés comme normalement élaborés que dans la
vache ; pour cet animal, la sécrétion du lait est
presque permanente, à cause des soins que l'on
prend pour en prolonger la production. Aussi,
y a-t-il un certain intérêt à rechercher quelle
quantité de sel cette production exige.

Les seules analyses des sels fixes du lait qui
puissent jeter quelque jour sur cette question
sont celles de MM. Pfaff et Schwartz, et de
M. Haidlen ; elles se rapportent aux cendres de
1,000 parties de lait, savoir :

	Femme.	Vache.		
		I.	II.	III.
Phosphate de chaux.	2.5	1.805	2.31	3.44
— magnésie...	0.5	0.170	0.42	0.64
— fer......	0.007	0.032	0.07	0.07
— soude. ...	0.4	0.225	»	»
Chlor. de potassium.	0.3	1.350	1.44	1,83
— sodium....	»	»	0.24	0.34
Soude..	0.7	0.115	0.42	0.45
	4.407	3.697	4.90	6.77

Nous ne nous occuperons que du lait de vache
qui seul peut présenter de l'intérêt comme consommation du sel ordinaire.

D'après l'analyse I précédente, de MM. Pfaff
et Schwartz, nous calculons que la quantité de
phosphate de soude 0.225 correspond à 0.198
de chlorure de sodium, et que la quantité de

soude 0.115 correspond à 0.215 de ce même
chlorure ; c'est-à-dire que les sels de soude
contenus dans 1 kil. de lait exigent la consommation par la vache laitière de $0^{gr}.413$ de sel.

D'après l'analyse II, de M. Haidlen, nous
voyons d'abord $0^{gr}.240$ de sel en nature dans
le lait de vache, et nous calculons que la quantité $0^{gr}.42$ de soude correspond à $0^{gr}.814$; c'est-
à-dire que pour 1 kilogr. de lait, il faut en tout
$1^{gr}.054$ de sel ordinaire.

L'analyse III, du même expérimentateur, indique d'abord $0^{gr}.340$ de chlorure de sodium en
nature, et ensuite une quantité de soude $0^{gr}.45$
équivalente à $0^{gr}.847$; c'est-à-dire qu'il faut en
tout $1^{gr}.187$ de sel pour 1 kilogr. de lait.

La moyenne de ces trois expériences fixe à
$0^{gr}.885$ la quantité de chlorure de sodium élabo-
rée pour la production de 1 kil. de lait de vache.

Nous ne quitterons pas les conséquences que
l'on doit tirer des analyses précédentes, sans
faire remarquer que le lait, et surtout le lait de
vache, contient une quantité de potasse beaucoup plus grande que celle de soude, quatre
fois plus environ. Ce résultat est conforme à
celui que nous trouverons bientôt par l'examen
des sels de la chair.

Toutes les observations faites jusqu'à ce jour
constatent que la quantité de lait sécrété diminue
au fur et à mesure qu'on s'éloigne du part.
La production journalière du lait est donc une

chose essentiellement variable. Dans ces variations, le mode de nourriture et la race de la vache exercent une grande influence. Ces circonstances doivent changer aussi la quantité de chlorure de sodium contenue dans le lait. Nous avons fait deux analyses qui montrent entre quelles limites les proportions de ce sel peuvent varier.

La première analyse I, a porté sur du lait provenant d'une vache d'une étable de Paris et nourrie principalement de tourteaux, c'est-à-dire d'une matière qui contient peu ou pas de sel ; la seconde II, sur du lait d'une vacherie des environs de Pontoise, où l'alimentation est principalement fourragère. Nous avons trouvé :

	I.	II.
Eau	909.810	906.120
Matière organique sèche. .	87.114	88.100
Chlorure de sodium.	0.677	1.233
Autres sels minéraux fixes.	2.399	4.547
	1,000.000	1,000.000

La proportion du chlorure de sodium du second lait est double de celle du premier, circonstance importante pour l'appréciation des qualités respectives de deux espèces de lait destinées à la nourriture des enfants en bas-âge.

Passons aux rendements quotidiens des vaches laitières dans divers pays. M. Boussingault[1] donne les renseignements suivants :

(1) *Économie rurale*, t. II, p. 548.

Localités.		Autorités.	Foin consommé par jour. kil.	Lait par an. litres.	Lait par jour. lit.
France	La Feuillasse (Ain)	Perrault de Jotemps.	12.5	1,700	4.7
	Lompries (Ain).	D'Angeville.	6.3	915	2.5
	Roville (Meurthe)	De Dombasle.	10.0	1,416	3.4
	Lyonnais (montagnes).	Grognier.	»	730	2.0
	Béchelbronn (Bas-Rhin).	Lebel et Boussingault.	15.0	2,511	6.8
	Paris et les environs	Quevenne.	»	4,015	11.0
Angleterre		Low.	»	3,706	9.3
Id.		Curwen.	»	3,739	10.2
Belgique, Anvers		Schwertz.	13.0	2,558	7.0
Id.		Id.	12.4	2,254	6.2
Hollande	Pays-Bas.	Id.	12.4	1,932	5.3
	Id.	Alton.	»	4,015	11.0
	Campine.	Schwertz.	»	5,292	14.5
Saxe	Moosen	Schweitzer.	9.4	1,527	4.2
	Altenbourg.	Schmalz.	14.0	1,950	5.3
Autriche, Garinthie		Burger.	»	1,564	4.3
Prusse	Mœglin	Thaër.	10.0	1,505	4.1
	Environs de Berlin	Id.	»	1,707	4.7
Suisse		D'Angeville.	12.5	1,700	4.7
Id., Hofwyll		Id.	17.5	2,662	7.3

Dans le rapport de M. de Gasparin sur la méthode de M. Guénon relative à l'appréciation des vaches laitières[1], on voit que dans les vacheries des environs de Paris de MM. Dailly et Dupérier, la quantité de lait produite par jour dans la force du lait est comprise, selon les vaches, entre 12 et 20 litres ; en moyenne elle est, toujours dans la force du lait, de $17^l.2$. Dans la vacherie de M. Dupérier, les 35 vaches qui s'y trouvent fournissent seulement chaque jour 400 litres de lait, ou $11^l.4$ par chaque vache, ce qui est, à peu de chose près, le nombre donné par M. Quévenne et qui est rapporté dans le tableau précédent.

En admettant 7 litres pour le rendement moyen d'une vache fictive donnant du lait chaque jour de l'année en égale quantité, on a le seul nombre sur lequel on puisse baser un calcul général. A cause de la densité du lait, ces 7 litres équivalent à $7^k.227$, ce qui exige une consommation de $6^{gr}.3$ de sel par jour. Comme le rendement moyen de lait, selon les pays et les races, est de 2 à 11 litres, la consommation du sel par jour, par suite de la production du lait, varie de $1^{gr}.8$ à 10 grammes. Dans la force du lait, il y a une dépense de sel qui s'élève jusqu'à 18 grammes par jour pour les bonnes vaches laitières.

(1) *Journal d'agriculture pratique,* 2ᵉ série, t. IV, p. 501.

CHAPITRE IV.

Du sel dans les organes.

Nous avons constaté dans les deux chapitres précédents que le chlorure de sodium joue un rôle important dans la digestion et dans la circulation ; nous allons rechercher maintenant s'il pénètre dans les divers tissus de l'économie, et s'il est un de leurs principes constituants.

I. — *Du tissu musculaire.*

Le tissu musculaire constitue ce qu'on appelle la chair ou la viande des animaux et forme la majeure partie de la masse du corps. Les muscles sont des organes détachés, complétement indépendants les uns des autres ; on en distingue de deux sortes, ceux du squelette et ceux des viscères. Nous considérerons d'abord les premiers. Ils sont ordinairement recouverts d'aponévroses et se terminent par des tendons qui les attachent aux os. Ils résultent d'une agrégation de fibres parallèles appliquées les unes contre les autres, mais entourées chacune d'une gaîne mince produite par du tissu cellulaire. Un certain nombre de fibres ainsi adossées reçoit ensuite une nouvelle gaîne commune de tissu cellulaire, de manière à former des groupes et puis des faisceaux également entourés de tissu cellulaire. Au milieu de ce tissu se répandent

une multitude de nerfs et de vaisseaux qui charrient du sang et de la lymphe. Les muscles forment ainsi une masse de laquelle il est presque
impossible au chimiste de séparer le véritable
tissu qui leur est propre; de sorte que les analyses portent toujours sur de la substance musculaire mélangée d'autres matières, telles que du
tissu cellulaire, du sang, de la lymphe, des
nerfs.

Pour le but que nous poursuivons, il n'y a à
cette confusion aucun inconvénient, car nous
voulons avoir la quantité de sel ou de soude contenue dans toute l'économie animale, et l'analyse
chimique peut nous donner ce résultat, qu'elle
porte ou non sur des matières bien isolées, pourvu
qu'aucune partie n'échappe à ses recherches.
C'est même pour cela que parmi les nombres que
nous avons donnés dans le § I du chapitre précédent où nous avons parlé du sel du sang,
ceux-là mêmes qui indiquent le moins exactement la quantité réelle de sang des divers animaux, mais qui expriment quelle quantité s'échappe par une hémorrhagie mortelle, nous seront les plus utiles. C'est aussi pour cela qu'il
n'y a pas grand inconvénient à ce que nous ne
connaissions pas la quantité de lymphe qui circule dans l'économie. La chair, telle qu'on l'analyse et qu'on l'estime dans les pesées ordinaires, contient toutes les substances qui s'y trouvent mêlées dans le corps de l'animal.

Les analyses de chair musculaire ne sont encore ni très nombreuses ni très variées ; la chair du bœuf a été le plus étudiée. Voici le tableau des analyses qui la concernent :

	Berzélius.	Schlossberger.	Schutz.	De Bibra.
Eau.	771.7	775.0	775.0	776.0
Fibrine, tissu cell., nerfs, vaisseaux.	177.0	175.0	150.0	174.1
Albumine et mat. color. du sang. .	22.0	22.0	43,0	19.9
Extr. alcool. et sels.	18.0	15.0	13,2	
Extr. aq. et sels. .	10.5	13.0	18,0	
Phosph. de chaux, albumine. . . .	0.8	traces.	»	30.0
Graisse.	»	»	0.8	
	1,000.0	1,000.0	1,000.0	1,000.0

Pour le veau on a obtenu :

	Schlossberger.	Schlossberger.	De Bibra.
	Veau de 4 semaines.	Veau de 1 an.	Veau de 3 mois.
Eau.	795.0	782.0	775.8
Fibrine, tissu cellul., nerfs, vaisseaux.. .	150.0	162.0	16.32
Albumine et matière colorante du sang. .	32.0	26.0	43.0
Extrait alcool. et sels.	11.0	14.0	
Extrait aqueux et sels.	10.0	16.0	18.0
Phosphate calcaire albumineux..	10.0	traces.	
	1,000.0	1,000.0	1,000.0

Les analyses qui concernent les autres mammifères sont les suivantes :

	De Bibra.	De Bibra.	Schlossberger.	De Bibra.
	Muscl. pect. d'un homme de 59 ans.	Muscl. pect. d'une femme de 36 ans.	Porc.	Chat.
Eau.	725.6	744.5	783.0	751.5
Fibr., tissu cel., nerfs, vaiss..	187.5	176.1	168.0	181.2
Album. et mat. col. du sang.	17.5	19.3	24.0	20.0
Matièr. extract- tives et sels.	28.0	37.1	25.0	29.3
Graisse.. . . .	42.4	23.0	»	18.0
	1,000.0	1,000.0	1,000.0	1,000.0

Ces chiffres né sauraient guère jeter de jour
sur la question spéciale qui nous occupe ; les
quantités de sels ne sont même pas séparées des
matières extractives, et, par conséquent, nous
serions dans la nécessité d'avoir recours à des
hypothèses sur l'analogie de composition de la
chair et du sang pour arriver à des évaluations
numériques, si des recherches récentes n'étaient
venues lever la difficulté.

D'abord il résulte des analyses élémentaires
faites par MM. Playfair et Bœckmann sur la
chair de bœuf, et que nous avons rapportées
dans le § I du chapitre précédent relatif aux sels
contenus dans le sang (page 47), que 100 parties de viande sèche donnent 4.23 de cendres,
c'est-à-dire de sels minéraux. D'autre part,
d'après la moyenne des quatre analyses que nous
venons de donner sur la chair du bœuf, cette
chair est composée de :

$$
\begin{array}{ll}
\text{Eau} \dots\dots\dots\dots\dots & 774.4 \\
\text{Matières solides} \dots\dots & 225.6 \\
\hline
& 1{,}000.0
\end{array}
$$

Par une proportion, on conclut de ces chiffres que 1,000 parties de chair de bœuf fraîche contiennent seulement 9.6 de sels minéraux.

En nous servant maintenant des analyses faites par M. de Bibra[1] sur les cendres données par la viande desséchée de divers animaux, nous dressons le tableau suivant, en faisant toutes les transformations numériques nécessaires :

	Muscles pectoraux d'une femme de 36 ans.	Muscles du bœuf.	Muscle du -bot.
Chlorure de sodium . .	1.65	1.13	0.023
Sulfate de soude. . . .	0.23	0.05	traces.
Phosphates alcalins. . .	7.79	13.36	9.34
Phosphates de chaux, de fer, etc.	2.59	2.85	3.05
Cend. p. 1,000 de chair.	12.26	17.39	12.62

Il résulte de la comparaison de ces nombres et de ceux qui ont été donnés précédemment pour le sang plusieurs faits très importants :

1º La chair contient une bien plus grande quantité de sels solubles que le sang ;

2º La quantité de chlorure de sodium est au moins quatre fois moins grande dans la chair que dans le sang ;

(1) *Archiv. f. physiol. Heilkunde*, V. Roser und Wunderlich, IV Jahrg, IV Heft., S. 536-581.

3° Les sulfates ont souvent manqué dans les cendres de la chair, tandis qu'ils sont en proportion assez forte dans celles du sang ;

4° Au contraire, le sang contient au minimum sept fois moins de phosphates alcalins que la chair.

En remarquant que dans ces analyses et dans celles des cendres de la chair de plusieurs autres animaux inférieurs, on n'a pas trouvé de carbonate alcalin, on serait aussi tenté de conclure qu'il existe une très grande différence entre les combinaisons salines du sang et de la chair. En effet, dans le sang, comme nous l'avons vu, il existe certainement de la soude à l'état de combinaison organique, peut-être de lactate, ce qui explique la présence de carbonate de soude dans les cendres. Pourquoi n'en est-il pas de même pour la chair ? C'est que quand on calcine à une température élevée un mélange de carbonate de soude et d'une quantité prépondérante de phosphate ordinaire de soude, il se forme un phosphate basique, l'acide carbonique étant chassé. Ces circonstances se présentent précisément dans la calcination de la chair, tandis que dans celle du sang il ne peut en être de même à cause de la moindre proportion des phosphates alcalins.

Les phosphates alcalins de la chair sont particulièrement à base de potasse. Dans un mémoire récent[1], M. Liebig, en examinant les proportions de potasse et de soude contenues dans le sang et dans les liquides de la viande, a trouvé les rapports suivants :

Sur 100 parties de soude, il y a :

	POTASSE	
	Dans le sang.	Dans la viande.
Poule.	40.8	381
Bœuf.	5.9	279
Cheval	9.5	285

« Le rapport des deux alcalis pour le liquide de la viande, dit M. Liebig, ne peut être qu'approximatif, puisqu'il est impossible d'obtenir ce liquide exempt de sang et de lymphe, c'est-à-dire de fluides riches en soude. Si on avait pu arriver à une séparation complète, il est évident que la proportion de potasse serait devenue bien plus considérable, et on peut admettre comme probable que les principes liquides de la fibre musculaire ne renferment point de soude, mais uniquement de la potasse. Ce fait s'expliquerait facilement en attribuant aux vaisseaux lymphatiques la faculté d'absorber les sels de soude amenés par les vaisseaux capillaires dans les muscles, et de les reconduire dans le courant de la circulation. »

D'après tous ces faits, les sels de potasse caractérisent la chair musculaire ; les sels de soude

(1) Recherches sur les principes liquides de la viande, *Revue scientifique*, t. XXXI, p. 104.

caractérisent le sang ; la soude qu'on rencontre
dans la chair provient du sang et de la lymphe
qui y circulent.

Ces conséquences posées, cherchons à évaluer
les proportions de chlorure de sodium existant
dans la chair des divers animaux domestiques.

Rappelons d'abord que, d'après les évaluations précédemment citées (§ I du chapitre III [1]),
il y aurait pour 100 de poids vivant les quantités de chair suivantes :

Dans le bœuf.. . . 55.4
Dans le cheval. . . 57.4
Dans le porc. . . . 40.2
Dans le mouton . . 38.5

Ces chiffres ne proviennent, pour le bœuf, le
cheval et le mouton, que d'un nombre très restreint d'évaluations rapportées, comme nous
l'avons dit, par M. Boussingault dans son
Traité d'économie rurale, et que nous avons
placées dans le paragraphe consacré au sang,
parce qu'elles étaient les seules où le sang avait
été dosé. Le nombre qui concerne le porc provient des cinq déterminations détaillées que nous
avons rapportées dans le même paragraphe.

Nous pouvons vérifier les chiffres qui concernent le bœuf par les documents qui accompagnent le rapport de M. Lefebvre Sainte-Marie
sur les derniers concours de Poissy et de Lyon ;
ces documents donnent :

(1) P. 52, 53 et 54.

	I. kil.	II.	III.	IV.	V.	VI.	VII.	VIII.	IX.	X.
Quatre quartiers de chair..	542	601	568	603	690	582	521	550	586	560
Suif..............	77	66	100	93	88	81	74	80	88	75
Cuir...............	55	44	54	76	65	65	51	52	53	41
Os, sang, tête, avant-membres, entrailles, etc.....	151	157	209	398	222	203	174	160	288	204
Poids total des bœufs.....	825	868	931	1,170	1,065	931	820	862	915	880

En réduisant en centièmes du poids vivant, nous obtenons :

	I.	II.	III.	IV.	V.	VI.	VII.	VIII.	IX.	X.	Moyennes.
Quatre quart. de chair.	65.7	69.2	61.0	51.5	64.8	62.5	63.5	63.8	64.0	63.6	63.0
Suif...........	9.3	7.6	10.7	7.9	8.3	8.7	9.0	9.3	9.6	8.5	8.9
Cuir...........	6.7	5.1	5.8	6.5	6.1	6.9	6.2	6.0	5.8	4.6	6.0
Os, sang, tête, av.-membres, entraillés, etc..	18.3	18.1	22.5	34.1	20.8	21.9	21.3	20.9	20.6	23.3	22.1
Poids vivant..	100.0	100.0	100.0	100.0	100.0	100.0	100.0	100.0	100.0	100.0	100.0

Rapprochons ces résultats, obtenus sur des bœufs de qualité supérieure, de ceux qu'ont donnés divers observateurs.

Sinclair[1] est arrivé aux nombres suivants d'après l'abattage d'un bœuf du Devonshire, âgé de trois ans et dix mois, aussi de qualité supérieure :

	kil.	Pour 100 de poids vivant.	
Quatre quartiers.	492.5	70.0	
Cuir.	38.6	5.5	
Suif.	65.1	9.2	
Entrailles et sang.	74.4	10.5	
Tête et langue.	16.7	2.4	15.3
Pieds..	7.8	1.0	
Cœur, foie et poumons. .	9.3	1.4	
Poids de l'animal en vie..	704.4	100.0	

D'après un grand nombre d'expériences faites sur des animaux âgés d'environ deux ans et qui se trouvaient à peu près dans les mêmes conditions, M. Stephenson[2] a pu déterminer avec exactitude le poids de la chair après leur mort ; il s'est arrêté aux rapports suivants :

Chair nette.	57.7
Suif.	8.0
Peau	5.5
Entrailles et dépouilles. . . .	28.8
	100.0

Rappelons encore l'expérience précédemment

(1) *Agriculture pratique et raisonnée* t. I, p. 187.
(2) *Journal d'agriculture pratique*, t. I, p. 74.

rapportée[1] et que nous avons citée d'après
M. Boussingault :

Chair.	55.4
Suif.	7.5
Cuir.	4.2
Entrailles et dépouilles.. . .	32.9
	100.0

La moyenne générale de ces quatre déterminations, moyenne que nous adopterons pour
nos calculs définitifs, est la suivante :

Chair.	62.5
Suif.	8.4
Cuir..	5.3
Entrailles, sang, etc.	23.8
	100.0

Il résulte de là que la quantité de chlorure
de sodium contenue dans la chair du bœuf est
de 0.070 p. 100 de poids vivant.

En admettant que la chair de cheval, de porc,
de mouton, contienne autant de sel que celle du
bœuf, hypothèse que nous sommes obligés de
faire en l'absence d'analyses spéciales, nous
trouvons :

	Chlorure de sodium p. 100 du poids vivant.
Dans le cheval.. . . .	0.065
Dans le porc..	0.040
Dans le mouton. . . .	0.044

Quant à l'homme, il résulte des recherches

(1) *Voir* précédemment, p. 52.

de M. Schwann (de Louvain [1]), que son système musculaire doit être considéré comme formant 39.7 pour 100 du poids vivant. On conclut alors de l'analyse de M. de Bibra qu'il contient 0.065 de chlorure de sodium pour 100 de poids vivant. Les autres sels alcalins contenus dans la chair étant à base de potasse, à l'exception peut-être du sulfate, nous n'avons pas à les considérer. Le sulfate de soude n'existant lui-même qu'en quantité extrêmement minime, nous pensons devoir le négliger.

II.—Viscères.

Les muscles des viscères diffèrent essentiellement par leur forme de ceux du squelette que nous venons d'examiner. Au lieu d'être toujours rouges et disposés en fibres qui s'insèrent avec les os, ainsi que cela a lieu pour ces derniers, les muscles des viscères, comme par exemple le cœur et les tuniques musculeuses du canal intestinal et de la vessie, sont annulaires et ont des couleurs variées ; ils ont aussi une composition chimique différente en quelques points de celle de la chair proprement dite.

M. Braconnot a analysé le cœur du bœuf, et il a obtenu la composition suivante :

(1) Mémoires de l'Académie de Bruxelles, 1843, 1844 et 1845.

Eau..	770.3
Fibrine, tissu cellul., nerfs, vaisseaux, etc..	181.8
Albumine et matière color. du sang.	27.0
Extrait alcoolique et sels. .	19.4
Extrait aqueux et sels.. . . .	11.5
	1,000.0

Il a trouvé plus de matière sanguinolente et moins de sels qu'on n'en a eu pour la chair ordinaire.

M. de Bibra est arrivé à un résultat analogue en analysant les cendres données par le cœur ; il a trouvé :

	Homme.	Femme.	Chat.
Chlorure de sodium.. .	0.310	0.443	0.135
Sulfate de soude. . . .	0.392	traces.	traces.
Phosphates alcalins.. .	5.859	6.986	9.175
Phosphates terreux.. .	2.639	0.874	1.017
Cendres p. 1,000 part..	9.200	8.303	10.327

La tunique des artères, analysée par M. Scherer[1], contient encore moins de cendres que le cœur ; les cendres ne s'y élèvent qu'à 3.910 p. 1,000 parties.

M. Félix Boudet[2] a fait quelques expériences en vue de déterminer la composition du parenchyme des poumons, et il est arrivé à ce résultat curieux, que les poumons contiennent, outre

(1) *Revue scientifique*, t. VIII, p. 37.
(2) *Journal de chimie et de pharmacie*, t. VI, p. 335.

de la fibrine et de l'albumine, une substance
ayant les caractères de la caséine, de la fibrine,
une graisse neutre, de l'acide oléique et de
l'acide margarique combinés avec de la soude,
et en outre une substance identique à l'acide
cérébrique que nous retrouverons tout à l'heure
dans le cerveau. M. Boudet a en outre analysé
les cendres des poumons, et il a trouvé :

Chlorure, sulfate, phosphate et carbonate
    de soude. 7.8
Silice, oxyde de fer, carbonate et phosphate
    de chaux. 2.2

Cendres p. 1,000 parties de poumon humide. 10.8

M. Boudet est arrivé aux mêmes résultats, à
de très légères différences numériques près, en
opérant soit sur le poumon de l'homme, soit sur
celui de veau ou de bœuf.

D'après les recherches de M. Schwann, le
cœur et les poumons forment les 0.013 du poids
de l'homme. Ces organes ont des poids trop
faibles et leur composition n'est pas assez nettement connue pour que nous nous livrions à
aucun calcul sur la quantité de chlorure de sodium qu'ils contiennent pour 100 du poids vivant.

III. — *Des organes des sécrétions.*

Parmi les glandes, organes des sécrétions
animales, le foie, à cause de son volume et de

l'importance de la bile, occupe la première place. Il a été analysé par M. Braconnot, MM. Frommherz et Gugert, et M. Boudet ; le premier a opéré sur le foie de bœuf, les derniers ont travaillé sur le foie de l'homme. Voici l'analyse de M. Boudet, qui est la plus appropriée aux exigences actuelles de la science :

Eau.	763.9
Matières grasses saponifiables. .	16.0
Cholestérine..	1.7
Mat. extract. solubl. dans l'éther.	8.4
Matière animale séchée à 100°. .	210.0
	1,000.0

La quantité de cendres a été trouvée, par MM. Frommherz et Gugert, de 2.634 p. 100 de foie sec ou de 6.219 p. 1,000 de foie humide.

D'après Hensinger [1], le poids du foie est dans le chien les 0.027 et dans l'homme les 0.022 du poids total du corps. Le dernier nombre est 0.025, d'après les recherches de M. Schwann. D'après M. Rayer, le poids du foie n'est que les 0.014 du poids du mouton.

Nous ne trouvons dans les recherches qui ont été faites soit sur les reins, si importants à cause des sécrétions urinaires, soit sur la rate, dont le rôle n'est pas encore bien connu, soit sur les autres glandes sécrétant le suc pancréatique ou la salive, soit enfin sur les membranes

(1) *Ueber den Bau und die Verrichtungen der Milz,* p. 18.

séreuses et muqueuses qui sécrètent le mucus des conduits et réservoirs qu'elles tapissent, aucun renseignement qui présente de l'intérêt pour la question dont nous nous occupons. L'ensemble de ces organes formant une proportion assez forte du corps des divers animaux (8 à 10 pour 100), il serait important de les étudier en détail ; les recherches seraient toutefois fort longues et fort pénibles. Nous n'avons pas été en position de les entreprendre, et nous ne pouvons que signaler une telle lacune.

IV.—*Divers tissus et membranes.*—*De la peau.*

Un certain nombre de tissus et membranes (tissus cellulaire, séreux, tendineux, *jaune-élastique*) se distinguent des autres parties du corps des animaux, parce que l'eau bouillante en extrait de la gélatine ; ces membranes et tissus se rapprochent plus ou moins de la peau qui mérite plus particulièrement notre attention. Un lambeau de peau fraîche débarrassé, à son côté interne, de la graisse et du tissu cellulaire, à son côté externe des poils et de l'épiderme, contient une grande quantité de liquides communs à toutes les parties molles du corps vivant et qui se trouvent placés dans les fibres fermant la base de son tissu propre mêlé de tissu cellulaire et de divers vaisseaux. Wienholt y a trouvé :

Eau. 575.0
Albumine. 15.4
Tissu cutané propr. dit (y com-
    pris tissu cellulaire et vaiss.)..   325.3
Matières extractives et sels.. . .   84.3
                   —————
                 1000.0

C'est le tissu cutané qui se réduit en colle par l'action des acides et des alcalis, ou par l'action prolongée de l'eau bouillante ; c'est aussi avec lui que se combine le tannin dans la fabrication du cuir. 1,000 parties de peau donnent 7.63 de cendres d'après les analyses de M. Scherer. Ces cendres n'ont pas été analysées. La connaissance de leur composition aurait pourtant un intérêt particulier dans la question qui nous occupe.

Le corps papillaire, tissu mince, mou, extrêmement sensible, couvrant le côté externe de la peau proprement dite et se trouvant entre elle et l'épiderme est le siége du toucher ; il est traversé par le conduit excréteur des glandes sudoripares situées dans le tissu graisseux sous-cutané.

L'épiderme, tissu corné, percé d'un grand nombre de trous (dans lesquels se trouvent les poils ou qui servent à la transpiration), les poils, la corne, les ongles paraissent avoir à peu près la même composition chimique. M. Scherer, en faisant l'analyse élémentaire (en carbone, hydrogène, azote, oxygène, etc.) de ces diverses productions animales dépouillées des graisses

par un lavage à l'éther et ensuite séchées à 100
degrés., a été conduit à déterminer accidentellement les quantités de cendres qu'elles contiennent ; il a obtenu [1] :

CENDRES POUR 100 DE SUBSTANCE SÈCHE.

Tissu corné membraneux : épiderme de
  la plante du pied. 1.00
Tissu corné compacte : poils de barbe.   0.72
    — cheveux blonds 0.30
    — cheveux noirs d'un Mexicain. .   2.00
    — corne de buffle 0.70
    — ongles. 0.50
    — laine 2.00
    — barbes de plume. 1.80
    — tuyaux de plume 0.70

V. — *Cerveau, moelle épinière, nerfs, liqueur
spermatique.*

D'après Vauquelin, qui, dès 1812, a publié un
travail sur ces matières, la moelle épinière, la
moelle allongée, les nerfs, ont une composition
chimique analogue, sinon absolument identique
à celle du cerveau.

D'après les recherches de Tiedemann, à la
naissance de l'homme le poids de l'encéphale est
compris entre les 0.194 et les 0.146 du poids
total du corps ; entre 30 et 60 ans, il est compris entre les 0.027 et les 0.023 ; c'est ce même
rapport qu'a trouvé M. Schwann. D'après Ca-
rus, le rapport du poids du cerveau à celui du

(1) *Revue scientifique, loco citato.*

corps descend à 0.0028 dans la brebis ; **M. Rayer** a trouvé 0.0031. Dans trois déterminations rapportées par **M.** Boussingault dans ses recherches sur la formation de la graisse que nous avons précédemment citées, on a trouvé que le cerveau était, dans un goret nouveau-né, les 0.0444 du poids du corps, les 0.0070 dans un porc de 8 mois, les 0.0018 dans un porc de 11 mois.

La substance du cerveau est formée de couches grises et de couches blanches qu'on a désignées sous le nom de substance corticale et de substance médullaire ; elle ressemble à une sorte d'émulsion pénétrée d'une assez grande quantité d'eau tenant en dissolution les diverses matières qui se rencontrent dans l'eau de toutes les parties solides du corps. Cette émulsion est composée d'albumine et d'une matière grasse dont **M.** Frémy a fait connaître la nature et qui est un véritable savon à base de soude et de chaux. D'après les divers observateurs, l'analyse du cerveau humain donne :

	VAUQUELIN.	LASSAIGNE. — (Cerveau d'un fou.)	FRÉMY.
Eau.	800.0	770	880
Mat. extr. et sels.	77.7	31	
Albumine. . . .	70,0	96	70
Graisse..	52.3	103	50
	1,000.0	1,000	1,000

D'après M. Frémy, la matière grasse du cerveau

renferme quatre principes immédiats, savoir :
deux acides gras particuliers contenant du phosphore, de l'acide cérébrique et de l'acide oléophosphorique; de la cholestérine; des traces d'oléine,
de margarine et d'acides gras. L'acide cérébrique
est en partie libre, en partie combiné à la soude
et au phosphate de chaux ; l'acide oléophosphorique est aussi en partie libre, en partie combiné
à la soude. M. Frémy n'a pas fait connaître dans
quels rapports sont entre elles ces matières et
quelle quantité de soude elles renferment ; il
est seulement résulté de ses recherches, ainsi
que de celles de M. Lassaigne, que la substance
blanche dite médullaire du cerveau contient
beaucoup plus de graisse que la substance grise
dite corticale. La proportion de soude ne saurait être très considérable, car, d'après les
expériences de John, le cerveau ne donne sur
1,000 parties que 8 de cendres, et d'après celles
de MM. Sass et Pfaff, 6.72 seulement. Or, il
résulte des analyses de l'acide cérébrique et de
l'acide oléophosphorique, faites par M. Frémy,
qu'il se trouve déjà 1.44 de phosphore à l'état
élémentaire dans la graisse de 1,000 parties de
cerveau.

Il y a encore trop d'incertitude dans toutes
ces déterminations pour que nous fassions aucun
calcul sur la soude contenue dans le cerveau.

Les pertes de liqueur spermatique donnent
lieu à une certaine dépense de soude qui n'est

pas négligeable; d'après l'analyse de Vauquelin,
en effet, le sperme humain est ainsi composé :

Eau.	900
Matière animale. . . .	60
Phosphate de chaux..	30
Soude.	10
	1,000

Cette soude est probablement combinée avec
une matière animale spéciale existant dans la
liqueur spermatique. En effet, lorsqu'on laisse
tomber le sperme dans l'alcool, il se coagule en
une matière blanche qui présente, comme l'a
remarqué M. Berzélius, l'aspect d'un écheveau
de fil embrouillé. Cette matière, qu'il a désignée
sous le nom de *spermatine*, étant purifiée par
des lavages à l'eau, à l'alcool et à l'éther, se
laisse, après sa dessiccation, facilement réduire
en poudre. D'après des recherches inédites que
nous a remises M. Cahours, quand on la traite
par l'acide chlorhydrique concentré à une température de 40° à 50°, elle se dissout en donnant
naissance à la coloration bleue violette caracté-
ristique que présentent les matières renfermant
le radical protéique de la chair musculaire (*voir*
précédemment, p. 50). Sa composition la place
en effet à côté de l'albumine, comme on peut
en juger par les nombres suivants (défalcation
faite des cendres), qui sont le résumé de cinq
analyses effectuées par M. Cahours :

Carbone. 53.38
Hydrogène 6.91
Azote. 15.86
Oxygène. 23.85
                 ———————
                 100.00

M. Cahours a trouvé 5.67 pour la quantité
moyenne de cendres contenues dans 100 parties
de spermatine sèche et représentant la matière
minérale en combinaison avec la matière organique. Les cendres étaient alcalines, renfermaient
des phosphates et une trace de chlorure de sodium.

VI.—*Tendons et cartilages.*—*Ligaments.*—*Synovie.*

Les tendons et les cartilages, de même que
les os, sont des modifications particulières du
tissu cellulaire qui forme en quelque sorte,
selon l'expression de M. Milne-Edwards [1], la
gangue des divers organes des animaux. Les
cartilages diffèrent des os en ce que la matière
animale des premiers donne de la chondrine,
tandis que celle des derniers fournit de la gélatine. Le tissu cartilagineux est élastique et ne
contient qu'une petite quantité de matières minérales; il renferme 694 d'eau sur 1,000 parties.
Les tendons fournissent de la gélatine et contiennent 620 p. 1,000 d'eau. M. Scherer a obtenu
les quantités de cendres suivantes pour 100
parties de matière séchée à 100 degrés :

(1) *Histoire naturelle*, p. 12.

Cartilages costaux de veau.   6.6 soit 20 pour 1,000
                                      de mat. humide
Tendons. . . . .   1.6 soit 6 p. 1,000 *id.*
Pigmentum noir de l'œil. .   9.3
Cornée. 1.6
Sclérotique.. . . . .   2.0

D'après les analyses de Frommherz et Gugert, les cendres des cartilages costaux d'un jeune homme de vingt ans étaient composées ainsi qu'il suit :

Carbonate de soude.	35.068
Sulfate de soude.	24.241
Chlorure de sodium.	8.231
Phosphate de soude	0.925
Sulfate de potasse.	1.200
Carbonate de chaux.	18.372
Phosphate de chaux.	4.056
Phosphate de magnésie.. . . .	6.908
Oxyde de fer (et perte).. . . .	0.909
Cendres. . . .	100.000

Ainsi que le remarque M. Berzélius [1], cette quantité de soude et de chaux dans la cendre du cartilage paraît indiquer que ce tissu contient ces bases à l'état de véritable combinaison spéciale, parce que si la soude ne provenait que des liquides emprisonnés dans le cartilage, sa quantité ne surpasserait pas autant celle du chlorure sodique. Cette observation est d'une très haute importance, relativement à la distri-

(1) *Traité de chimie,* t. **VII**, p. 488.

bution des diverses substances minérales dans les différents organes des animaux.

Les tendons attachent les muscles aux os ; les os sont liés les uns aux autres par les *ligaments* qui ont la même composition chimique que la membrane fibreuse des artères (tissu élastique, voir § IV de ce chapitre). Les ligaments sont placés autour des articulations des os, soutiennent la tête dans les mammifères ruminants et dans les chevaux, retirent les ongles ou les griffes des carnassiers, sont placés entre les vertèbres, etc. Les articulations sont revêtues des cartilages pardessus lesquels s'étendent les membranes nommées capsules articulaires, qui forment un sac sans ouverture. La face interne de ces sacs est revêtue de la membrane *synoviale*, qui sécrète une humeur particulière appelée synovie, à l'aide de laquelle l'articulation est toujours humide et glissante. D'après l'analyse de John, la synovie du cheval contient :

Eau.	928
Albumine.	64
Matières extractives et sels.	8
	1,000

VII. — *De la graisse.*

S'il est vrai, comme nous l'avons répété d'après tous les physiologistes et chimistes

qu'une combinaison sodique, c'est-à-dire la bile,
serve à l'émulsion de la graisse et la mette en état
d'être absorbée, il n'est pas probable qu'elle
serve en même temps à placer la graisse en réserve dans les membranes adipeuses. D'un autre côté, il est hors de doute qu'aucune combinaison de soude ne se retrouve dans les graisses animales, de telle sorte que l'accumulation
de la graisse n'entraîne pas une accumulation
de soude dans l'économie.

Il se présente même cette circonstance importante remarquée par M. Liebig[1], que si la
bile ne peut se former sans la présence d'une
combinaison à base de soude, d'autre part l'absence du sel marin (combinaison fournissant la
soude à l'économie) favorise précisément la formation de la graisse. Il y a plus, on ne réussit pas,
selon le célèbre chimiste de Giessen, à engraisser
les bestiaux lorsqu'on ajoute à leurs aliments
une grande quantité de sel marin, moins toutefois qu'il n'en faudrait pour déterminer des
purgations.

Si maintenant on se rappelle que les matières
grasses de l'alimentation peuvent être brûlées
dans le sang par l'oxygène de l'air absorbé dans
le travail de la respiration de manière à fournir
de la chaleur, il nous semble que le rôle de la
bile et de la soude peuvent être facilement saisis :

(1) *Chimie organique appliquée à la physiologie
animale et à la pathologie*, p. 164 et 165.

1° La bile sécrétée en abondance met les matières grasses en état d'être entraînées et consommées dans le torrent de la circulation ;

2° L'insuffisance de la bile amène l'accumulation de la graisse dans l'animal, les matières grasses n'étant pas, durant le travail de la digestion, mises en un état de dissolution convenable pour être entraînées et brulées dans le sang ;

3° La quantité de la soude qui se trouve dans l'économie animale, et par suite la présence ou l'absence du sel marin dans le bol alimentaire, doivent être en rapport inverse avec la formation de la graisse, en rapport direct avec la sécrétion de la bile ;

4° Si les matières grasses s'accumulent outre mesure dans les membranes adipeuses, elles manquent dans le sang, elles ne sont pas brûlées dans le travail de la respiration, et peut-être les transformations des tissus ne se font plus normalement ; l'oxygène de l'air attaque les organes en les brûlant, et il y a trouble dans l'économie animale.

Ces vues peuvent être attaquées en quelque point ; nous n'en savons rien. Dans tous les cas elles ne sauraient s'écarter beaucoup de la vérité. Elles jettent donc du jour sur la nécessité du sel ordinaire dans l'alimentation journalière ; elles montrent aussi qu'un excès de sel, en s'opposant absolument à une accumulation de graisse

6.

qui doit toujours avoir lieu dans une certaine
limite, deviendrait nuisible. Du reste « par une
particularité digne de remarque, ainsi que l'a
observé M. Ch. Calemard de Lafayette [1], seul
peut-être de tous les objets de consommation,
le sel porte en lui la mesure précise du besoin
qu'il doit satisfaire ; la proportion pour laquelle
il est sollicité par l'alimentation ne laisse point
de milieu entre l'utile et l'indispensable ; en ce
qui concerne son usage, il n'y a de possible que
ce qui est nécessaire ; et il n'appartient à personne, pour le sel encore moins que pour le
pain, d'étendre jusqu'au superflu le luxe de sa
consommation. »

VIII. — Des os.

Toutes les parties molles de l'organisme sont
suspendues aux os qui forment la charpente ou
le squelette du corps animal. Extérieurement,
les os sont recouverts d'une membrane vascu-
laire que l'on appelle périoste ; intérieurement,
on rencontre, 1° surtout dans les os longs, un
canal qui renferme la moelle ; 2° surtout dans
les os plats, des cellules osseuses formées par
des lames minces et qui contiennent le diploé.

D'après M. Berzélius, la moelle des os longs
est absolument de la même nature que le reste

(1) *Rapport* lu à la Société d'agriculture de la Haute-
Loire (juill. 1846), sur le dégrèvement de l'impôt du sel.

de la graisse de l'animal ; la différence de saveur qui existe entre la moelle des os bouillis et la graisse fondue ordinaire provient des liquides qui circulent dans le tissu cellulaire. La moelle d'un humérus non bouilli de bœuf a donné au célèbre chimiste suédois :

Graisse médullaire. 960
Membranes et vaisseaux. . . 10
Liquides. 30
____
1,000

Ces liquides étaient les mêmes que ceux de la viande du bœuf.

L'examen du diploé a donné à M. Berzélius :

Eau. 775
Matières solides. 245
____
1,000

Ces matières solides étaient absolument les mêmes que celles qui sont extraites de la viande par l'eau, savoir : de l'albumine, de l'extrait de viande, des lactates, du chlorure de sodium, etc.

On sait que l'on peut extraire complétement les matières minérales des os et les séparer des matières organiques, en les faisant digérer à froid avec de l'acide chlorhydrique très étendu ; les sels minéraux se dissolvent, la matière car- tilagineuse et les vaisseaux restent sous la forme d'une substance qui, par l'ébullition, se résout presque complétement en gélatine. On obtient

encore la substance minérale des os par la
calcination pure et simple, sous la forme de
cendres.

Quel que soit le procédé que l'on emploie
pour déterminer le rapport des éléments inorganiques aux éléments minéraux des os, il faut
avoir bien soin de partir d'un même état de
dessiccation ou d'humidité. Comme il est difficile de conserver l'os frais tel qu'il provient de
l'animal récemment tué, le chimiste a soin de
dessécher la substance qu'il doit soumettre à
l'analyse à la température de 100 degrés environ, jusqu'à ce qu'il n'y ait plus de perte de
poids, en se servant d'un bain-marie. Les résultats que nous allons rapporter concernent
donc les os privés d'eau. Toutefois, comme
quelques-uns des expérimentateurs n'ont pas
pris soin d'effectuer une dessiccation suffisamment complète, les rapports entre les éléments
organiques et minéraux ne seront pas toujours
exacts ; mais cela ne changera rien aux rapports des éléments minéraux entre eux. Pour
le but que nous voulons atteindre, ce sont ces
derniers rapports qui nous intéressent particulièrement.

Les premières analyses que l'on ait faites sur
les os à l'état normal sont dues à M. Berzélius ;
les os étaient dépouillés de toute graisse, de
tout périoste et de toute humidité[1].

(1) *Traité de chimie*, t. VII, p. 474.

	Os d'homme.	Os de bœuf.
Cartilage complétement soluble dans l'eau	321.7	333.0
Vaisseaux	11.3	
Phosphate basique de chaux av. un peu de fluorure de calcium.	580.4	573.5
Carbonate de chaux	113.0	38.5
Phohspate de magnésie	11.6	20.5
Soude avec très peu de chlorure de sodium	12.0	34.5
	10,00.0	10,00.0

M. Marchand[1] est arrivé à des résultats à peu près identiques par l'analyse du fémur d'un homme de 30 ans ; ils sont cependant intéressants à rapporter à cause de la séparation qu'a faite ce chimiste de divers éléments dosés ensemble par M. Berzélius :

Cartilage insol. dans l'acide chlorhydrique.	272.3
Cartilage soluble dans l'acide chlorhydrique.	50.2
Vaisseaux	10.1
Phosphate de chaux basique	522.0
Fluorure de calcium	10.0
Carbonate de chaux	102.1
Phosphate de magnésie	10.5
Soude	9.2
Chlorure de sodium	2.5
Oxyde de fer, oxyde de manganèse et perte.	10.5
	10,00.0

M. de Bibra[2] a analysé plusieurs os humains afin de trouver les différences qui existent entre

(1) *Lehrbuch der physiol. Chemie.*
(2) *Chemische Untersuchen ueber die Knochen, etc.*, Schweinfurt, 1844.

eux, selon la partie du corps d'où ils proviennent ; contrairement aux chimistes précédents, il a laissé la graisse dans les os, ce qui altère un peu la comparaison directe de ces divers membres, il a trouvé :

	Fémur.	Tibia.	Fibula.	Humérus.
Cartilage..	295.4	295.8	294.9	296.6
Graisse..	18.2	20.0	19.7	10.9
Phosph. de chaux av. fluor. de calc.	574.2	571.8	573.9	580.3
Carbonate de ch..	89.2	89.3	89.2	90.4
Phosph. de magnés.	17.0	17.0	16.3	15.9
Soude et chlorure de sodium.. . . .	6.0	6.1	6.0	5.9
	1,000.0	1,000.0	1,0000	1,000.0

	Ulna.	Sternum.	Vertèbres.
Cartilage	219.4	465.7	434.4
Graisse	19.9	20.0	23.1
Phosphate de chaux avec fluorure de calcium. . .	575.2	426.3	442.8
Carbonate de chaux. . . .	89.7	71.9	80.0
Phosphate de magnésie.. .	17.2	11.1	14.4
Soude et chlor.' de sodium.	6.7	5.0	5.3
	1,000.0	1,000.0	1,000.0

Les analyses faites par M. Valentin [1] dans le même but ont fourni les résultats suivants, qui pèchent sans doute par un manque de dessiccation convenable :

(1) *Repertorium f. anat. et physiol.*

	Substance corticale du tibia d'un homme.	Substance médullaire du même os.	Condyle ext. du fémur d'une jeune fille.	Tête du tibia.
Cartilag., vaiss., etc,	380.2	411.6	511.8	485.6
Matériaux inorgan.	619.8	588.4	458.2	514.4
Phosphate de chaux basique	529.3	490.2	370.1	417.7
Carbonate de chaux.	76.8	77.6	50.4	71.1
Phosph. de magnés.	2.5	15.4	8.7	8.8
Chlorure de sodium.	9.1	4.4	6.5	16.7
Carbonate de soude.	2.8	0.7	14.3	

On doit à M. Boussingault[1] les analyses des
cendres des os de trois porcs à différents âges :

	Porc nouveau-né.	Porc de 8 m.	Porc de 11 m. 1|2.
Phosph. basique de chaux.	84.1	91.3	92.4
Carbonate de chaux. . . .	4.5	3.6	3.4
Phosphate de magnésie.. .	11.0	3.6	3.8
Sels alcalins.	0.4	1.5	0.4
	100.0	100.0	100.0

De toutes ces analyses nous devons tâcher de
conclure la quantité numérique de soude et de
chlorure de sodium existant dans 1,000 parties
des os des divers animaux, en considérant ces
os à l'état frais, tels qu'ils constituent la charpente animale durant la vie. Les grandes variations qui se manifestent dans la composition
chimique des os aux divers âges de la vie, les
différences notables qui se rencontrent dans les

(1) Recherches sur le développement de la substance
minérale dans le système osseux du porc ; *Annales de
chimie et de physique*, 3ᵉ série, t. XVI.

os divers d'un même animal, l'absence de documents analytiques suffisamment nombreux sur la matière du squelette des divers animaux, semblent devoir opposer un obstacle actuellement invincible à toute tentative d'appréciation offrant quelque garantie d'exactitude. Essayons cependant, et avant de revenir aux chiffres, rappelons, d'après Cuvier [1], les lois générales de l'ossification. « La quantité du phosphate de chaux, dit cet illustre naturaliste, augmente avec l'âge dans les os : la gélatine, au contraire, s'y trouve d'autant plus abondante, que l'on se rapproche davantage de l'époque de la naissance ; et dans les premiers temps de la gestation, les os du fœtus ne sont que de simples cartilages ou de la gélatine plus ou moins durcie, car le cartilage se résout presque entièrement en gélatine par l'action de l'eau bouillante. Dans les très jeunes embryons, il n'y a pas même de vrai cartilage, mais une substance qui a toute l'apparence et même la demi-fluidité de la gélatine ordinaire, mais qui est déjà figurée et enveloppée par la membrane qui doit par la suite devenir le périoste. Dans ce premier état, les os plats ont l'air de simples membranes ; ceux des os qui doivent se mouvoir les uns sur les autres ont déjà des articulations visibles, quoique le périoste passe de l'un à l'autre et les enveloppe

(1) *Leçons d'anatomie comparée*, t. I, p. 116 et suiv., édit. de 1836.

tous dans une gaîne commune... C'est dans cette
base gélatineuse ou cartilagineuse, et dont la
forme est déjà en grande partie déterminée,
que se dépose par degrés le phosphaté de chaux
qui doit donner aux os leur opacité et leur consistance ; mais il ne s'y dépose pas uniformément, encore moins s'y mêle-t-il de manière à
former avec elle un tout homogène... L'ossification ne se fait pas avec la même rapidité dans
tous les animaux, ni dans tous les os du même
animal. Ainsi nous voyons que dans l'homme
et dans les autres mammifères, les os que renferme l'oreille interne sont non-seulement ossi-
fiés avant tous les autres, mais encore qu'ils les
surpassent tous par leur densité et par la
quantité proportionnelle de phosphate de chaux
qu'ils contiennent... Il est au contraire d'autres
os qui ne prennent qu'assez tard la consistance
qu'ils doivent avoir : les épiphyses, par exemple,
ne s'ossifient qu'assez longtemps après le corps
des os auxquels elles appartiennent. Il y a enfin
des cartilages qui, dans certaines classes d'animaux, n'admettent jamais assez de phosphate
calcaire pour obtenir une consistance entièrement osseuse ; tels sont ceux des côtes et du
larynx, en sorte que, malgré la propension qu'a
en général la gélatine à recevoir la substance
calcaire et quoiqu'il n'y ait aucun os qui n'ait
été auparavant à l'état de cartilage, il y a plusieurs cartilages qui ne se changent jamais en

os. Indépendamment de la rapidité de l'ossification et des proportions entre les parties constituantes des os, les animaux diffèrent entre eux par le tissu de ces os et par les cavités de différente nature qu'on y observe. L'homme a un tissu intérieur très fin ; les quadrupèdes ont généralement ce tissu plus grossier. »

Certes, il n'est pas possible d'exprimer en termes plus clairs et plus concis les lois d'un phénomène naturel, et cependant, quand il s'agit d'appliquer ces lois à la solution du plus simple problème, dans quel embarras ne se trouve-t-on pas? C'est que si la marche générale des faits est bien observée au point de vue d'une connaissance sommaire de leur succession, les rapports positifs et numériques des faits entre eux manquent absolument, de telle sorte qu'il est impossible de les placer respectivement dans leur véritable arrangement. Que ferait un architecte à qui l'on dirait de construire un édifice, sans lui indiquer la destination, l'étendue, les rapports de ses diverses parties? Construit-on une machine sans avoir fixé les dimensions et la composition de ses organes? La chimie arrive-t-elle à composer à coup sûr les différents corps sans mettre leurs éléments constituants en présence les uns des autres dans des rapports définis?

La physiologie et l'anatomie ne sauraient non plus rendre des services signalés qu'autant qu'elles auront recours à des déterminations précises prises dans tous les sens, sous toutes les faces. La balance doit devenir l'instrument nécessaire de ces sciences ; la précision la plus positive dans les mesures est aujourd'hui la condition de leurs progrès. L'école laborieuse allemande, qui compte actuellement tant de maîtres illustres, a parfaitement compris ce besoin de notre époque, et ses travaux brillent au premier rang par leur importance. Mais que d'*inconnues* encore à déterminer avant que la physiologie ait résolu les questions qui permettront d'aborder de front tous les problèmes relatifs à la vie végétale et animale ! Dans le cas particulier qui nous occupe, savons-nous seulement quelle est la quantité réelle d'humidité qui se trouve dans le squelette des divers animaux domestiques ? Savons-nous exactement les poids des principaux os et leur composition ? Nous avons dit tout à l'heure toutes les expériences analytiques qui ont été faites. On voit combien elles laissent à désirer au moment où il s'agit d'en tirer une conclusion.

Les résultats obtenus par MM. Berzélius, Marchand, de Bibra et Valentin n'ont pas en apparence une grande conformité ; cela tient à la forme sous laquelle ils sont présentés. Si nous supprimons les matières animales, et si nous ne considérons que les matières minérales qui resteraient dans les cendres après la calcination

complète des os, nous obtenons les nombres
suivants qui sont assez peu différents les uns des
autres pour que nous puissions prendre une
moyenne qui se rapprochera beaucoup de la
composition réelle de la cendre du squelette
humain :

	BERZÉLIUS.	MARCH.	DE BIBRA. (Moy. de 7 exp.)	VALENTIN. (Moy. de 4 exp.)	Moy. (Moy. des 13 exp.)
Phosph. de chaux..	79.5	78.3	83.3	83.2	82.6
Fluorure de calcium		1.5			
Carbon. de chaux..	16.8	15.3	13.3	12.7	13.5
Phosph. de magnés.	1.7	1.6	2.4	1.6	2.0
Soude.	2.0	1.4	1.0	2.5	1.9
Chlor. de sodium. .		0.4			
Oxyde de fer, manganèse, etc. . . .	»	1.5	»	»	»
Total. . . .	100.0	100.0	100.0	100.0	100.0

Les chimistes, dont nous rapportons les recherches n'ayant pas déterminé la quantité
d'eau normale existant dans les os, soit des diverses espèces d'animaux, soit des diverses parties d'un même animal, nous sommes obligé,
afin d'aller plus loin dans nos calculs, d'avoir
recours à un résultat industriel provenant des
observations faites sur les os gras de la boucherie
de Paris. M. Payen donne ainsi dans son cours
la composition des os gras[1] :

(1) *Cours de chimie organique du Conservatoire des
arts et métiers*, rédigé par MM. Rossignon et Garnier,
t. II, p. 520.

Eau.	100
Tissu donnant de la gélatine.	320
Graisse et tissu adipeux. . . .	90
Sels minéraux.	490
	1000

En admettant ces rapports numériques, à défaut de chiffres offrant une plus grande garantie scientifique, nous obtenons 9.3 pour la quantité de soude et de chlorure de sodium contenue dans 1,000 parties d'os humains, qui se partagent en 7.2 de soude et en 2.1 de sel ordinaire, d'après l'analyse de M. Marchand.

Le squelette de l'homme étant compté en moyenne entre un quinzième et un seizième du poids du corps[1], c'est-à-dire formant 6.4 p. 100 de son poids, il en résulte que dans l'homme, par suite de son système osseux, il y a :

0.0461 p. 100 de soude libre ou combinée avec des substances organiques.
0.0134 p. 100 de chlorure de sodium.

Pour la race bovine, on n'avait jusque-là que la seule analyse de M. Berzélius relative à la composition chimique des os desséchés. Comme l'analyse de cet illustre chimiste relative aux os de l'homme s'accorde parfaitement, surtout en ce qui concerne la soude et le chlorure de sodium, avec toutes les analyses postérieures ;

(1) Valentin, *Lehrburch der Physiologie des Menschen*, t. I, p. 31.

comme on connaît d'ailleurs l'exactitude de cet habile expérimentateur, on pouvait accepter ses chiffres avec toute confiance. Ils reçoivent une confirmation nouvelle d'une analyse que nous a envoyée un savant agronome, M. Parant, de Nogent-sur-Vernisson (Loiret). L'analyse de M. Berzélius donne pour la composition normale des cendres de l'os du bœuf :

Phosphate de chaux.	85.9
Carbonate de chaux.	5.7
Phosphate de magnésie. . .	3.1
Soude et chlor. de sodium. .	5.3
	100.0

L'analyse de M. Parant qui a porté sur l'ensemble des cendres des os d'une vache donne les résultats suivants, conformes aux précédents :

Phosphate de chaux.	84.50
Carbonate de chaux..	8.77
Phosphate de magnésie.	2.27
Sels alcalins..	4.46
	100.00

Par l'incinération d'os divers de la même vache desséchés par quinze jours d'exposition à l'air, M. Parant a obtenu les nombres qui suivent :

	kil.	CENDRES. kil.	Pour 100.
Deux coxaux pesant ens...	3.06	1.28	41.8
Une omoplate et une côte..	0.92	0.46	50.0
Une vertèbre..	0.50	0.21	42.0
100 parties de différents os ont fourni.			43.0

La moyenne de ces quatre déterminations
est de 44.2 p. 100. En admettant ce chiffre et
en prenant la moyenne des deux analyses de
M. Berzélius et de M. Parant, on conclut que
1,000 parties du squelette du bœuf contiennent
21.27 parties de soude et de chlorure de sodium. A défaut d'expériences directes, il y a lieu
de partager ce nombre entre ces deux substances, comme cela se trouve dans l'os de l'homme,
d'après l'analyse de M. Marchand; et il en résulte 16.57 de soude et 4.18 de chlorure de
sodium pour 1,000 d'os.

Dans toutes les recherches qui ont été faites
relativement à la détermination du poids des
différentes parties d'une pièce de bétail, recherches que nous avons rappelées en parlant du
sang et de la chair musculaire (§ I du chap.
III et § I du chap. IV), on n'a pas toujours mis
en évidence le poids des os, mais on l'a confondu avec celui des rebuts.

D'après les recherches de M. Parant, une
vache, dont le poids moyen à l'état normal était
d'environ 596 kilogr., a donné un squelette qui,
après quinze jours d'exposition à l'air, pesait
37k.5, savoir :

Les deux membres antérieurs et les deux omoplates.	8k00
Les deux membres postérieurs..	9.50
La tête, la colonne vertébrale et le bassin.	20.00
	37.50

Il résulte de là que le système osseux de la race bovine pèse (desséché à l'air) 6.3 p. 100 de poids vivant, ce qui donne :

    1.1044 p. 100 de soude combiné avec la matière
                        organique.
    0.0303 p. 100 de chlorure de sodium.

Précédemment nous avons vu que, dans le cheval, les os sont les 12.5 p. 100 du poids vivant (§ I du chap. III). Comme nous n'avons pas d'analyse spéciale pour les os du cheval, nous admettrons qu'ils sont composés comme ceux du bœuf. Nous en conclurons qu'il existe dans le cheval à cause du système osseux :

    0.2525 p. 100 de soude libre ou combinée avec la
                        matière organique.
    0.0725 p. 100 de chlorure de sodium.

M. Boussingault, dans ses belles recherches que nous avons déjà citées sur le développement de la substance minérale dans le système osseux du porc, a trouvé les résultats suivants :

	Porc nouveau-né. kil.	Porc de 8 m. kil.	Porc de 11 m. 1|2. kil.
Poids du porc vivant.	0.650	60.55	67.24
Poids des cendres du squelette.	0.02073	1.353	1.586

Nous en concluons, d'après les analyses rapportées plus haut :

	Cendres du squelette p. 100 de poids viv.	Sels alcal. du squelette p. 100 de poids viv.
1er porc.	3.2	0.0128
2e porc.	2.2	0.0330
3e porc.	2.4	0.0096

De toutes les déterminations faites, il résulte que dans le porc le système osseux forme les 6.4 p. 100 du poids vivant, et qu'il contient 0.0042 de chlorure de sodium et 0.0347 de soude libre ou combinée avec la matière organique.

Dans le mouton, le système osseux forme 11.7 p. 100 de poids vivant, ce qui donne, en admettant la même composition chimique que pour la race bovine, 0.2273 p. 100 de soude libre ou combinée avec la matière organique, 0.0653 p. 100 de chlorure de sodium.

CHAPITRE V

Du sel dans les excrétions.

Il est extrêmement important de connaître la quantité de chlorure de sodium et des autres sels de soude qui sont chaque jour rejetés du corps par les excrétions. Pour résoudre la question de savoir si le chlorure de sodium est élaboré dans l'organisme, si ses deux éléments sont isolés l'un de l'autre et entrent séparément dans des combinaisons spéciales, si ces combinaisons se renouvellent dans la mutation des tissus, il faut que l'analyse chimique indique la nature des divers sels de soude rejetés par l'économie et les rapports dans lesquels ils se trouvent tant entre eux qu'avec les sels ingérés dans les aliments. Il ne suffit donc pas d'avoir retrouvé la soude et ses combinaisons dans tous les organes des animaux domestiques; il faut maintenant examiner avec soin les diverses excrétions, la sueur, l'urine, les mucosités et les matières fécales.

I. — *De la sueur.*

La peau est le siége de deux sécrétions, la sécrétion grasse et la transpiration ; la première fournit la graisse dont sont continuellement enduits l'épiderme, les poils et les plumes; la transpiration donne la sueur. La sueur est un liquide acide, du moins chez l'homme; la saveur en est salée ; en s'évaporant, elle fournit un dépôt qui se joint à la sécrétion graisseuse, et il est par conséquent assez difficile de séparer ces deux produits.

La sueur humaine a seule été étudiée ; on a fait, en outre, l'analyse de la sécrétion épidermique solide obtenue en brossant et en étrillant le cheval.

1°. — Sueur humaine.

Dans quelques expériences que M. Berzélius a faites sur des gouttes de sueur qui avaient coulé du front, il a paru à ce célèbre chimiste[1]

(1) *Traité de chimie*, t. VII, p. 324.

qu'elles tenaient en dissolution les mêmes matières que l'on trouve dans les liquides acides de
la chair musculaire, et qui, après l'évaporation,
sont dissoutes par l'alcool. Mais ce qu'il y avait
de remarquable, c'est que cette sueur contenait
tant de chlorure de sodium que l'extrait alcoolique se remplissait des cristaux de ce sel. Il y
avait aussi, parmi les divers sels cristallisant
dans la dissolution alcoolique, une certaine quantité de chlorhydrate d'ammoniaque, contenant
par conséquent sans doute une portion du chlore séparé de la soude du chlorure de sodium
durant quelques-uns des phénomènes vitaux.

D'après les recherches d'Anselmino[1], la sueur
contient 98.75 à 99.50 p. 100 d'eau; d'après
celles de Piutti[2], la quantité d'eau est de 99.30
à 99.55 p. 100. Anselmino a analysé le résidu
sec que laisse la sueur humaine, et il a trouvé
la composition suivante :

Matières insolubles dans l'eau et dans l'alcool
   et consistant principalement en sels de
   chaux. . . . .
Matière animale soluble dans l'eau, mais non
   dans l'alcool. 21
Matières solubles dans l'alcool aqueux; chlorure de sodium et extrait de viande 48
Matières solubles dans l'alcool anhydre, extrait de viande, acide lactique et lactates. . 29
                                             ——
                                           100

(1) Tiedemann Zeitschrifft, t. II, p. 321.
(2) F. Simon Handbuch, der *Angewandten medici-*
nischen Chemie, t. II, p. 332.

Anselmino a trouvé en outre que 100 parties du même résidu sec de la sueur laissent, après avoir été brûlées, 22.9 parties de cendres formées presque entièrement de sels solubles de soude, chlorure, sulfate, phosphate, carbonate, et quelques traces des mêmes sels de potasse.

D'après ces divers résultats nous pouvons regarder la sueur comme composée en moyenne de:

Eau. 992
Matières organiques. 6
Sels minéraux, principalement
    chlorure de sodium. . . . 2
                  1,000

Il est très vraisemblable que la transpiration cutanée ne rejette pas au dehors les mêmes matières dans toutes les parties du corps. On sait, en effet, que la sueur se fait remarquer par des odeurs spéciales selon qu'elle provient des pieds, ou des aisselles, ou encore des organes génitaux.

La transpiration pulmonaire et cutanée est liée intimement avec la sécrétion urinaire, de telle sorte que les variations dans les quantités d'urine et de sueur ont lieu en sens inverse; quand l'une augmente, l'autre diminue. La température extérieure, la sécheresse de l'air, la pression atmosphérique, le vent, l'agitation plus ou moins grande du corps, sont autant de causes qui font varier l'abondance de la transpiration cutanée aussi bien que celle de la transpiration pulmonaire, qui se distingue de la première en ce qu'elle ne produit jamais de perte de matière solide et consiste uniquement en eau et en acide carbonique. Ces nombreuses causes de variation influent dans une proportion très forte sur le rapport qui existe entre les diverses pertes qu'éprouve journellement l'organisme. On en a un exemple dans le tableau suivant, où la quantité des aliments ingérés est prise égale à 1, et où nous appelons *évacuations* les urines et les matières excrémentitielles :

Noms des expérimentateurs.	Excréments.	Urine.	Total des évacuations.	Transpirations.
Sanctorius.	»	»	0.375	0.625
Dodart (en maximum).	»	»	0.400	0.600
Dodart (en minimum).	»	»	0.444	0.556
Keill.	0.066	0.524	0.580	0.410
J. Dalton (en mars). .	0.055	0.533	0.588	0.412
Dalton (en juin). . . .	0.010	0.534	0.544	0.456
Dalton (en septembre).	»	»	0.500	0.500
Valentin (en septemb.).	0.065	0.495	0.560	0.440
Barral (en déc. et janv.[1])	0.051	0.407	0.458	0.542
Id. (en février[2]). . .	0.060	0.371	0.431	0.569
Id. (en mars[3]). . . .	0.064	0.660	0.724	0.276
Id. (en mai[4]). . . .	0.014	0.460	0.474	0.526
Moyennes générales.	0.048	0.498	0.506	0.494

La diversité des climats de Padoue, de Pa-

(1) Sur lui-même, 29 ans.
(2) Sur un enfant de 6 ans
(3) Sur un homme de 59 ans.
(4) Sur une femme de 32 ans.

ris, de Berne et d'Angleterre, et la diversité des
âges des sujets en expérimentation expliquent
suffisamment les différences que présentent ces
résultats, pour qu'on n'ait pas à soupçonner les
expérimentateurs d'inexactitude. D'autre part,
les quantités d'eau mélangées aux aliments, évidemment d'une manière un peu arbitraire et qui
dépend des habitudes ou des besoins des individus, introduisent des variations qui disparaî-
traient si l'on ramenait la ration alimentaire à
une dessiccation normale. Enfin, les aliments
éprouvent des transformations par suite de leur
combinaison avec l'oxygène de l'air et produisent notamment de l'eau et de l'acide carbonique ; il en résulte que le poids des matières tant
évacuées qu'expirées doit être plus grand que
celui des matières absorbées. Conséquemment.
les chiffres précédents, exacts en eux-mêmes,
ne sauraient pourtant pas représenter complétement la statique de la vie humaine ; ceux
des transpirations devraient être notablement
augmentés.

Des causes analogues à celles qui font varier
les quantités précédentes influent sans doute
sur le rapport qu'ont entre elles les deux transpirations. D'après les expériences de Dalton[1] en
représentant leur somme par 1, la transpiration
pulmonaire serait 0.820 et la transpiration cu-

(1) *Edimb. new. philos. journ.*, nov. 1832, janv. 1833.

tanée 0.180; au contraire, les expériences de Séguin et de Lavoisier [1] donnent 0.389 pour la transpiration pulmonaire et 0.611 pour la transpiration cutanée.

D'après leurs expériences, ces deux auteurs illustres établissent ainsi la perte de poids moyenne qu'éprouve un homme en 24 heures, par l'effet des transpirations :

	gr.
Eau totale toute formée qui se dégage par la transpiration cutanée.	918
Eau toute formée qui se dégage par la transpiration pulmonaire.	172
Carbone consommé dans les poumons. . . .	180
Hydrogène égalem. cons. dans les poumons.	104
Perte de poids moyenne en 24 heures.	1,374

La quantité d'hydrogène mentionnée dans ce tableau, en se combinant avec l'oxygène inspiré, fournit 724 grammes d'eau. En conséquence, il faudrait estimer à 1,814 grammes la quantité d'eau journellement transpirée en moyenne par un homme.

Quoi qu'il en soit des différences que présentent ces déterminations, un fait reste acquis, c'est la présence dans la sueur humaine non pas seulement du sel ordinaire, mais encore du chlorhydrate d'ammoniaque, ce qui accuse une élaboration du sel dans les phénomènes vitaux.

(1) *Ann. de chimie*, t. XC, p. 22.

Une seule chose ne saurait être actuellement
fixée, c'est la quantité exacte de chlore et de
soude excrétée par la transpiration cutanée;
mais des expériences qui nous sont propres et
que l'on verra plus loin donnent la solution de
ce problème.

2°. — Sueur du cheval.

Une tentative d'approximation plus grande
a été faite par **M. Valentin** [1] relativement à la
transpiration tant pulmonaire que cutanée du
cheval. Ce laborieux physiologiste a trouvé pour
le rapport qui existe entre les pertes quotidiennes du corps les nombres suivants :

Evacuations.	Transpirations.
0.528	0.472

De la comparaison de ce résultat avec les
moyennes précédemment données pour l'homme, on conclurait que les transpirations sont
plus grandes chez ce dernier que chez le cheval,
si les variations obtenues dans les expériences
relatives à l'homme n'exigeaient pas de plus
nombreuses observations que celles faites jusqu'à présent.

En comparant entre elles les diverses substances des transpirations, M. Valentin a obtenu :

(1) *Handwœrterbuch der Physiologie*, von Rudolph
Wagner, p. 384.

Eau et acide carbonique, etc. 999.775
Chaux. 0.040
Magnésie. 0.002
Silice. 0.014
Acide sulfurique. 0.012
Chlore.. . . . . 0.001   Formant
Acide phosphorique. 0.034   0.125
Alcalis.. . . . . 0.015   de cendres.
Acide carbonique combiné
  avec une portion des alca-
  lis et formé pendant l'in-
  cinération. 0.007
Matière organique brûlée. . 0.100

Total. 1,000.000

D'après les expériences de M. Valentin, les produits des transpirations devaient former $19^k.833$; il en résulte qu'ils contenaient, évidemment dans la sueur, $0^{gr}.298$ d'alcalis, et seulement $0^{gr}.019$ de chlore. La totalité des matières solides transpirées (0.225 p. 1,000) montait à $4^{gr}.462$.

Les 999.775 pour 1,000, mis en tête du tableau précédent se composeraient, des matières organiques et de l'eau expulsées sous forme d'acide carbonique et de vapeur d'eau par la peau et les poumons, et on ne devrait en soustraire que l'eau et les matières organiques des autres sécrétions, telles que les matières grasses qui servent à assouplir la peau, les mucosités nasales et vaginales, la salive rejetée accidentellement de la bouche, les larmes, etc.

3°. — Étrille du cheval.

Parmi les dernières sécrétions que nous venons d'énumérer, l'écaillement épidermique est l'une des plus intéressantes. M. Valentin a cherché à le déterminer quantitativement dans la race chevaline. Pour cela, il fit étriller la jument sur laquelle il avait déjà expérimenté les jours précédents et recueillir avec soin la matière enlevée par l'étrille et la brosse. Cette matière pulvérulente, légère, grasse, tirant sur le gris, consistait presque uniquement en pellicules épidermiques et en une petite quantité de poils. Il obtint $5^{gr}.909$ de cette matière un premier jour, et le second jour $4^{gr}.846$. La matière du premier jour donna à M. Valentin 22.325 p. 100 de cendres; M. Brunner obtint 28.09 p. 100 de cendres de la matière du second jour; on s'explique très bien pourquoi ces quantités de cendres sont si considérables, quand on sait que cette poudre ne contient pas seulement des pellicules épidermiques et des poils tombés, mais encore une grande partie du résidu solide de la sueur. En effet, 73.02 parties sur 100 des cendres des matières recueillies le premier jour étaient solubles dans l'eau. D'autre part, M. Brunner a trouvé que 100 parties de la poudre du second jour ont fourni :

Silice. 3.754
Chaux 3.785
Magnésie. 0.630
Oxyde de fer et traces d'oxyde
  de manganèse. 0.313

                Total. 8.482

Cette somme forme les 30 centièmes des cendres du second jour, ce qui donne 70 p. 100
pour les sels solubles. En admettant que ces sels
solubles soient uniquement formés de chlorure
de sodium, ce qui n'entraînera pas d'erreur
sensible pour la quantité de soude, nous obtiendrons :

Poudre détachée journellement et en moyenne par l'étrille.	Matières minérales perdues journellement par la peau.	Sel perdu chaque jour à travers la peau.
$5^{gr}.378$	$1^{gr}.356$	0.949

Cette quantité $0^{gr}.949$ de chlorure de sodium
correspond à $0^{gr}.506$ de soude. Nous avons vu
tout à l'heure, d'après M. Valentin, que la sueur
fournissait $0^{gr}.298$ de soude ; il y en a donc
$0^{gr}.208$ que l'on doit considérer comme provenant de la matière solide sécrétée dans la peau
seule. Quant à la totalité des matières solides
fournies par la sueur, nous avons vu tout à
l'heure qu'elle montait à $4^{gr}.462$, nombre qui
ne diffère de $5^{gr}.378$ que de $0^{gr}.916$.

De cette sorte, on peut dire que l'étrille enlève, outre les matières abandonnées par l'é-

vaporation de la sueur, une certaine quantité de substances solides s'élevant au cinquième des matières solides de la sueur et contenant 0^{gr}.208 de soude.

En résumé, par la sueur et par l'étrille, le cheval, d'après l'expérience faite par M. Valentin, excrète chaque jour 1 gramme environ de chlorure de sodium.

II. — *De l'urine.*

L'urine est la plus importante des excrétions sensibles des animaux, de même que sa sécrétion est un des principaux actes de la vie. « Tout s'enchaîne dans l'économie, dit M. Dumas[1]. Les fonctions par lesquelles la vie se manifeste ne s'accomplissent jamais isolément, mais se lient les unes aux autres de la manière la plus intime. Si quelque chose est propre à faire ressortir cette admirable harmonie dans le jeu de nos organes, ce sont certainement les relations qui enchaînent les fonctions des reins et celles des poumons.

« L'oxygène du sang artériel, en passant par les capillaires, y détruit, par une véritable combustion, les tissus devenus impropres à la vie; le carbone et l'hydrogène de ces tissus tendent, au moins en partie, à se transformer en acide carbonique et en eau, pour être rejetés par les

(1) *Traité de chimie*, t. VIII, p. 542.

poumons. Mais quelle forme prendra l'azote ?
La combinaison la plus simple qu'il pourrait
former serait l'ammoniaque ; ce corps ne pouvant exister à l'état de liberté dans l'économie,
la nature a dû le modifier ; il lui a suffi pour cela
de le mettre en rapport avec l'acide carbonique,
et d'éliminer de cette combinaison les éléments
de l'eau, pour la transformer en *urée*. Ce principe étant inerte et soluble dans l'eau, peut passer sans le moindre inconvénient dans le torrent
de la circulation et être recueilli et rejeté par
les reins. Telle est l'origine de l'urée dans l'é-
conomie. On voit que c'est en quelque sorte un
corps brûlé qui résulte de l'oxydation des matières azotées de l'organisme. »

Outre l'urée, les reins sécrètent encore l'acide
urique et plusieurs sels, tels que les sulfates et
les phosphates qui sont produits par suite de la
mutation des tissus contenant du soufre et du
phosphore, et tels aussi que les lactates et les
chlorures qui existent dans tous les liquides de
l'économie. C'est ainsi que les animaux sont dé-
barrassés des matières qui, amassées dans l'organisme, pourraient devenir nuisibles.

La quantité d'urine rendue journellement est
d'autant plus grande que l'alimentation a été
plus liquide et que la transpiration s'est faite
moins activement. Mais outre les différences
individuelles provenant de changements dans
les circonstances qui accompagnent la sécrétion

urinaire des animaux d'une même espèce, il y a
aussi des variations de composition qui tiennent
aux espèces. Nous allons examiner successivement l'urine de l'homme et celle des animaux
domestiques herbivores : du bœuf, du cheval,
du porc, du mouton.

1°. — Urine humaine.

L'urine humaine a une réaction acide ; au
bout de quelques jours, par suite d'une putréfaction, il se produit de l'ammoniaque qui sa-
ture l'acide et en précipite le phosphate de
chaux et en partie le phosphate ammoniaco-
magnésien, d'où il résulte le trouble qui survient
alors dans la liqueur. Sa saveur est salée, désagréable et amère ; sa couleur varie du jaune
clair au jaune brun. Sa densité est très variable ; elle est le plus souvent comprise entre
1.015 et 1.030. Il est bien entendu que nous
ne parlons pas de l'urine dans divers états pathologiques qui la modifient profondément, c'est-
à-dire des urines albumineuses, diabétiques,
bleues, etc.

Le tableau qui va suivre, et que nous extrayons
de l'ouvrage de M. Valentin [1], donne la composition de l'urine normale, d'après douze analyses
faites par divers observateurs, savoir : une de

(1) *Lherbuch der Physiologie des Menschen*, t. I,
p. 652.

M. Berzélius (elle date de 1809, et, malgré son ancienneté, ses résultats sont d'une exactitude remarquable), cinq de **M.** Simon, trois de **M.** Lehmann et trois de **M.** Lecanu. Ces analyses, qui portent sur des urines d'hommes, donnent d'abord en centièmes les rapports maxima, minima et media des diverses parties constituantes du liquide ; elles permettent par conséquent d'en conclure les quantités de chacune des substances rejetées en vingt-quatre heures par l'économie, en se servant des maxima pour calculer la composition de la quantité maximum = 2271 gr., des minima pour calculer celle de la quantité minimum = 743 gr., des media enfin pour calculer celle de la quantité moyenne = 1268 gr. d'urine rendue par chaque individu en vingt-quatre heures.

D'après cette méthode de calcul, les nombres de la colonne des maxima donneront seulement des limites supérieures, ceux de la colonne des minima des limites inférieures des pertes quotidiennes de l'économie humaine, car à une quantité plus grande d'urine correspond souvent une moins grande quantité de matériaux solides ; de telle sorte que la composition de l'urine la plus chargée en matériaux solides correspond rarement à un rendement plus considérable en urine. Mais les nombres moyens seront très près de la vérité, et nous aurons l'avantage d'avoir des limites des approximations obtenues.

SUBSTANCES.	COMPOSITION EN CENTIÈMES.			QUOTITÉS DES EXCRÉTIONS en 24 heures.		
	MAXIMA.	MINIMA.	MEDIA.	MAXIMA.	MINIMA.	MEDIA.
Eau.	98.000	92.830	94.584	gr. 2,225.58	gr. 689.73	gr. 1,199.33
Résidu solide..	7.170	2.000	5.416	162.83	14.86	68.67
			100.000			1,268.00
Sels minéraux fixes..	1.611	1.119	1.465	36.59	8.31	18.58
Matières organiques.	»	»	3.951	»	»	50.09
Urée.	3.291	1.246	2.210	74.74	9.26	28.02
Acide urique.	0.121	0.052	0.096	2.75	0.39	1.22
Acide lactique.	0.155	0.149	0.152	3.52	1.11	1.93
Chlorure de sodium.	0.728	0.240	0.461	16.53	1.78	5.84
Chlorhydrate d'ammoniaque.	0.150	0.041	0.095	3.47	0.31	1.21
Sulfate de potasse.	0.500	0.220	0.337	11.36	1.64	4.27
Sulfate de soude.	»	»	0.316	»	»	4.01
Phosphate de soude.	0.398	0.125	0.277	9.04	0.93	3.51
Biphosphate d'ammoniaque..	»	»	0.165	»	»	2.09
Phosphate de chaux et de magnésie..	0.164	0.026	0.083	3.73	0.19	1.05
Silice.	»	»	0.003	»	»	0.04
Matières extract., graisses, mucus, etc.	»	»	1.221	»	»	15.48
			5.416			68.67

Le principal résultat qui nous intéresse d'a-
bord dans ce tableau, c'est qu'il faut en conclure
qu'un homme rend par les urines, en moyenne,
par jour, 5^{gr}.84 de chlorure de sodium, au plus
16^{gr}.53, au moins 1^{gr}.78. A côté de ce résultat
important, il faut encore tenir compte, 1° de la
soude contenue dans le sulfate et le phosphate
de cette base; 2° du chlore contenu dans le
chlorhydrate d'ammoniaque.

La quantité moyenne 4^{gr}.01 de sulfate de
soude excrétée chaque jour correspond à 3.29
de chlorure de sodium, et celle de phosphate de
soude 3^{gr}.51 correspond à 3.08, ce qui fait en
totalité 6^{gr}.37 de sel contenant 3^{gr}.84 de chlore.

D'autre part, la quantité moyenne 1^{gr}.21 de
chlorhydrate d'ammoniaque qu'on retrouve dans
les urines contient seulement 0^{gr}.80 de chlore.
De là il résulte qu'une faible portion seulement
de chlorure de sodium est décomposée pour
donner du chlorhydrate d'ammoniaque que l'on
retrouve dans les urines. Il est donc évidemment impossible d'admettre que tous les sulfates et phosphates de soude rejetés par les reins
proviennent du chlorure de sodium des aliments transformés dans la mutation des tissus.
Ce n'est pas cela que nous voulons dire, en ra-
menant tous les sels de soude à du chlorure de
sodium. Nous avons seulement pour but de faciliter les rapprochements, en réduisant toute
la soude à une même unité.

En joignant ainsi la quantité de chlorure de sodium équivalente au sulfate et au phosphate de soude de l'urine à la quantité de ce sel retrouvée en nature dans ce liquide par l'analyse chimique, on obtient 12^{gr}.21. C'est environ le huitième de la quantité totale (98 gr.) de chlorure de sodium tant en nature qu'en sels équivalents que nous avons trouvée dans le sang de l'homme adulte. D'après ce fait, il semblerait que le sang se renouvelle complétement en sels minéraux dans l'espace de huit jours environ. D'un autre côté, les 6^{gr}.37 de chlorure de sodium équivalents au sulfate et au phosphate de soude de l'urine sont le quart des 25 gr. de ce même sel équivalents encore aux sulfates et phosphates de soude du sang, de telle sorte que ce sulfate et ce phosphate sont sécrétés par les reins en proportion relative beaucoup plus grande que le chlorure de sodium lui-même existant en nature dans le sang : c'est là une conséquence importante à signaler ; elle prouve la grande consommation du phosphate de soude.

Chez les individus du sexe masculin et dans la force de l'âge, l'urine est sécrétée plus abondamment que chez les vieillards, les enfants et souvent même chez les femmes. Mais ce qu'il y a de particulièrement remarquable, c'est que la quantité de sel marin décroît extrêmement chez les vieillards et chez les femmes. Chez des femmes et des hommes ayant pris la même nourriture,

M. Lecanu [1] a trouvé que, tandis qu'un homme rendait par les urines de 2^{gr}.9 à 4^{gr}.6 de sel, les femmes n'en rendaient pas plus de 0^{gr}.690 et jusqu'à moins de 0.017. Le docteur Prout, de son côté, avait reconnu que l'urine des agonisants est presque entièrement privée de chlorure de sodium, ce qui s'accorde avec l'affaiblissement progressif que, d'après M. Lecanu, le sel éprouve dans les urines vers la fin de la vie.

Nous aurons à revenir sur ce sujet quand nous établirons la statique du sel; pour le moment, nous nous contenterons de donner les résultats généraux des expériences de M. Lecanu; ils sont consignés dans le tableau suivant :

Produits rendus en 24 heures.	Enfants de 4 ans.	Enfants de 8 ans.	Hommes
	gram.	gram.	gram.
Acide urique....	»	0.15 à 0.25	0.30 à 1.0
Urée..........	3 à 5	10 à 16	23 à 33
Sels.........	»	10	10 à 25
Sel marin.....	»	2 à 5	4 à 7
Phosphates terr..	»	0.3 à 1.3	0.4 à 2.0

	Vieillards.	Femmes.
	gram.	gram.
Acide urique....	0.20 à 0.50	0,30 à 0.60
Urée.........	4 à 12	10 à 28
Sels.........	5 à 10	10 à 20
Sel marin......	0.4 à 1.5	0.1 à 0.7
Phosphate terreux.	0.2	0.2 à 5.0

(1) *Journal de pharmacie*, t. XXV, p. 81 et 746.

Nous avons vu , en traitant du sel dans le sang[1], que le sang de la femme contient en totalité moins de chlorure de sodium et aussi moins de sulfate et de phosphate de soude que le sang de l'homme. Les résultats que nous signalons actuellement pour la moindre quantité de chlorure de sodium contenue dans l'urine de la femme n'ont donc rien que de facile à concevoir, sauf toutefois une diminution si considérable, hors de toute proportion avec la diminution correspondante éprouvée par le sang total. Il y a donc ici une recherche à faire, un problème à résoudre. Les reins, chez la femme, n'auraient pas la faculté de sécréter autant de chlorure de sodium que ceux de l'homme, lors même qu'en centièmes les deux sangs seraient composés de la même manière. Il y a lieu de remarquer, d'ailleurs, que les autres sels solubles se retrouvent bien dans l'urine de la femme dans la même proportion, ou à très peu de chose près, que dans l'urine de l'homme ; le chlorure de sodium seul, chez la femme, se renouvellerait moins souvent dans le sang de cette dernière que dans celui de l'homme.

2º. — Urine des herbivores.

L'urine des herbivores se distingue de celle de l'homme en ce que, au lieu d'être acide, elle

(1) Voir précédemment, p. 60.

est toujours alcaline, excepté peut-être dans
quelques cas pathologiques très rares. A cause
de ce fait, les cendres de l'extrait solide des
urines des herbivores donnent toujours une certaine quantité de carbonates alcalins. Ces urines
renferment moins d'urée, et contiennent de
l'acide hippurique à la place de l'acide urique.
Leur composition est bien moins connue que
celle de l'urine humaine, quoique des chimistes
assez nombreux, Rouelle le cadet, Vauquelin,
Fourcroy, Sprengel, MM. Chevreul, Brande,
Boussingault, Lassaigne, de Bibra, Braconnot, etc., s'en soient occupés. Mais, même dans
quelques analyses récentes, les résultats ne sont
point aptes à donner des renseignements sur
la question qui nous occupe, attendu que les
observateurs se sont contentés de diviser les éléments de l'urine suivant leur solubilité dans différents liquides, ce qui pouvait suffire pour quelques comparaisons, mais ce qui ne donne aucune idée de ces divers éléments isolés.

Race chevaline. — Les résultats les plus
complets que l'on possède sont relatifs à l'urine
du cheval.

L'analyse la plus détaillée que l'on ait de cette
urine dans l'état normal est celle que l'on doit
à M. Boussingault[1]; elle donne les renseignements suivants :

(1) Recherches sur l'urine des herbivores, *Ann. de
chimie et de physique*, 3ᵉ série, t. **XV**, p. 110.

Urée.	31.00
Hippurate de potasse..	4.74
Lactate de potasse..	11.28
Bicarbonate de potasse..	15.50
Lactate de soude (contenant 2.44 de soude)	8.81
Carbonate de chaux..	10.82
Carbonate de magnésie	4.16
Sulfate de potasse.	1.18
Chlorure de sodium.	0.74
Silice.	1.01
Phosphates.	0.00
Eau et matières indéterminées. . .	910.76
	1,000.00

M. Valentin[1] a trouvé de son côté les résultats suivants, qui malheureusement ne laissent pas apercevoir facilement le rapport éxistant entre la potasse et la soude; en outre, l'acide carbonique des cendres est en presque totalité de trop, à cause des lactates et hippurates qui, en brûlant, donnent des carbonates et ne laissent pas seulement de la soude ou de la potasse.

Silice.	0.9
Chaux..	5.5
Magnésie.	0.2
Chlore.	0.6
Acide sulfurique..	1.0
Acide phosphorique	1.2
Acide carbonique et alcalis. . .	24.9
Cendres	34.3
Matières organiques..	42.7
Eau.	923.0
	1,000.0

(1) *Handwœrterterbuch der Physiologie*, von Wagner, p. 413.

Dans une expérience de trois jours, M. Boussingault[1], en expérimentant sur un cheval, a obtenu seulement $4^k.323$ d'urine contenant $0^k.905$ d'extrait solide. Cela donne une quantité journalière d'urine de $1^k.441$ contenant $0^k.302$ d'extrait solide, c'est-à-dire que cette urine eût été composée de :

Matières solides. . . . 209.5
Eau. 790.5
____
1,000.0

Cette composition est en désaccord avec les analyses précédentes. Mais un tel résultat peut s'expliquer, car dans la méthode d'expérimentation employée par M. Boussingault et qui consistait à abandonner le cheval à lui-même dans une stalle, à recueillir les urines au bout de chaque jour et ensuite à laver la stalle pour ne rien perdre, il devait s'être évaporé une certaine quantité d'eau. Nous pensons qu'il ne faut admettre du résultat de M. Boussingault que le poids concernant l'extrait solide et en calculer, d'après la moyenne des deux analyses de ce chimiste et de M. Valentin, la quantité d'urine réelle. Ce calcul nous donne $3^k.633$ d'urine par jour, contenant $0^k.362$ d'extrait solide, et consé-

____

(1) *Ann. de chimie et de physique*, 2e série, t. LXXII, p. 131. Nous avons modifié quelque peu les chiffres donnés dans le mémoire de M. Boussingault, en corrigeant une erreur de calcul et une erreur typographique.

quemment produisant une perte de soude combinée à l'acide lactique de 8^{gr}.865, et une perte
de chlorure de sodium en nature de 2^{gr}.688.
Les 8^{gr}.865 de soude correspondent à 16^{gr}.642
de sel, de sorte que le cheval perd chaque jour
par la sécrétion urinaire une quantité de sels de
soude équivalente à 19^{gr}.330 de sel marin.

Ces nombres sont encore très loin d'être des
maxima. M. Valentin [1], en effet, a fait aussi une
expérience de trois jours sur l'alimentation
d'un cheval et il a obtenu 15 kilogr. d'urine,
ce qui fait par jour 5 kilogr., c'est-à-dire
1^{fois}.376 plus que M. Boussingault, ce qui
donnerait une perte de sels de soude équivalente à 26^{gr}.598 de chlorure de sodium, nombre nullement exagéré, et qui serait sans aucun doute dépassé, si on faisait intervenir le
sel dans l'alimentation, surtout pour la portion
de cette substance qui se retrouverait en nature
dans les urines ; l'autre portion correspondant
à de la soude diversement combinée resterait
seule peut-être à peu près la même.

Race bovine — Etudions maintenant l'urine
de la race bovine sous le même point de vue de
la quantité du chlore et des sels de soude qui
s'y trouvent contenus.

Sprengel [2] a donné une analyse très détaillée
de l'urine du bœuf; il a trouvé :

(1) *Loco citato*, p. 381.
(2) *Traité de chimie* de M. Dumas, t. VIII, p. 573.

Eau.	928.37
Urée	40.00
Albumine.	0.10
Mucus..	1.90
Acide benzoïque..	0.90
Acide lactique..	5.16
Acide carbonique.	2.50
Potasse.	6.64
Soude..	5.54
Silice.	0.36
Alumine.	0.04
Oxyde de manganèse. . . .	0.01
Chaux	0.65
Magnésie.	0.36
Chlore.	2.72
Acide sulfurique	4.05
Phosphore	0.70
	1,000.00

M. Boussingault, dans ses recherches sur l'u-
rine des herbivores, est arrivé aux résultats
suivants que nous plaçons sous une forme un
peu différente de celle qu'il a donnée, afin
de pouvoir rendre facile la comparaison avec les
nombres de Sprengel. M. Boussingault ayant
déterminé la quantité de potasse, n'a pas cherché directement la quantité de soude; mais
comme ce chimiste a donné les détails complets
de son analyse, et par suite la quantité totale
de sels alcalins par lui obtenus, nous avons eu
la soude par une différence. Cette explication
donnée, voici l'analyse de l'habile chimiste et
agronome :

Eau..	921.32
Potasse.	20.44
Soude..	1.38
Chaux.	0.31
Magnésie.	2.28
Acide carbonique.. . . .	10.47
— sulfurique..	1.65
— hippurique.. . . .	13.10
— phosphorique.. . '	0.00
— lactique..	9.65
Chlore	0.92
Silice.	traces.
Urée.	18.48
	1,000.00

Dans une expérience faite durant trois jours, pour l'alimentation d'une vache, M. Boussingault[1] a obtenu 24k.589 d'urine qui contenait 2k.782 d'extrait solide renfermant lui-même 1k.113 de cendres. Ces chiffres donnent pour la composition de l'urine :

Eau.	886.9
Matières organiques. . . .	73.1
Cendres.	40.0
	1,000.0

Il résulte évidemment de là que l'urine recueillie par M. Boussingault dans cette expérience était plus concentrée que cela n'a lieu dans l'état normal d'après les deux analyses que nous avons données tout à l'heure et qui ont été effectuées sur de l'urine fraîche. Il est pro-

____

(1) *Ann. de chimie et de phys.*, t. LXXI, p. 119.

bable qu'il y avait eu évaporation et perte d'eau
dans la stalle où la vache était placée ; aussi
nous pensons que, de même que pour le cheval, il faut faire subir une correction aux nombres de M. Boussingault, et admettre une quantité totale d'urine de $37^k.039$ contenant $1^k.782$
d'extrait solide, ce qui fait par jour $12^k.013$
d'urine. Cette quantité va nous servir à calculer la proportion de soude rendue par les urines ; nous aurons recours à l'analyse de M. Boussingault de préférence à celle de Sprengel, parce
qu'elle donne des quantités de soude moindres et
que, dans le cas où nous ne pouvons pas avoir une
moyenne et deux limites pour nos déterminations, nous aimons mieux avoir recours à des
limites inférieures, voulant surtout nous mettre
en garde contre le reproche de faire des calculs
favorables à la question économique et politique
de la diminution de l'impôt du sel. Nous trouvons que $11^k.013$ d'urine de vache ou de bœuf,
rendue journellement, correspond à une dépense de $16^{gr}.578$ de soude, équivalente à
$31^{gr}.121$ de chlorure de sodium. Mais d'autre
part M. Boussingault n'a trouvé dans l'urine
que 0.92 de chlore p. 1,000, nombre qui donne,
pour $12^k.013$ d'urine, une quantité de chlore
égale à $11^{gr}.052$ correspondant à $18^{gr}.313$ de
sel ordinaire rendu journellement en nature
dans la sécrétion urinaire de la vache.

Nous ajouterons comme renseignement im-

portant à rapprocher des résultats précédents
l'analyse suivante faite par M. Braconnot[1] sur
l'urine d'un veau nourri du lait de sa mère :

Eau.	993.80
Phosphate ammoniaco-magnés.	0.10
Chlorure de potassium.	3.22
Sulfate de potasse.	0.44
Matière animale et urée. . . .	2.36
Phosph. de fer, chaux, potasse silice, mucus, chor. de sod.?	traces.
	1,000.00

On remarque l'absence de chlorure de sodium et la faible proportion de matières solides
tenues en dissolution dans cette urine.

Race porcine. — M. Boussingault et M. de
Bibra ont seuls jusqu'à présent analysé l'urine
du porc. L'analyse de M. Boussingault donne
la composition suivante :

Eau et matières organiques indéterminées.	979.14
Urée.	4.90
Acide hippurique.	0.00
Lactate alcalin	indéterminé.
Silice.	0.07
Bicarbonate de potasse . .	10.74
Carbonate de magnésie. .	0.87
Carbonate de chaux. . . .	traces.
Sulfate de potasse.	1.98
Phosphate de potasse. . .	1.02
Chlorure de sodium. . . .	1.28
	1,000.00

(1) *Ann. de chimie et de physique*, 3ᵉ série, t. XX,
p. 244.

D'après les détails que donne M. Boussingault sur son analyse, on calcule que le chlorure de sodium n'entrait que pour 10.24 p. 100 dans les cendres de l'urine. Les recherches de M. de Bibra indiquent une proportion cinq fois plus forte. Cet observateur a obtenu les résultats suivants :

	I.	II.
Eau	881.86	982.57
Urée.	2.72	2.97
Mucus.	0.05	1.68
Matières extract. solubles dans l'eau. .	1.42	1.12
Matières extract. solubles dans l'alcool.	3.87	3.99
Sels solubl. dans l'eau.	9.09	8.48

Les cendres renfermaient 12.1 p. 100 de carbonate de potasse, 53.1 p. 100 de chlorure de sodium, 7.0 de sulfate de soude et 27.8 de phosphates.

La quantité d'urine rendue chaque jour est variable avec l'âge du porc, et sans doute aussi avec sa nourriture. D'après deux déterminations que rapporte M. Boussingault [1], on trouve pour un porc de huit mois et demi, pesant 60 kil., nourri avec des pommes de terre cuites délayées dans l'eau additionnée de sel marin, 3^k.05 d'urine par jour ; et pour un autre porc de cinq

(1) Recherches expérimentales sur la formation de la graisse pendant l'alimentation des animaux, *Ann. de chimie et de phys.*, 3e série, t. XIV, p. 441.

mois, pesant 32^k.2, soumis au même régime,
une quantité d'urine égale à 1^k.65 ; il est juste
d'ajouter que dans ce dernier cas la séparation
de l'urine et des excréments n'avait pas été
bien faite. L'analyse de M. Boussingault porte
sur l'urine du premier porc. Or, on en conclut que ce porc a seulement rendu par la sécrétion urinaire 3.05 × 1.28 = 3^{gr}.904 de chlorure
de sodium chaque jour ; le porc en recevait cependant 25 grammes. Ce résultat est très intéressant à constater, surtout dans le but de faire
faire de nouvelles expériences propres à le vérifier et à l'expliquer.

Race ovine. — Nous avons déjà eu à constater que les animaux de cette race n'ont pas
été le sujet d'autant d'expériences que les autres
bestiaux ; cette circonstance se rencontre encore
relativement à l'urine. Pour trouver quelques
renseignements relatifs à cette déjection importante, il faut arriver aux recherches qu'a publiées
récemment à Nancy M. le baron Daürier sur
l'emploi du sel pour l'amendement des terres
et l'engraissement des animaux. Cet agriculteur
a eu recours à l'obligeance de M. Braconnot
pour l'analyse chimique de l'urine du mouton ;
l'habileté bien connue du chimiste de Nancy
donne une grande garantie à l'exactitude des
résultats obtenus. Cependant il est regrettable,
à cause de l'absence de tous autres documents
sur ce sujet, que M. Braconnot n'ait pas pu

compléter tout à fait son analyse, donner la
densité de l'urine et varier ses expériences ;
il est regrettable aussi que M. Daurier ne nous
ait pas fait connaître les quantités d'urines et
d'excréments qu'a produites son bétail mis en
expérimentation. Une conclusion aussi grave que
celle que prétendent tirer MM. Daurier et Braconnot de l'inutilité absolue du sel, non pas seulement comme addition aux aliments, mais dans
les aliments mêmes du mouton, ne saurait être
appuyée de trop de preuves, surtout en présence
de l'utilité de cette substance pour les autres
herbivores.

Sans insister autrement sur ce point que pour
inviter les agronomes à s'occuper particulièrement des recherches concernant la race ovine,
nous allons signaler les principaux faits observés
par MM. Daurier et Braconnot. Nous verrons
facilement l'impossibilité d'admettre les conclusions de ces deux expérimentateurs.

L'urine d'un mouton, qui pendant trois semaines n'avait pas reçu de sel, ayant été recueillie, on a constaté que les sels solubles dans
l'eau, provenant de la calcination du résidu
fourni par l'évaporation d'un litre de cette urine,
pesaient 16^{gr}.20 et consistaient en :

		gr.
Chlorure de potassium.. . . .		6.13
Carbonate de potasse. . .	}	10.07
Sulfate de potasse.		
		16.20

Il n'y avait, disent les auteurs, aucune trace de chlorure de sodium ; nous craignons qu'il n'y ait eu une erreur d'analyse, d'où il est résulté une négation de toute trace de soude et conséquemment de chlorure de sodium. Quand on ne dose une matière que par différence, et c'était le cas pour la soude, on ne saurait trop prendre de précautions pour ne pas être induit dans quelque erreur qu'aucune expérience directe ne vient démontrer.

Le même mouton ayant reçu, pendant une quatrième semaine, 15 grammes de sel par jour, son urine a été recueillie ; un litre de cette urine a fourni 39^{gr}.20 de sels solubles dans l'eau, et composés comme il suit :

	gr.
Chlorure de potassium	6.20
Carbonate de potasse	6.00
Sulfate de potasse	3.74
Chlorure de sodium	23.26
	39.20

Cette quantité de chlorure de sodium est très considérable sans doute, mais il ne serait pas légitime quant à présent d'en conclure que tout le sel ingéré a été rejeté avec l'urine comme inutile. En combien de temps, en effet, le litre d'urine analysé avait-il été sécrété ? M. Daurier ne le dit pas. Seulement il faut conclure de ses observations que ce temps devait être beaucoup plus long qu'un jour. Il a vu effectivement que le volume de la vessie du mouton est remarquable par sa petitesse. « Au premier abord, dit-il, cet organe peut paraître disproportionné avec la taille de l'animal ; mais si l'on réfléchit que, dans son état naturel, il vit sur les montagnes, il se nourrit d'aliments secs et boit peu, cette anomalie apparente n'aura plus lieu de surprendre. »

Mais voici un fait bien autrement en contradiction avec la conclusion de la sécrétion par les reins de la totalité du sel ingéré; M. Braconnot ayant analysé l'urine de quatre moutons ayant reçu constamment 10 grammes de sel par jour, n'y a pas trouvé la moindre trace de chlorure de sodium, de telle sorte que cette fois aucune portion du sel ingéré ne serait sortie avec les urines. Il est vrai que M. Daurier cherche à expliquer cette contradiction entre les deux analyses par cette circonstance, que les quatre dernières bêtes ovines, « en sortant de l'étable pour aller à la boucherie, ont pris du mouvement tant dans le trajet qu'en passant à la bascule de l'octroi, et sont restées exposées pendant quelque temps à une température froide et humide. Or, pendant cet intervalle, l'urine des moutons a pu être expulsée et remplacée dans la vessie par l'humeur de la transpiration plus ou moins entravée sous l'influence de l'air froid et brumeux. » Cette dernière hypothèse a un certain fondement, en ce sens que l'humeur de la transpiration a bien pu *étendre* l'urine, délayer ses sels dans une plus grande quantité d'eau ; mais elle n'a pu faire disparaître ces sels. Tout ce qu'il serait possible de conclure de là, c'est que, dans certaines circonstances, le sel est sécrété par les reins et entre dans l'urine, tandis que, dans d'autres circonstances, cette sécrétion n'a pas lieu. Une nouvelle étude pourra seule éclairer la question.

La discussion à laquelle nous venons de nous livrer, et la difficulté que nous avons eue à coordonner tous les faits relatifs à la composition et au rendement des diverses urines, montrent combien il est nécessaire que tout observateur ne néglige aucune des précautions qui peuvent assurer l'exactitude et la *comparabilité* de ses observations, et à quel point il faut se garder, quand on est conduit à s'occuper d'une question, de laisser à l'ombre quelques éléments qui au premier abord paraissent inutiles ; plus tard les éléments négligés deviendraient les plus importants à connaître, et toute une série de pénibles recherches est comme non avenue, parce que quelques soins de peu de gravité en apparence ont été évités.

III.—*Des mucosités.*

Les sécrétions muqueuses n'ont pas d'importance sous le rapport de leur quantité ; il est

cependant curieux de constater qu'elles contiennent toutes de la soude ou du chlorure de sodium.

Nous n'avons pas à parler en ce moment du
mucus que l'on rencontre dans l'intérieur de
l'organisme et qui est sécrété par les membranes séreuses et muqueuses tapissant les conduits et réservoirs digestifs ; ce mucus ne donne
pas lieu à une dépense, mais seulement à une
mutation des tissus, et ce que nous avons dit
précédemment dans le chapitre consacré au sel
dans les organes suffit amplement pour montrer
l'importance de la soude et du sel ordinaire
dans cette mutation.

Les mucosités externes donnant lieu à une
perte, à une dépense, sont les mucosités buccales et nasales, les larmes, le cérumen du conduit auditif ; elles ont, comme on voit, une
fonction générale, c'est d'entretenir les sens
dans un état d'humidité et de souplesse convenable ; le sel marin remplit ce but.

Les mucosités buccales ne sauraient être dis-
tinguées de la salive étudiée précédemment, et
nous n'avons rien à ajouter à ce que nous avons
déjà dit.

Quant aux mucosités nasales qui ont pour
fonction d'empêcher que la membrane sur laquelle est étalé le nerf olfactif ne se dessèche
pendant la respiration, et de retenir la poussière
suspendue dans l'air inspiré, elles sont évacuées,
et par conséquent elles doivent être examinées

dans le chapitre actuel sous le rapport tant qualitatif que quantitatif. M. Berzélius a trouvé[1] qu'elles sont composées ainsi qu'il suit :

Matière animale particulière.	53.3
Extrait soluble dans l'alcool et lactate alcalin.	3.0
Chlorure de sodium et chlor. de potassium.	5.6
Extrait soluble dans l'eau, avec des traces d'albumine et d'un phosphate.	3.5
Soude combinée avec la matière animale. .	0.9
Eau.	933.7
	1,000.0

Il n'y avait pas avant nous d'expériences relatives à la détermination du poids auquel peuvent s'élever les sécrétions buccales et nasales rejetées chaque jour hors de l'organisme. Dans les recherches que nous avons effectuées pour établir la statique chimique du sel dans l'homme, nous avons trouvé pour les excrétions du nez et de la bouche 61 grammes en cinq jours, soit 12gr.2 par jour. Ces excrétions recueillies ensemble avaient la composition suivante :

Eau.	957.672
Matière organique sèche. .	29.640
Chlorure de sodium. . . .	6.508
Autres sels minéraux fixes. .	6.180
	1,000.000

La quantité totale du chlorure de sodium ainsi excrété en cinq jours a été de 0gr.397, soit moyennement 0gr.079 en 24 heures.

(1) *Traité de chimie*, t. VII, p. 463.

L'humeur vitrée et l'humeur aqueuse, les deux liquides qui remplissent les deux globes de l'œil, ont la composition suivante, d'après M. Berzélius qui a opéré sur l'œil du bœuf :

	Humeur vitrée.	Humeur aqueuse.
Chlorure de sodium avec un peu de matières extractiformes. .	14.2	11.5
Substance soluble dans l'eau. .	0.2	7.5
Albumine.	1.6	traces.
Eau.	984.0	981.0
	1,000.0	1,000.0

La dessiccation de la cornée se ferait extérieurement sans les larmes, entraînerait son opacité et amènerait tôt ou tard la perte de la vue. Les larmes sont sécrétées par une glande particulière située derrière les téguments de l'œil, à sa partie supérieure et externe. Elles coulent continuellement par leurs canaux excréteurs sur la cornée, et gagnent le bord de la paupière inférieure vers l'angle interne, où elles sont pompées pour être conduites à la surface de la membrane muqueuse du nez. Il est difficile d'en recueillir une quantité suffisante pour en faire une analyse complète; Fourcroy et Vauquelin sont les seuls chimistes qui les aient examinées; elles ne leur ont pas semblé différer sensiblement de l'humeur aqueuse de l'œil dont on vient de voir la composition.

Quant au cérumen dont le rôle est d'empêcher les insectes de pénétrer dans le conduit au-

ditif interne, il renferme, d'après M. Berzélius,
une combinaison émulsive d'une graisse molle
et d'albumine avec une matière particulière; un
extrait jaune amère, soluble dans l'alcool; une
matière extractiforme soluble dans l'eau, et des
lactates alcalins et de chaux; il ne contient ni
chlorure, ni phosphate soluble dans l'eau.

En résumé donc, sans chlorure de sodium,
quatre de nos sens, la vue, l'odorat, le goût, le
toucher, seraient placés dans des conditions nuisibles à leur conservation; la soude ou le chlorure de sodium se retrouvent dans les humeurs
de l'œil, dans les mucosités du nez, dans la salive qui humecte la bouche, dans l'humeur de
la transpiration qui baigne la peau. Les organes de l'ouïe seuls, à en juger du moins par les
analyses connues jusqu'à ce jour, échappent à
cette loi générale.

IV.— *Des matières excrémentitielles.*

Après les urines, les excrétions les plus importantes sont les matières fécales qui se composent du résidu des aliments non absorbés dans
la digestion et des produits des sécrétions in-
térieures non susceptibles d'être absorbés de
nouveau. Il n'est pas facile de faire une séparation exacte de ces deux sortes de matières, et
encore moins de distinguer les uns des autres
les divers produits des sécrétions. Une tentative

a cependant été faite par M. F. Simon en 1841[1];
ce chimiste a examiné le méconium d'un nouveau-né, c'est-à-dire les matières qui s'accumulent dans le tube intestinal du fœtus, et qui ne
sont formées que par les produits des sécrétions.
Une pareille analyse, rapprochée de celle faite
par le même expérimentateur sur les excréments
du même enfant âgé de huit jours, peut donner
une idée de la nature des produits des sécrétions qui sont évacuées avec les résidus des aliments, mais elle ne saurait donner aucun renseignement sur les rapports existants entre ces
deux parties des évacuations alvines. Voici les
nombres donnés par M. Simon :

MÉCONIUM SEC.

Cholestérine.	160
Matières extractives et bile	140
Caséine	340
Matières biliaires	100
Mucus, albumine, épithélium. . . .	260
	1,000

EXCRÉMENTS SECS.

Matières grasses. , ...	520
Matières biliaires.	160
Albumine ou caséine coagulée. . .	140
Eau et perte	140
	1,000

Les excréments ne contenaient plus de cholestérine ni de débris épithéliques; ils avaient

(1) *Hand. der med. Chemie*, t. I, p. 76.

les autres matières contenues dans le méconium, et particulièrement des produits venant
de la sécrétion biliaire.

Les analyses de M. Simon ne donnent, du
reste, aucun renseignement relatif à la question principale qui nous occupe, car ce chimiste ne s'est occupé ni d'analyser ni même
de déterminer les quantités de cendres contenues dans les échantillons d'excréments.

Selon M. Berzélius, les matières fécales doivent contenir, outre les résidus insolubles de la
nourriture épuisée : 1° ce qui s'est précipité de la
bile dans le duodénum, lors du travail digestif ;
2° de la bile non décomposée, mais aussi non
absorbée ; 3° du mucus intestinal ; 4° des sels
accumulés, qui n'ont point été absorbés.

M. Liebig pense que la bile ne passe nullement dans les excréments, mais qu'au contraire
toutes les parties de la bile qui n'ont pas perdu
leur solubilité retournent dans l'organisme ; il
fonde son opinion sur ce que dans les matières
fécales on ne retrouve pas une quantité de soude
et de matières biliaires en rapport avec la totalité de bile sécrétée en un jour ; dans les matières excrémentitielles il n'y aurait que les portions de la bile rendues insolubles pendant la
digestion.

L'opinion de l'illustre chimiste de Giessen nous semble reposer sur des faits incon-
testables ; nous allons voir, en effet, que les

excréments contiennent peu de soude, et bien moins de bile qu'il n'en est sécrété journellement.

Race humaine. — On conçoit que les quantités relatives des divers éléments des matières fécales doivent varier en raison des aliments, des boissons, de l'état de la santé, etc. Comme peu d'analyses de ces produits désagréables à étudier ont été faites jusqu'à présent, il n'est guère possible de donner des généralités applicables à tous les cas. Nous sommes réduit à citer seulement l'analyse publiée, il y a quarante ans déjà, par M. Berzélius, et les résultats de nos recherches particulières.

Les matières fécales, analysées par M. Berzélius, provenaient d'un homme qui avait mangé du pain bis et de la viande; elles offraient une masse cohérente et elles ne réagissaient ni à la manière des acides, ni à la manière des alcalis; voici leur composition :

Eau	753.0
Bile	9.0
Albumine	9.0
Matière extractive particulière	27.0
Lactate de soude	4.6
Sulfate de soude	1.8
Chlorure de sodium	3.1
Phosphate de chaux et de magn.	3.2
Silice	3.2
Matière organ. insoluble provenant des aliments non digérés	66.1
Matières insolubles provenant des sécrétions intestinales	120.0
	1,000.0

M. Berzélius n'a trouvé que 3.1 de chlorure de sodium en nature sur 1,000 parties, et en autres sels une quantité équivalente à 4.3 du même chlorure, c'est-à-dire en tout 7.8 de sel ordinaire pour 1,000 d'excréments. Or l'homme ne fournit en vingt-quatre heures, d'après les expériences dé Dalton[1], que 165 grammes de matières fécales ; d'après celles de M. Valentin[2], que 191 gr. ; d'après les nôtres, que 142 gr. Ces quantités, en prenant pour base du calcul l'analyse de M. Berzélius, n'entrainent que $1^{gr}.11$ à $1^{gr}.49$ de chlorure de sodium, tant en nature qu'en sels de soude équivalents.

Dans les analyses des excréments humains que nous avons faites, nous avons trouvé :

	Homme de 29 ans.		Homme de 59 ans.
	I.	II.	
Eau..............	750.847	727.030	812.416
Matière organique sèche.	207.556	226.266	150,685
Chlorure de sodium...	0.747	0.477	0.723
Autres sels minér. fixes..	40.850	46.227	36.131
	1,000.000	1,000.000	1,000.000

	Femme de 32 ans.	Garçon de 6 ans.
Eau..............	733.373	742.815
Matière organique sèche..	213.012	223.071
Chlorure de sodium....	1.487	0.469
Autres sels minéraux fixes.	34.128	33.645
	1,000.000	1,000.000

(1) *Edinb. new philos. journ.*, nov. 1832, janv. 1833.
(2) *Physiol. der Menschen*, t. I, p. 714.

La quantité de chlorure de sodium rendue par jour n'a été, dans nos expériences, que de $0^{gr}.106$ à $0^{gr}.127$. Ce résultat est plus faible encore que celui de M. Berzélius, qui a trouvé $0^{gr}.440$, c'est-à-dire quatre fois plus.

Il est donc juste de dire que presque toute la soude ingérée entre dans la circulation, pour pénétrer dans l'organisme et être en partie rejetée avec les urines, en partie distribuée dans les diverses humeurs, et aussi pour rester en partie dans le corps à divers états.

On n'a pas encore déterminé la proportion d'azote contenue dans les excréments humains : l'analyse nous a fourni les résultats suivants :

Dans une première expérience, nous avons trouvé 9.56 d'azote p. 100 de matière organique des excréments; 7.97 p. 100 d'excréments secs; 1.99 p. 100 d'excréments humides.

Dans une deuxième expérience entreprise sur d'autres matières fécales, nous avons trouvé 7.30 d'azote p. 100 de matière organique des excréments; 6.05 p. 100 d'excréments secs; 1.65 p. 100 d'excréments humides.

Race chevaline. — A notre connaissance la composition des excréments du cheval n'a été recherchée avec quelques détails que par MM. Valentin et Brunner[1]; nous trouvons pour la moyenne des quatre analyses que rapportent ces auteurs les nombres suivants :

[1] *Handwœrterbüch der physiol.*, p. 418.

Silice.	7.7
Chlore.	0.3
Acide sulfurique.	0.1
Acide phosphorique..	0.2
Acide carbonique et alcalis (soude et potasse)	6.0
Chaux.	1.9
Magnésie.	0.7
Cendres.	16.9
Matières organiques. . . .	165.9
Eau.	817.2
	1,000.0

Dans ses recherches sur l'alimentation du
cheval, M. Boussingault[1] a trouvé pour la composition des excréments de cet animal les nombres suivants qui, malheureusement, sont peu
détaillés; nous les rapprochons de ceux que
M. Girardin, de Rouen, a obtenus[2] :

	Boussingault.	Girardin.
Eau.	752.7	783.6
Matières organiques..	207.0	191.0
Cendres.	40.3	25.4
	1,000.0	1,000.0

Ces nombres diffèrent notablement de ceux
des expériences de MM. Valentin et Brunner;
la divergence porte particulièrement sur l'excès
de matière solide qu'a trouvée M. Boussingault.

(1) *Ann. de chimie et de phys.*, 2ᵉ série, t. LXXI,
p. 135, et *Economie rurale*, t. II, p. 355.
(2) *Des fumiers considérés comme engrais*, p. 21.

Quand nous remarquons, en outre, que M. Boussingault ne trouve que :

14^k.250 d'excréments par jour,

tandis que M. Valentin en a trouvé

17^k.167;

quand nous nous rappelons, enfin, que des remarques analogues se sont présentées à propos de la détermination de l'urine (*voir* le paragraphe II de ce chapitre), nous ne pouvons nous empêcher d'avoir un doute que nous soumettons à M. Boussingault : la stalle où était placé le cheval mis en expérience n'a-t-elle pas laissé passer à travers une fissure inaperçue une portion du liquide? Une autre circonstance perturbatrice, donnant également lieu à une perte d'urine, ne s'est-elle pas présentée? Cette cause d'erreur expliquerait complétement les divergences des deux déterminations qui sont les seules qui aient été faites jusqu'à présent, car cette divergence ne porte que sur une quantité d'humidité en plus ou en moins dans l'une des expériences.

S'il n'y a pas erreur d'expérience, il faut en conclure que les quantités d'urine et d'excréments rendus par le cheval varient dans une proportion bien plus forte que cela ne se rencontre pour l'homme. Nous allons voir tout à l'heure que des variations très considérables se présentent pour la vache; la même chose peut avoir lieu pour le cheval.

Nous admettons, faute de moyens d'établir la vérité sur une base plus certaine, les chiffres de M. Valentin. Il en résulte que les excréments de cheval contiennent 6.6 pour 1,000, tant en sulfate, phosphate ou carbonate de potasse ou soude, que chlorure de potassium ou de sodium (le carbonate provenant ou de la matière fécale elle-même, ou de la combustion de sels acides organiques). Cette proportion correspond à une dépense journalière de 113 grammes de sels à base de potasse ou de soude. Malheureusement il n'a pas été fait de distinction entre ces alcalis, et cette circonstance nous empêche de tirer, en ce moment, aucune conséquence pour la question qui nous occupe.

Race bovine. — MM. Einhof et Thaër ont, les premiers, fait quelques expériences sur les excréments des bêtes à cornes; ils ont trouvé qu'ils n'étaient ni acides, ni alcalins, et qu'ils renfermaient :

Eau..	719
Fibre végétale non digérée retenue sur une toile fine.	155
Sable séparé par la lévigation. . .	12
Matière entraînée par l'eau à travers la toile et sels.	112
	1,000

Une autre analyse plus complète a été faite
par M. Morin, qui a trouvé :

Eau..	700.0
Débris végétaux..	240.8
Résine verte et acides gras.. .	15.2 ⎫
Matière biliaire inaltérée. . .	6.0 ⎪
Matière extractive particulière	16.0 ⎬ 59.2
Albumine..	4.0 ⎪
Résine de la bile.	18.0 ⎭
	1,000.0

M. Morin a en outre constaté que 1,000 parties d'excréments frais laissaient, après dessiccation et combustion, 20 p. 100 de cendres
contenant de la silice, des chlorures, des sulfates et des phosphates alcalins, du carbonate
et du sulfate de chaux, de l'alumine et de l'oxyde
de fer.

M. Girardin, de Rouen, dit avoir trouvé les
résultats suivants[1] pour les excréments d'une
vache :

Eau.	797.24
Matières organiques.	160.46
Cendres.	42.30
	1,00.00

Il est regrettable, pour la recherche à laquelle
nous nous livrons, que les sels de soude ou tout
au moins le chlore n'aient pas été dosés spécialement.

(1) *Loco citato.*

Dans ses recherches sur l'alimentation de la vache [1], M. Boussingault a trouvé :

	Excréments par jour.	Composition des excréments
Pour une vache nourrie avec 16 kilogr. de pom. de terre et 7^k.500 de foin de prairie de 1re qualité. . . . . kil. 28.413		Eau. . . . . 859.3 Mat. grasses. 123.8 Cendres. . . 16.9 —————— 1,000.0
Dans une expér. faite durant 17 j. sur 2 vaches nourries avec 64 kil. de betteraves chacune, en moyenne chaque jour. . 7.677		Eau. . . . . 841 Mat. grasses. 35 Autres mat. . 124 —————— 1,000
Dans une 2e exp. faite dur. 17 j. sur les 2 mêmes vach. reposées, nour. avec 15^k.7 de regain de foin, par jour chacune. 24.000		Eau. . . . . 786 Mat. grasses. 35 Autres mat. . 179 —————— 1,000
Dans une 3e exp. faite dur. 14 j. sur les mêmes vaches nour. av. 38^k.4 de pommes de terre, par jour chacune. 16.500		Eau. . . . . 765.0 Mat. grasses. 1.4 Autres mat. . 233.6 —————— 1,000.0

Ces résultats sont très intéressants, parce qu'ils montrent combien les quantités et la composition des excréments de la vache diffèrent lorsque l'on change la nature de ses aliments. On peut en tirer des conséquences plus curieuses qu'un tel fait qu'il était très facile de prévoir à à l'avance, sauf toutefois les limites entre lesquelles s'effectuent les variations. Nous remarquerons d'abord que les rapports entre les poids

(1) *Ann. de chimie et de phys.*, 2e série, t. LXXI, p. 111, et 2e séric, t. XII, p. 153.

des matières excrémentitielles et ceux des aliments solides ont été :

                Dans l'alimentation mixte. 1.209
                    —   aux betteraves. 0.129
                    —   au regain de foin.. . . . 1.528
                    —   aux pommes de terre.. . 0.429

Rien n'est plus variable que ces rapports, comme on voit ; mais certains aliments absorbant, pour être digérés, des quantités d'eau très considérables, comme nous l'avons constaté précédemment [1] en parlant du sel considéré dans la salive, on ne doit peut-être pas s'étonner de ce que les matières excrémentitielles correspondantes sont aussi plus chargées d'eau que les aliments eux-mêmes. Pour arriver à un phénomène indépendant de cette eau additionnelle, défalquons l'humidité des aliments et des matières fécales ; nous obtiendrons les résultats suivants :

Alimentation.	Aliments secs.	Excréments secs.	Rapports entre les excréments et les aliments secs.
	kil.	kil.	
mixte.	10.763	3.998	0.371
aux betteraves. . .	3.200	1.220	0.381
au regain de foin..	13.219	5.136	0.388
aux pom. de terre.	10.675	3.878	0.363
Rapport moyen. . . .			0.376

On aperçoit alors, d'une manière nette, un

(1) Chap. II, § 1, p. 34.

fait très curieux, c'est la constance du rapport
qui existe entre les excréments et les aliments
également desséchés de la vache, quelle que soit
la nature de l'alimentation [1]. D'où provient ce

(1) Nous devons dire que l'alimentation aux betteraves eût fait exception à la loi que nous signalons, si
nous n'avions défalqué la quantité de sucre qui y est
contenue. La composition moyenne de la betterave est
la suivante :

    Eau. 87
    Matière soluble dans l'eau (sucre).,   8
    Substances insolubles   5
                                          ————
                                           100

Or, il est évident que le sucre ne pouvait jouer le
même rôle que les matières solides ordinairement contenues dans les aliments ; dissous dans l'eau de la boisson, il passe aussitôt dans le sang où il est brûlé, et il
n'est pas soumis au travail de la chymification, travail
qui donne lieu aux excréments ; il n'est donc pas possible de la compter comme aliment solide ordinaire
comparable aux autres matières existant soit dans la
betterave même, soit dans le regain de foin, soit dans
la pomme de terre.
Il est à remarquer en outre que, durant l'alimentation
aux betteraves, les vaches ne recevaient journellement
qu'une bien faible quantité de matériaux solides, 3k.200
sans compter le sucre, 8k.320 en en tenant compte, au
lieu de 11 kilogr. dans les autres alimentations. Cette
observation nous semble donner la raison de l'amaigris-
sement si considérable qu'a observé M. Boussingault durant les 17 jours du régime des betteraves. Les fonctions
animales ne pouvaient évidemment pas se remplir
convenablement, de telle sorte que si l'on ne voulait pas
nous accorder la correction que nous faisons subir au
rapport en question dans le cas de l'alimentation aux
betteraves, on ne pourrait pas objecter cette expérience
contre la loi que nous signalons, parce qu'elle s'est faite
dans des conditions anormales.

fait? à quelle loi physiologique se rattache-t-il ?
Nous ne saurions le dire, dans l'état actuel de
la science ; mais il nous a semblé qu'il était digne d'être constaté.

Race porcine. — Nous ne connaissons pas
d'autres données sur les quantités des matières
excrémentitielles rendues par le porc que celles
qui se trouvent dans le mémoire de M. Boussingault *sur le développement de la graisse
pendant l'alimentation des animaux*[1]. D'a-
près cet agronome, un porc à l'engrais rend
par jour 806 grammes d'excréments secs contenant 41 p. 100 de cendres. Ce résultat indique une perte de 125 grammes de matières
salines par jour, tandis qu'il n'en existait dans
les aliments que 70 grammes ; la différence n'est
peut-être qu'apparente, à cause de la terre qui
pouvait salir la pelure des tubercules formant
la nourriture et dont il n'a pas été tenu compte.

D'un autre côté, M. Girardin, de Rouen,
donne l'analyse suivante :

Eau.	750.0
Matières organiques.	201.5
Cendres.	48.5
	1,000.0

Aucun renseignement n'existe d'ailleurs sur
la quantité de soude ou de chlorure de sodium
rejetée avec les matières fécales.

[1] *Ann. de chimie et de phys.*, 3ᵉ sér., t. **XIV**, p. 419.

Race ovine. — Il n'a encore été publié jusqu'à présent, à notre connaissance, aucune recherche sur la quantité des excréments rendus chaque jour par le mouton. Quant à leur nature, M. Girardin donne les indications suivantes qui, malheureusement, nous laissent dans l'ignorance la plus complète relativement au chlorure de sodium qui peut y être contenu :

<pre>
Eau. . . . . , ...   687.1
Matières organiques. . . .   231.6
Cendres. 81.3
                            ─────────
                             1,000.0
</pre>

CHAPITRE VI.

Du sel existant naturellement dans les aliments.

La statique du sel, c'est-à-dire l'équilibre qui doit exister entre la quantité de sel absorbé et rendu par les divers animaux, ne saurait être calculée qu'autant qu'on connaîtra bien la proportion de chlorure de sodium entrant naturellement dans la composition même des aliments, indépendamment de celle que l'on ajoute habituellement. Nous devons par conséquent consacrer un chapitre à la détermination du chlorure de sodium qui existe dans chaque substance alimentaire. Cela posé, nous calculerons la proportion qui entre ainsi, indépendamment de la volonté, dans la ration alimentaire de l'homme et des divers animaux domestiques.

I. — De la viande.

Les nombreux renseignements analytiques que nous avons discutés précédemment dans le chapitre relatif au sel contenu dans la chair du bœuf, du porc et du mouton, nous évitent de donner ici de nouveaux détails.

Il en résulte que

100 kilogr. de viande renferment au plus 113 grammes de chlorure de sodium.

Dans des dosages directs que nous avons effectués sur la chair de bœuf et sur celle de veau, nous avons trouvé pour 100 kilogrammes :

sel.

Dans la viande de bœuf . . . . . . 15 gr.
Dans celle de veau.. 80

Si l'on se rappelle que la chair d'un animal abattu est toujours mélangée d'une quantité variable de sang, liquide qui contient spécialement le chlorure de sodium, ces différences n'auront rien qui puisse surprendre.

II. — Des plantes.

On sait que la composition des cendres des plantes dépend de la nature et de la composition des sels renfermés dans le sol arable. Selon les diverses localités, les plantes alimentaires

10

peuvent donc contenir des proportions très différentes de sel ordinaire. Pour déterminer la quantité de chlorure de sodium qui se trouve naturellement ingérée avec chaque plante, il est par conséquent essentiel d'examiner les variations que subit sa composition lorsqu'on passe d'une localité à une autre. Nous allons rassembler dans ce paragraphe tous les renseignements parvenus à notre connaissance.

D'après les analyses faites par M. Boussingault à Bechelbronn (Alsace), 100 kilogr. des diverses plantes renferment les proportions suivantes de soude [1] :

	Soude.	Chlorure de sodium équivalent [2].
Pommes de terre. .	traces.	traces.
Betteraves.	46 gr.	87 gr.
Navets.	23	44
Topinambours. . .	traces.	traces.
Froment.	traces.	traces.
Paille de froment. .	16	29
Avoine.	0	0
Paille d'avoine. . .	160	299
Trèfle..	8	15
Pois.	71	133
Haricots.	0	0
Fèves.	0	0

(1) Nous avons fait les calculs en nous servant de tous les renseignements donnés par l'habile agronome dans son *Économie rurale*, t. II, p. 278 à 327 ; nous avons pensé pouvoir supprimer les détails de ce travail.

(2) Les quantités de chlorure de sodium sont en général beaucoup plus fortes que celles qui correspondraient aux proportions de chlore existant dans les plantes, d'après les analyses de M. Boussingault ; mais nous avons dû les indiquer, parce que c'est surtout le

Ces chiffres montrent déjà dans quelles proportions variables la soude pénètre dans l'organisme selon le mode d'alimentation. Tandis que les pommes de terre, les haricots, l'avoine, etc. n'apportent que des traces de soude ou de chlorure de sodium, la paille, les betteraves, les fourrages fournissent assez abondamment ces substances. Ainsi donc, selon le mode d'alimentation, il faut varier la quantité de sel d'assaisonnement.

Maintenant, nous allons voir, par des analyses faites sur les mêmes plantes récoltées sur des terrains différents, que la nécessité du sel est loin d'être partout la même.

Dans sa première note, relative à l'influence que le sel, ajouté à la ration, exerce sur le développement du bétail, M. Boussingault[1] a donné le tableau suivant pour la proportion de sel renfermée dans 100 kilogr. de :

chlorure de sodium équivalent à la soude de l'organisme que nous avons toujours donné dans le cours de notre travail. D'ailleurs, les procédés actuels d'analyse permettent rarement de décider si, dans un mélange de plusieurs sels de soude et de potasse, la soude se trouve plutôt combinée avec tel acide qu'avec tel autre. Enfin, la même raison que nous avons déjà donnée nous décide encore ici ; nous prenons l'hypothèse contraire à la question politique de la diminution de l'impôt du sel.

(1) *Ann. de chimie et de phys.*, 3ᵉ série, t. X, p. 124. M. Boussingault n'a pas indiqué les auteurs des analyses d'après lesquelles il a établi ses calculs ; nous ne savons pas s'il les a faits en partant du chlore ou de la soude contenus dans le végétal, et s'il a fait entrer toute la soude en ligne de compte ; il n'est pas probable, toutefois, que cette dernière condition ait été remplie.

	Localités.	
	Alsace.	Allemagne.
	gr.	gr.
Foin de prairie . . .	255	»
Trèfle fané	261	»
Luzerne fanée. . . .	»	169
Pois coupés en fleur.	»	280
Paille de colza. . . .	»	700
Paille de froment. .	53	·50
Paille d'orge.. . . .	»	120
Paille d'avoine. . . .	220	8
Avoine.	11	»
Maïs.	traces.	»
Féves de marais. . .	35	75
Pois.	5	14
Haricots.	6	»
Chènevis..	»	5
Graine de lin. . . .	»	69
Glands..	»	3
Pommes de terre. .	43	»
Betteraves.	66	»
Navets..	28	»
Topinambours. . . .	33	»
Pissenlit, en vert . .	»	170
Choux..	40	35

M. Boussingault a donné, page 339 du tome II de son *Economie rurale*, la composition des cendres du foin de ses prairies de *Durrenbach*, qui sont irriguées par la Sauer, pour les récoltes de 1841 et 1842 ; nous en concluons que ce foin contenait, pour 100 kilogrammes :

	Chlorure de sodium.
Celui de 1841..	135 gr.
Celui de 1842.	267

Cet exemple démontre que, d'une année à

l'autre, la quantité de sel contenue dans le fourrage produit par une prairie irriguée, surtout par une eau aussi salée que celle de la *Sauer*, peut varier considérablement ; il indique en outre que, dans le tableau précédent, M. Boussingault a pris des chiffres bien plus voisins du maximum que du minimum.

Dans le mémoire où MM. Dailly père et fils ont rapporté leur expérience sur l'emploi du sel dans l'engraissement des moutons, on lit[1] que ces agronomes ont prié M. Boussingault de rechercher la quantité de sel contenue naturellement dans des échantillons des aliment qui lui ont été adressés de la ferme de Trappes (Seine-et-Oise), et de l'analyse donnée par le savant agriculteur et chimiste, on conclut que

		Sel.
100 kil. de regain de luzerne contenaient.		154 gr.
—	foin . . . . —	108
—	menue paille. . . . . . . —	140
—	son.. . . . . —	0
—	tourteau. . . . . —	0
—	pulpe de pomme de terre. —	14

Nul ne s'est occupé avec plus de soin et de détails des analyses des végétaux alimentaires que M. Boussingault ; aussi nous avons d'abord donné les résultats qu'il a consignés dans ses divers écrits. Nous allons maintenant rapporter

(1) *Mém. de la Soc. roy. d'agric. et des arts du dép. de Seine-et-Oise*, 47° année, p. 78.

les déterminations que nous rencontrons dans
divers auteurs ; on ne devra pas s'étonner de les
trouver incomplètes. Depuis un demi-siècle seulement on a commencé à apprécier par la balance les proportions des éléments des diverses
substances, et d'abord on s'est occupé de pesées
destinées à établir sur des bases certaines les
réactions chimiques ; de la théorie on est ensuite passé à la pratique, mais timidement et
peu à peu. Dans les premières analyses, relatives aux animaux et aux végétaux, on s'est plus
occupé de doser un ensemble de produits que
chacun des corps séparément. C'est la raison
pour laquelle les analyses de de Saussure, analyses si importantes pourtant, sur la composition des cendres des végétaux ne sauraient nous
servir pour le but que nous avons avons en vue ;
de Saussure a dosé les alcalis (potasse et soude)
sans chercher à les séparer, et encore son procédé d'analyse n'était-il pas exact. Les analyses
des autres auteurs ne nous procureront souvent,
pour la même raison, que des données très im-
parfaites.

Nous calculons, d'après les expériences de
M. Frésénius [1], que 100 kilogr. de seigle renferment 11 grammes de sel marin.

Les analyses de M. Thon [2], effectuées sur

(1) *Chimie appliquée à la physiol. végét. et à l'agric.*,
par M. Liebig, p. 345.
(2) *Ibid.*, p. 348.

des plantes de la récolte de 1842, provenant
des environs de Solm, dans la Hesse-Electorale,
nous donnent les résultats suivants :

	Chlorure de sodium en nature.	Chlorure de sodium en sels de soude divers équivalents.
100 kil. de pois sauvages contienn.	53 gr.	920 gr.
— pois jaunes. . . . . . —	72	545
— petites fèves de marais —	93	1,110
— froment. . . . . —	0	227
— luzerne. . . . . —	175	566

Les chiffres de la seconde colonne nous semblent extrêmement élevés, et nous n'y attachons
pas la même confiance qu'à ceux de la première,
attendu que les procédés d'analyse chimique
indiquent sans difficulté aucune les proportions
de chlore ; il n'en est pas de même, comme on
sait, de la détermination de la soude qui souvent
n'est dosée qu'indirectement, par différence.

Dans son *Cours d'agriculture*, M. de Gasparin [1] indique pour le pois une quantité de soude
qui correspond seulement à 150 grammes de
sel marin pour 100 kilogr. de ce légume.

Des analyses faites par Sprengel [2], qui a
laissé un grand nombre de documents importants sur la composition des végétaux, on conclut qu'il y a dans 100 kilogr. de paille :

(1) T. III, p. 789.
(2) *Annales de Roville*, t. VIII.

		Sel marin.
De froment une quant. de soude équiv. à		54 gr.
D'avoine . . . . *id.*		traces.
D'orge. . . . . *id.*		90
De seigle. . . . . *id.*		21
De millet. . . . . *id.*		161
De maïs . . . . *id.*		7
De fèves.. . . . . *id.*		94
De lentilles. . . . . . . *id.*		62
De vesces. . . . . *id.*		97
De pois. . . . . *id.*		traces.
De colza.. . . . . *id.*		1,288
De sarrasin . . . . . . *id.*		116

Par des expériences directes, nous avons
trouvé :

	Chlorure de sodium.
Dans 100 kilogr. de pommes de terre. .	66 gr.
— de haricots secs..	108
— de carottes.	50
— de pois vert.	18

M. Payen nous a communiqué le premier
tableau inédit ci-contre relatif à la composition
de plusieurs substances alimentaires ; quoiqu'il
n'indique pas la quantité de chlorure de sodium
contenue dans les substances, nous le plaçons
ici à cause des renseignements curieux qu'il
renferme.

Nous devons également à l'obligeance de
M. Payen le second tableau qui suit et qui fait
connaître l'augmentation de la quantité de
chlorure de sodium qui entre dans la composition du fourrage ou de la paille lorsque la récolte se fait sur un terrain salé ou sur un terrain
non salé.

Composition de plusieurs substances alimentaires analysées par M. Payen, membre de la commission des essais agricoles du Conservatoire des arts et métiers.

DÉSIGNATION DES SUBSTANCES.	EAU p. 100.	CENDRES p. 100 de matièr. normal.	CENDRES sèches.	AZOTE pour 100 de matières normal.	AZOTE sèches.	AZOTE organiq.	MAT. GRASS. p. 100 de matièr. normal.	MAT. GRASS. sèches.
Œuf.	74.67	»	5.29	2.18	8.62	9.10	10.45	»
Racine d'Amér. (*Psoralea esculenta*) Lamare Picquot	»	1.67	»	0.63	»	»	»	»
Bière Strasb. p. 1 lit. cont. 0.04 d'alcool pur (extr.).	48.44	»	3.93	0.81	»	»	»	»
Betterave entière.	»	»	6.08	»	1.11	»	»	»
Blé d'Amérique importé en 1847.	8.82	2.62	»	2.26	»	»	»	»
Farine du blé d'Amérique importée en 1847.	11.05	»	»	»	2.10	»	1.46	»
Pruneaux (matière charnue).	12.99	»	5.21	0.73	6.00	6.30	»	»
Marrons.	54.21	»	4.04	0.53	1.17	1.21	»	»
Châtaignes.	48.06	»	3.20	0.50	0.96	0.99	»	»
Pain de Mettray.	»	»	»	»	1.67	»	»	»
Igname venue de l'Inde analysée à l'état frais.	79.64	1.11	5.50	0.29	1.46	1.54	»	»
Igname (partie inférieure).	»	»	9.06	»	2.53	2.77	»	»
Graine de lin.	7.11	5.93	4.24	5.09	3.35	5.47	58.00	»
Figues commerciales (du midi).	21.43	»	4.57	0.94	1.21	1.26	»	»
Pain de munition (de la manut. du quai de Billy).	41.07	»	1.40	1.218	2.067	2.096	»	»
Pain de Paris.	41.21	»	1.43	1.249	2.126	2.156	»	»
Choux pommé.	89.87	»	10.89	»	2.42	2.72	»	»
Farine d'igname.	15.50	»	3.60	1.005	1.187	1.23	»	»
Farine de batate douce.	12.77	»	2.20	0.668	0.765	0.782	»	»
Fromage de Brie.	53.99	»	12.08	»	5.14	5.85	»	53.29
Fromage de Neufchâtel.	61.87	»	11.17	»	5.99	6.07	»	49.15
Fromage de Marolles.	40.07	»	9.91	»	6.24	6.92	»	47.95
Fromage de Rocquefort.	26.55	»	6.06	»	6.91	7.55	»	43.99
Fromage de Hollande.	44.41	»	10.61	»	7.01	7.84	»	42.78
Fromage de Gruyère.	32.05	»	7.05	»	7.96	8.56	»	41.84
Fromage de Chester.	30.39	»	6.88	»	8.00	8.59	»	36.61
Fromage de Parmesan.	30.31	»	10.18	»	7.87	8.76	»	51.12

Composition comparative de divers fourrages récoltés sur des terres salées et non salées, et analysées par M. Payen.

FOURRAGES.	EAU pour 100.	CENDRES p. 100 de matières		AZOTE pour 100 de matières			CHLORURE de sodium pour 100	
		normales	sèches.	normales	sèches.	organiq	de cendr.	de matiè. sèches.
Foin de Saint-Gilles (terrain salé).	13.0	» »	9.19	» »	1.729	1.89	32.86	3.02
Foin d'Orange récolté en mai (terrain non salé).	13.5	» »	9.71	» »	1.39	1.54	14.93	1.45
Foin d'Orange récolté en juillet (terrain non salé)..	13.8	» »	9.86	» »	1.723	1.91	15.82	1.56
Foin d'Orange récolté en octobre (terrain non salé)	14.0	» »	9.65	» »	1.98	2.20	12.74	1.23
Paille récoltée sur un terrain salé.	11.0	» »	6.85	» »	» »	» »	14.59	1.00
Paille récoltée sur terrain ordinaire non salé.	10.0	» »	4.44	» »	» »	» »	14.18	0.63

Des chiffres contenus dans ce tableau, il résulte qu'à l'état normal les fourrages analysés par M. Payen contiendraient :

	Pour 100 kilogr.	Chlorure de sod.
Foin de Saint-Gilles (terrain salé).		2,627gr.
Foin d'Orange récolté en mai (ter. non salé).		1,254
Foin d'Orange récolté en juillet. . . *id.* . .		1,345
Foin d'Orange récolté en octobre. . *id.* . .		1,058
Paille récoltée sur un terrain salé.		890
Paille récoltée sur un terrain non salé. . .		567

Ces nombres paraissent très considérables quand on les compare à tous ceux qui résultent des analyses précédemment citées; ils prouvent combien les quantités de chlorure de sodium peuvent varier avec les localités.

Ainsi que nous avons déjà eu occasion de le remarquer, les contestations que nous avons à redouter ne sauraient concerner que des conclusions favorables à l'emploi du sel ; par conséquent nous devons admettre toutes les données qui sont les moins propres à faire ressortir les avantages de cet emploi ; si les avantages apparaissent encore évidemment, les résultats de notre travail seront à l'abri de toute récusation. Nous pourrions, en conséquence, nous contenter de faire tous nos calculs d'après les quantités *maxima* résultant des analyses connues, s'il s'agissait seulement de faire ressortir l'utilité de l'addition du sel à la ration alimentaire. Mais comme nous devons tâcher de décider dans quels cas, dans quelles circonstances, cette addition est ou nécessaire, ou inopportune, nous rapprocherons dans le tableau suivant les *minima* et les *maxima* des proportions de chlorure de sodium contenues dans les différentes substances alimentaires :

CHLORURE DE SODIUM POUR 100 KILOGRAMMES.

Aliments farineux.

	Minima.	Maxima.
Froment.	» gr.	0 gr.
Son.	»	0
Tourteau	»	0
Avoine.	0	11
Maïs.	0	traces.
Pois.	5	150
Fèves de marais.	»	93
Haricots et légumes secs.	0	108

Racines et tubercules.— Légumes divers.

Pommes de terre.	0	66
Betteraves.	66	87
Navets.	28	44
Topinambours.	0	33
Choux.	35	40
Pissenlit.	»	170

Fourrages.

Foin de prairie.	108	1,345
Trèfle fané.	15	261
Luzerne fanée.	169	175
Regain de luzerne.	»	154
Paille moyenne.	122	567

III.—*Des aliments préparés.*

Nous n'avons à nous occuper des aliments préparés que pour remarquer que la quantité

de sel qui s'y trouve naturellement est la même
que celle qui existe dans les substances alimentaires d'où ils proviennent ; seulement de l'eau
y est en général ajoutée. Ainsi, le pain contient, d'après les expériences d'une commission
nommée en 1839 pour déterminer le rendement
de la farine en pain, 35 p. 100 d'eau. M. Liebig
a trouvé, pour le pain de munition des soldats
de la garde grand-ducale de Hesse-Darmstadt,
31.418 p. 100 d'eau. Dans mes expériences,
j'ai trouvé 33 p. 100 d'eau, et le tableau précédent, de M. Payen, donne 41 p. 100. Nous
tiendrons compte de cette quantité d'eau et du
sel qui peut s'y trouver naturellement. Mais
nous ne devrons pas faire entrer dans nos calculs destinés à évaluer le chlorure de sodium
existant naturellement dans les aliments, la
quantité de sel que les boulangers ajoutent
dans la fabrication du pain.

Quand il s'agira, au contraire, de tenir compte
de la quantité de sel entrant artificiellement
dans l'alimentation, il faudra connaître la proportion de sel qui se trouve dans le pain. Nous
avons constaté par l'analyse directe que la proportion de sel ajoutée par les boulangers est très
variable. Cela dépend des habitudes des populations ; nous savons, par exemple, que le pain est
de plus en plus salé à mesure que l'on descend
plus bas sur les bords de la Loire. A Paris, il n'y
a qu'environ 250 gr. de sel par 100 kil. de pain.

Nous ajouterons encore en terminant ce court paragraphe destiné aux aliments préparés que nous avons trouvé :

		Sel.
Dans 100 kilogr.	de beurre	25 gr.
Id.	de fromage de gruyère.	504
Id.	de jambon..	2,076

IV.— *De l'eau.*

La quantité de chlorure de sodium qui existe dans les eaux potables est très variable. On en juge par les résultats suivants :

CHLORURE DE SODIUM DANS 100 LITRES D'EAU.

Eaux qui se rendent à Paris [1].

	gr.
De Belleville et Ménilmontant, au regard de Saint-Maur. .	2.3
Des prés Saint-Gervais, fontaine du Chaudron.. . . .	gr. 2.9
De la Beuvronne, fontaine du Ponceau.	0.0
De la Bièvre, avant son entrée dans Paris.	1.1
D'Arcueil, fontaine du palais de l'Institut..	0.2
De la Thérouenne..	0.0
De la Collinance.	0.9
De la Gergogne..	0.8
De l'Ourcq.	0.7
Du canal de l'Ourcq [2].. . . .	0.7

(1) Analyses faites en 1816 par M. Colin, sous les auspices d'une commission composée de MM. Thénard, Hallé et Tarbé.

(2) Formé par les eaux de l'Ourcq, de la Beuvronne, de la Thérouenne, de la Collinance et de la Gergogne.

Eaux diverses.

Eau de Seine clarifiée de Paris[1].	1.6
Eau de la Moselle[2]	0.3
Eau des sources de Vichy[3]. .	56.0
Eau de Plombières[4]	7.3
Eau sulfur. des Eaux-Bonnes[5].	34.2
Eau donnée aux bestiaux dans la ferme de Bechelbronn[6]. .	6.9
Eau donnée aux bestiaux dans la ferme de Trappes, appartenant à MM. Dailly. . . .	8.0
Source de Roye (Lyon)[7]. . . .	1.2
Rhône à Lyon[7]	traces.
Souce de Fontaine (Lyon)[8]. .	0.2
Source du Jardin des plantes de Lyon[8]	12.6
Loire près Orléans[9]	traces.
Loiret[9]	2.5

Eaux de la mer.

Méditerranée[10]	2,722.0
Manche[10]	2,705.9
Mer Noire[10]	1,402.0
Mer d'Azow[10]	965.8
Mer Caspienne[10]	367.3
Océan (près du Hâvre[11]).	2,570.4

(1) Barral.
(2) Analyse de M. Langlois.
(3) *Id.* MM. Berthier, Paris et Longchamp.
(4) *Id.* Vauquelin.
(5) *Id.* M. O. Henry.
(6) *Id.* M. Boussingault.
(7) *Id.* M. Boussingault.
(8) *Id.* M. Dupasquier.
(9) *Id.* Guindant.
(10) Extrait des *Leçons de chimie* de M. Girardin de Rouen, t. I, p. 333.
(11) MM. Figuier et Mialhe, *Journal de pharmacie,* t. XIII, 3ᵉ série.

Eaux de rivières[1].

	gr.
Garonne (Toulouse).	0.32
Seine (Bercy).	1.23
Rhin (Strasbourg).	0.20
Loire (Orléans).	0.48
Rhône (Genève).	0.74
Doubs (Port de Rivette)	0.23

Eaux de sources[1].

Besançon : Mouillère.	0.0
Id. Billecul.	0.0
Id. Arcier.	0.2
Id. Bregille.	0.0
Dijon : Suzon.	0.32
Paris : Arcueil (place St.-Michel).	3.76

Eaux de puits[1].

Besançon : Grand'Rue.	5.57
Id. Préfecture.	0.15
Id. Faculté.	0.00

Eaux minérales[2].

Wiesbade (source Kochbrunen).	733.2
Id. (source de l'hôt. Cologne).	679.1
Id. (source de l'Aigle).	731.6
Nauheim (source n° 2).	2,304.6
Id. (source n° 5).	2,733.3
Hombourg (source d'Elisabeth).	1,064.9
Id. (source de l'Empereur).	1,602.1
Soden (source n° 6, A).	1,432.7
Id. (source n° 6, B).	1,089.8
Niederbron.	307.0
Bourbonne (source de la Place).	578.3
Id. (intérieur de l'établissem.).	577.1
Balaruc[3].	680.2

(1) M. Sainte-Claire-Deville, *Annales de chimie et de physique*, 3e série, t. XXIII.
(2) MM. Figuier et Mialhe.
(3) MM. Figuier et Marcel de Serres.

On voit d'après ces résultats que la quantité de chlorure de sodium contenue dans les eaux fluviales est en genéral presque nulle; dans quelques sources elle devient sensible, et c'est ce qui a lieu pour les eaux des fermes de Bechelbronn et de Trappes, circonstance digne de remarque dans la question qui nous occupe, parce que ces deux fermes ont été le siége d'expériences faites sur l'utilité du sel dans l'alimentation des bestiaux.

Pour les calculs que nous allons effectuer, relativement à la quantité du sel naturel des aliments, nous admettrons 8 grammes comme étant un *maximum* suffisamment élevé pour le chlorure de sodium existant dans les eaux potables.

V.— *Des boissons fermentées.*

Tous les chimistes sont d'accord pour signaler la présence naturelle du chlorure de sodium dans la plupart des boissons fermentées, dans le vin, dans le cidre, dans le vinaigre. Le plus souvent on en introduit en outre artificiellement dans la bière, et cette quantité monte dans la bière de table jusqu'à 30 ou 40 grammes par 100 kilogr. Les eaux-de-vie étant obtenues par distillation ne doivent pas généralement en renfermer.

Si on ne peut avoir de doute sur la présence

naturelle du chlorure de sodium dans les boissons ordinaires, on n'est pas fixé sur la proportion qui s'y trouve. Nous ne connaissons aucune analyse chimique qui ait porté sur cette détermination avant celle que nous avons faite pour ce travail.

Nous avons trouvé dans trois échantillons de vin ordinaire de Mâcon :

Chlorure de sodium
pour 100 kil. de vin.

	gr.
1er échantillon.. . . .	4.7
2e échantillon.. . . .	3.9
3e échantillon.. . . .	5.8

Dans du vin de Bordeaux, nous n'avons constaté qu'une trace insensible de sel.

Pour 100 kilogr. de vinaigre d'Orléans, nous avons trouvé $3_{gr}.7$ de sel.

Nous pensons être au-dessus de la vérité en admettant comme maximum dans les boissons fermentées la plus forte proportion de sel qui se trouve naturellement dans les eaux potables, c'est-à-dire 8 grammes pour 100 kilogr. de vin, cidre, bière ou vinaigre.

Nous ne devrons pas tenir compte actuellement de la quantité de sel introduite dans la fabrication de la bière, cette quantité rentrant dans celle qui constitue la salaison des aliments.

VI. — *Ration alimentaire de l'homme.*

Nous entendrons, dans ce travail, par ration alimentaire, non pas ce qu'il faut exactement à un animal soit pour entretenir sa vie, soit pour maintenir son corps à un poids constant, de manière à ce que chaque jour toute perte soit réparée, mais bien ce que chaque animal absorbe réellement chaque jour, dans l'état social civilisé actuel.

La première manière d'envisager la ration alimentaire est peut-être plus scientifique ; mais elle laisse une grande incertitude, attendu qu'elle ne peut être déterminée que par des expériences *ad hoc*, expériences devant donner des résultats variables avec les *sujets* mis en expérimentation. Au contraire, la seconde manière est essentiellement pratique ; elle présente le fait tel qu'il se passe actuellement, et ce fait peut être facilement observé. Toutefois il y a deux manières très distinctes de procéder à sa constatation.

La première méthode consiste à noter simplement les habitudes suivies dans diverses localités ; c'est la plus simple, c'est aussi la plus facile, mais seulement dans le cas d'enquêtes officielles exécutées avec les moyens de centralisation que possèdent actuellement tous les gouvernements ; malheureusement ces en-

quêtes ne sont pas faites, et force nous est par conséquent d'avoir recours à des observateurs isolés.

L'autre procédé d'évaluation consiste à profiter des chiffres de la statistique générale et
à diviser les produits consommés par le nombre
des consommateurs ; rien n'est plus commode,
mais aussi rien n'est plus incertain, et nous
nous méfions particulièrement des résultats
que peut donner ce procédé ; mais nous ne devons pas le rejeter, parce que les deux méthodes
de détermination employées simultanément se
serviront de vérifications mutuelles.

Nous commençons par les constatations directes que nous connaissons sur la ration alimentaire de l'homme.

M. Liebig[1] rapporte que dans la compagnie
de la garde grand-ducale de Hesse-Darmstadt,
l'ordinaire de chaque homme, pesé durant tout
un mois (novembre 1840) pour les principaux
aliments, évalué approximativement pour les
aliments secondaires, tels que légumes frais,
herbages, beurre et graisse, s'est trouvé être
composé ainsi que l'exprime le tableau svivant ;
nous avons calculé et mis en regard de chaque
substance alimentaire les quantités de chlorure
de sodium qui, d'après les renseignements précédemment donnés, devaient y être naturellement contenues.

(1) *Chimie organique appliquée à la physiologie animale*, p. 296.

Nature des aliments.	Quantité des aliments pour 30 jours.	Sel naturellem. contenu dans les aliments.
	gr.	gr.
Bœuf 3.780	4,890	5.526
Porc. 1,110		
Pain de munition 30,000	30,630	0.673[1]
Pain blanc. . . . 640		
Pommes de terre. 17,400	17,400	1.484
Pois. 203		
Haricots. 243	504	0.544
Lentilles. 58		
Choucroute. . . 1,754		
Légumes (choux, navets, etc.). . 3,018	5,197	2.287
Oign. et herbag. 425		
Beurre. 708	764	0.191
Graisse.. 61		
	lit.	
Vinaigre.. . . . 0.026		
Bière. 7.500	9,973	0.797
Eau-de-vie.. . . 1.500		
Totaux.	69,358	21.502
Soit par jour. . . .	2,312	0.717

Nous n'avons là que la quantité totale des aliments solides absorbés et une portion seulement des aliments liquides ; comme il n'y a pas eu, dans cette expérience, de détermination directe de la boisson aqueuse, nous devons avoir recours aux diverses évaluations qui ont été faites sur la totalité des substances ingérées, de manière à obtenir par une soustraction la proportion de boisson que nous n'avons pas pu faire

(1) A cause de l'eau ayant servi à la panification, en admettant 8 gr. de sel pour 100 litres.

11.

entrer en ligne de compte. Voici les déterminations qui nous sont connues :

Observateurs.	Aliments et boissons.
Keill[1].	2,844 gr.
Sanctorius[1].	1,875
Boissies[1] . . . . . . : .	1,875
Hartmann[1].	2,490
Gorter[1].	2,844
Rye[1].	3,000
Dalton[2].	2,844
Valentin[3].	2,924
Barral (en hiver). . .	2,755
Id. (en été).	2,386
Id. (s. un vieillard).	2,710
Moyenne. . .	2,566

Les différences que présentent ces résultats
proviennent en partie des latitudes diverses
sous lesquelles ils ont été obtenus, car si le climat influe d'une manière importante sur les excrétions et la respiration, c'est-à-dire sur les
pertes du corps, il doit influer également sur la
ration alimentaire destinée à les réparer.

Quoi qu'il en soit des variations de l'expérience, nous voyons qu'à la somme des aliments
(2,312 grammes) que nous déjà trouvée pour
la consommation quotidienne de chaque soldat
de la garde de Hesse-Darmstadt, il faut ajouter
moyennement 254 grammes d'eau, au plus 476
grammes. Dans cette dernière hypothèse, la

(1) Haller, t. V, p. 62.
(2) *Edinb. new philos. journ.*, déjà cité.
(3) *Lehrbuch der Physiologie des Menschen*, également déjà cité.

plus défavorable à la question de l'utilité de l'addition du sel aux aliments, en supposant en outre 8 grammes de sel pour 100 litres d'eau, ce qui est également, comme nous l'avons dit, le maximum de ce qu'on rencontre habituellement, il ne faut ajouter à la quantité de chlorure de sodium (0^{gr}.717), déjà constatée, que 0^{gr}.038.

Ainsi donc, nous arrivons à cette conclusion que, d'après l'expérience faite en Allemagne sur des soldats soumis à un régime relativement recherché, il y a au plus 0^{gr}.755 de chlorure de sodium existant naturellement dans la ration alimentaire quotidienne de l'adulte.

Nous ne pouvons pas, pour la France, citer une détermination aussi complète que celle due à M. Liebig ; toutefois, la ration du soldat y est fixée par des règlements d'où il résulte, en rapportant à 30 jours, pour rendre la comparaison facile :

Nature de la ration.

			kil.
Vivres-pain	{ pain ordinaire.	}	
	{ pain biscuité. .	}	22.500
	{ biscuit		16.500
Vivres de campagne.	(riz.		0.900
	{ légumes secs. . .		1.800
	{ viande fraîche. .		7.500
	{ bœuf salé. . . .		7.500
	(lard salé.		6.000
			lit.
Liquides.	(vin		7.500
	{ bière.		15.000
	{ cidre.		15.000
	{ eau-de-vie. . . .		1.800
	(vinaigre.		1.500

Ces diverses rations ne sont point données ensemble, mais elles sont les équivalents les unes des autres, de sorte que l'alimentation d'un soldat en campagne, pour trente jours, est ainsi fixée :

	kil.	Sel contenu naturellement dans la ration. gr.
Pain.	22.500	0.494
Viande.	7.500	8.475
Légumes secs..	1.800	2.700
Ration solide. .	31.800	»
Soit par jour. .	1.060	»
Vin..	7.425	0.594
Eau-de-vie. . .	1.719	0.000
Vinaigre. . . .	1.560	0.125
Boissons. . . .	10.704	»
Soit par jour..	0.357	»
Ration totale. .	42.504	12.388
Soit par jour. .	1.417	0.413

Ces résultats étant encore plus faibles que ceux que nous avons trouvés pour les soldats allemands, mènent aux mêmes conséquences.

Passons à une détermination basée sur les données de la statistique générale et fournissant conséquemment le chiffre de la consommation d'un homme *fictif*, moyen entre les enfants, les femmes, les vieillards et les adultes.

D'après les renseignements de la *Statistique officielle de France*[1], nous établissons le ta-

(1) *Agriculture*, t. IV, p. 674 et 690.

bleau suivant, d'où nous conclurons la quantité de sel qui entre naturellement dans la consommation, parce qu'elle existe dans les aliments avant leur préparation par la main de l'homme.

Consommation annuelle.

	Millions d'hectolitr.	Poids moyen de l'hectolitre. kil.	Millions de kilogramm. kil.
Froment, épeautre et méteil. .	69·0	75 07	5,178.0
Seigle.	22.2	72.50	1,612.3
Orge.	7.1	62.50	443.8
Avoine.	2.0	44.00	88.0
Maïs.	4.9	68.00	333.3
Sarrasin.	7.0	58.50	409.5
Légumes secs. . .	3.1	84.37	262.8
Pommes de terre.	78.4	76.56	6,005.4
Châtaignes. . . .	3.3	80.00	264.0
Sucre	»	»	97.0
Viande.	»	»	673.4
Poissons..	»	»	120.0
Ration solide[1].			15,487.1

Soit par habitant et par jour. 1,248 gr.

Vins.	23.6	99.00	2,336.4
Eaux-de-vie.. . .	0.7	95.50	66.9
Bière..	3.9	110.50	395.5
Cidre..	10.0	103.40	1,034.0
Boissons.			3,832.8

Soit par hab. et par jour. 309 gr.

Ration alimentaire totale. . . 22,588.4

Soit par hab. et par jour. 1,557 gr.

(1) Nous devons faire plusieurs observations relativement à la détermination de la quotité de la ration alimentaire de l'homme contenue dans ce tableau et basée sur les chiffres de la statistique officielle. — 1° Il y a dans la transformation des céréales ou plus générale-

Ces substances contiennent naturellement les *maxima* de chlorure de sodium suivants :

Froment, épeautre, méteil, seigle, orge, maïs, sarrasin, châtaignes, eau-de-vie...	0 kil.
Avoine..	117,144
Légumes secs,	283,824
Pommes de terre	3,963,564
Viande.	760,942
Vins..	186,912
Bière.	31,640
Cidre.	82,720
	5,426,746

Soit par habitant et par jour, 0^{gr}.437.

ment des grains en farines un déchet de 22 p. 100 en moyenne, qui devrait diminuer considérablement le chiffre de la ration, si, par suite de la transformation de la farine en pain, il n'y avait pas une augmentation de 27 p. 100. — 2° Nous avons admis qu'il fallait retrancher de la quantité d'orge annuellement consommée par la France, 2,300,000 hectol. pour la fabrication de la bière, et 3,000,000 hectol. pour la consommation des chevaux. — 3° Nous avons retranché sur la quantité de maïs annuellement disponible 1,800,000 hectol. pour la consommmation des animaux de basse-cour. — 4° Sur les 36,600,000 hectol. d'avoine que la *Statistique* indique comme consommés en France par année, nous n'avons attribué, avec M. Schnitzler, que 2,000,000 à la consommation de l'homme. — En résumé, nos chiffres nous semblent plutôt au-dessous de la réalité qu'au-dessus. Mais nous devons ajouter que toutes les supputations de ce genre faites par les auteurs, économistes ou statisticiens, sur la ration solide alimentaire de l'homme, manquent de vérité à cause de la proportion d'eau très variable qui se trouve dans les divers aliments et dont on n'a jamais tenu compte. Nous indiquons plus loin, à propos de nos expériences sur la statique humaine, les véritables bases sur lesquelles il faut asseoir, selon nous, la solution de cet important problème d'économie sociale.

On peut objecter avec raison que, à part les erreurs dont sont affectés, sans aucun doute, chacun des chiffres particuliers sur lesquels nous venons de nous appuyer en les empruntant à la *Statistique officielle de France,* il y a encore une cause d'inexactitude grave provenant de ce que, dans la consommation, il n'a pas été tenu compte d'un grand nombre d'aliments tels que le gibier, la volaille, les œufs, le lait, le beurre, le fromage, le vinaigre, les choux, les navets, les carottes, les herbages, les fruits, etc. Mais il est bien évident que toutes ces substances ne sauraient former qu'une minime fraction de la consommation totale ; on en a une idée d'après le compte des aliments de la compagnie des soldats de la garde de Hesse-Darmstadt ; nous voyons que la consommation en légumes frais, beurre et graisse, n'est que les 86 millièmes du bol alimentaire. Nous ferons d'ailleurs une remarque qui ne manque pas d'importance, c'est que nous arrivons par deux voies différentes, pour le taux de la consommation journalière, à des chiffres qui sont assez différents de ceux qui prennent place d'ordinaire dans les statistiques. Ainsi Lagrange a adopté 900 grammes pour le minimum de l'alimentation d'un individu, et 1101 grammes pour la ration du soldat. M. Dutens [1] a admis

(1) *Revenu de la France en* 1815 *et* 1835, p. 33 et suiv.

950 grammes pour la ration alimentaire moyenne en France ; M. Schnitzler [1] ne porte qu'à 931 grammes la consommation journalière d'un Parisien en aliments solides. Quant à nous, nous trouvons qu'un soldat consomme 1060 grammes en aliments solides, et qu'un Français consomme en moyenne, d'après les chiffres de la *Statistique officielle*, 1248 grammes de ces mêmes aliments.

Il est évident pour nous que tous ces chiffres ne sont différents les uns des autres qu'à cause de l'incertitude même que comporte le mot *aliments solides*. Les divers aliments qui reçoivent ce nom se ressemblent trop peu relativement à leur contenance en matériaux assimilables pour qu'il soit convenable de persévérer à tenir compte d'un pareil élément dans les appréciations économiques. Il serait temps de s'enquérir de la composition même des aliments comme nous le faisons dans le chapitre VIII de cet ouvrage.

Dès que nous ne sommes pas au-dessous des nombres admis pour la consommation, nous ne pouvons pas non plus avoir coté trop bas la proportion de sel entrant naturellement dans les aliments.

Nous devons donc conclure de nos recherches que l'ingestion des aliments naturels ne fait pas entrer dans l'organisation de l'homme plus

(1) *Statistique de la France*, t. I, p. 448.

de $0^{gr}.755$ de chlorure de sodium par jour.

Dans les expériences que nous avons faites sur l'alimentation, et dont on trouve le détail plus loin, nous avons trouvé les nombres suivants pour les qualités de sel contenues naturellement dans les aliments d'un jour.

	gr.
Sur moi.	0.611
Sur un enfant. . .	0.249
Sur un vieillard. .	0.350
Sur une femme. .	0.313

Ces résultats confirment notre conclusion sur les très petites quantités de chlorure de sodium que l'alimentation non salée ferait entrer dans le corps de l'homme.

VII. — *Ration alimentaire du cheval.*

Certes il est difficile de déterminer la quantité de nourriture qu'il conviendrait de donner aux bestiaux ; mais, pour nous, il est bien plus facile de dire ce que l'on donne effectivement aux animaux que de calculer ce que prend l'homme. Nous avons pour nous guider les règles admises dans leur pratique journalière par les agriculteurs qui font autorité par leurs nombreux travaux et observations. En général, nous n'aurons à nous occuper que du total de la ration d'entretien et de la ration de production. Tous les agriculteurs ont, en effet, pour but non pas seulement de fournir exactement à l'économie animale l'équivalent des pertes qu'elle fait, mais encore de lui donner un excès d'aliments qui soit transformé en graisse, en chair, en lait, en laine, en engrais. Il n'y a guère que pour le cheval qu'il puisse être question de la ration d'entretien seulement. De tous les animaux domestiques utiles, en effet, le cheval est le seul qui ne soit pas toujours employé à une production matérielle déterminée. Toutefois, il est destiné à donner de la force motrice, et c'est là une source de dépense qui ne saurait être négligée.

Il existe aussi naturellement une relation entre le poids du bétail et la quantité d'aliments qu'il consomme. De savants agronomes ont déterminé cette relation pour la plupart des animaux domestiques ; pour le cheval seul, les données générales manquent. On conçoit cette lacune, à cause de l'influence que doit exercer le travail sur la consommation , de sorte que le même cheval doit manger des quantités de fourrage et d'avoine assez variables d'un jour à l'autre, quoique oscillant autour d'une moyenne déterminée.

Nous allons calculer la quantité de chlorure de sodium existant naturellement dans les rations ordinaires qu'indiquent les auteurs.

Les calculs sont faits en admettant dans 100 kilogr. :

    De foin. . . . . . 267 gr. de sel.
    De paille. 122
    D'avoine..   11

Ces chiffres peuvent être considérés comme représentant une moyenne entre les chiffres extrêmes donnés précédemment.

D'après Thaër [1], la ration quotidienne du cheval de taille moyenne doit être considérée comme bonne quand elle se compose de :

	kil.		gr.
Foin	3.74	ce qui contient	9.99 de sel.
Avoine. . . .	4.21	—	0.46
			10.45

Selon le même auteur, la ration des chevaux de rouliers, qui ne reçoivent que très peu de foin, est de :

          kil.   gr.
    Avoine . . . . 11.23, contenant 1.24 de sel.

M. Boussingault [2] rapporte qu'en Angleterre, dans certaines écuries de Spithfields, chaque cheval reçoit :

	kil.		gr.
Foin haché. . .	5.0	ce qui suppose	13.35 de sel.
Paille hachée. .	1.0	—	1.22
Avoine.. . . .	5.0	—	0.55
Fèves..	0.5	—	0.47
			15.59

Dans la garde municipale de Paris, d'après

(1) *Journal d'agriculture pratique*..
(2) *Economie rurale*, t. II, p. 593.

ce qu'en a dit **M. Tassy**, vétérinaire de ce corps,
à **M. Boussingault**, les chevaux recevaient en
1840 :

	kil.		gr.
Foin	5.00	contenant	13.35 de sel.
Avoine	3.60	—	0.40
Paille	5.00	—	6.10
			19.85

Le même vétérinaire admet que les chevaux
attelés à de lourdes voitures reçoivent communément :

	kil.		gr.
Foin	7.50	où nous calculons	20.03 de sel.
Avoine	7.75	—	0.85
			20.88

Le travail du cheval, appliqué aux machines
d'extraction ou d'épuisement de divers établissements de mines du Mexique, dit encore
M. Boussingault, n'est que de quatre heures par
jour ; mais pendant ce temps les attelages vont
toujours au grand trot. Ils reçoivent comme
ration diurne :

	kil.		gr.
Maïs	9.26	où nous calculons	0.00 de sel.
Paille	5.76	—	7.03
			7.03

Dans l'armée française, la composition et le
poids des rations pour les chevaux de différentes armes sont ainsi réglés[1] :

(1) *Patria*, ou la France anc. et mod., col. 1202.

*Cavalerie de réserve, chevaux d'officiers généraux
et d'état-major.*

1° Sur le pied de paix.

	kil.		gr.
Foin.	5.0 où nous calculons		13.35 de sel.
Paille.. . . .	5.0	—	6.10
Avoine. . . .	3.6	—	0.40
			19.85

2° Sur le pied de guerre.

Foin.	7.0	—	18.69
Paille. . . .	4.0	—	4.88
Avoine. . . .	3.8	—	0.42
			23.99

3° En route.

Foin.	6.0	—	16.02
Paille	3.0	—	3.66
Avoine. . . .	3.8	—	0.42
			20.10

Cavalerie de ligne ; chevaux d'officiers de l'artillerie.

1° Sur le pied de paix.

			gr.
Foin.	4.0 où nous calculons		10.68 de sel.
Paille.. . . .	5.0	—	6.10
Avoine. . . .	3.4	—	0.37
			17.15

2° Sur le pied de guerre.

Foin.	6.0	—	16.02
Paille. . . .	4.0	—	4.88
Avoine. . . .	3.8	—	0.42
			21.32

3° En route.

Foin.	5.0	—	13.35
Paille	3.0	—	3.66
Avoine. . . .	3.8	—	0.42
			17.43

*Cavalerie légère ; chevaux d'officiers d'infanterie,
du génie, de l'intendance militaire, etc.*

1º Sur le pied de paix.

Foin.	4.0	—	10.68
Paille.. . . .	5.0	—	6.10
Avoine.. . .	3.0	—	0.33
			17.11

2º Sur le pied de guerre.

Foin.	5.0	—	13.35
Paille.. . . .	4.0	—	4.88
Avoine. . . .	3.8	—	0.42
			18.65

3º En route.

Foin.	5.0	—	13.35
Paille	3.0	—	3.66
Avoine. . . .	3.8	—	0.42
			17.43

*Trains d'artillerie, du génie, des équipages militaires,
du Trésor, des postes, etc.*

1º Sur le pied de paix.

Foin.	5.0	—	13.35
Paille	5.0	—	6.10
Avoine. . . .	3.8	—	0.42
			19.87

2º Sur le pied de guerre.

Foin.	7.0	—	18.69
Paille	4.0	—	4.88
Avoine.. . .	4.2	—	0.46
			24.03

3º En route.

Foin.	6.0	—	16.02
Paille	3.0	—	3.66
Avoine. . . .	4.2	—	0.46
			20.14

Il résulte de ces documents et des calculs auxquels nous les avons soumis, que rien n'est plus variable que la quantité de sel qui, selon les divers pays, selon les diverses habitudes, est donnée naturellement aux chevaux dans leurs rations, quand le système d'alimentation vient à changer. Cette quantité tomberait au minimum de 1^{gr}.24 dans le cas d'une consommation très forte d'avoine ; elle monterait au contraire jusqu'au maximum de 24^{gr}.03 dans le cas d'une forte consommation de foin. Généralement, en France, et surtout pour les chevaux de l'armée, cette quantité de sel est très grande, puisqu'elle est contenue entre 17 et 24 grammes.

« L'administration de la guerre, dit M. Boussingault[1], préoccupée des inconvénients qui résultent pour la santé des chevaux de troupes de fournitures de foin de mauvaise qualité, décida, pour les atténuer, de diminuer la proportion de ce fourrage et d'augmenter celle de l'avoine qui, par sa nature, prête beaucoup moins à la fraude. » Les rations adoptées en conséquence de cette décision sont, depuis 1841, en temps de paix :

Cavalerie de réserve.

	kil.		gr.
Foin	4.0	où nous calculons	10.68 de sel.
Paille. . . .	5.0	—	6.10
Avoine. . .	4.2	—	0.46
			17.24

(1) *Economie rurale, loco citato.*

Cavalerie de ligne.

Foin.. . . .	3.0	—	8.01
Paille. . . .	5.0	—	6.10
Avoine . . .	4.0	—	0.44
			14.55

Cavalerie légère.

Foin.. . . .	3.0	—	8.01
Paille. . . .	5.0	—	6.10
Avoine.. . .	3.8	—	0.42
			14.53

Une conséquence de cette décision a été, comme on voit, la diminution de 3 grammes environ du sel qui entre naturellement dans la consommation, parce qu'il se trouve en substance dans les aliments. Nous signalons ce fait à l'observation des vétérinaires de l'armée; on doit en tenir compte dans l'appréciation des effets qu'a pu produire le changement de ration.

Il ne nous reste plus qu'à ajouter aux déterminations précédentes la quantité de chlorure de sodium existant naturellement dans l'eau bue par le cheval. Nous avons vu, par les expériences de M. Lassaigne sur l'insalivation, que la nature des aliments influe considérablement sur la quantité de salive sécrétée, et par conséquent aussi sur la quantité de la boisson consommée. Dans l'expérience faite par M. Boussingault sur l'alimentation de la race chevaline, le cheval mis en expérimentation buvait 16 litres d'eau par jour. Dans l'expérience de

M. Valentin, le cheval buvait presque le double
(30 litres par jour). Acceptons la moyenne, ou
23 litres, et nous calculerons que cette quantité contient $1^{gr}.84$ de sel, en supposant l'eau
potable la plus chargée de sel (8 gr. p. 100 lit.).

VIII.— *Ration alimentaire de la race bovine.*

« C'est évidemment donner un renseignement incomplet, dit M. Boussingault[1], que
d'assigner la ration des bêtes à cornes sans
indiquer en même temps leur âge, leur poids
et la somme de travail ou de produits qu'on
leur demande. Il tombe sous le sens qu'un animal d'une taille élevée exige, toutes circonstances égales d'ailleurs, une dose de fourrage
supérieure à celle qui serait reconnue suffisante
pour l'entretien d'un individu plus faible....
La relation du poids de l'animal en vie à celui
du fourrage qu'il consomme n'est pas d'ailleurs
invariable. Une bête à cornes de forte dimen-
sion paraît en effet exiger, proportionnellement
à son poids, moins d'aliments qu'un animal
plus petit. »

Ces observations expliquent suffisamment les
variations que présentent les nombres donnés
par les différents auteurs.

En résumé, pour 100 kilogr. de poids vivant
de bétail, il faut par tête et par jour :

(1) *Economie rurale*, t. II, p. 534.

	Foin. kil.		Sel. gr.
P. l'entret., sans exiger ni trav. ni lait, d'apr. Pabst.	1.75	où n. calc.	4.67
Pour les bœufs d'attelage, d'après le même observ.	2.00	—	5.34
Pour les vaches laitières, d'après Pabst........	3.00	—	8.01
Id., d'après M. Perrault.	3.12	—	8.33
Id., d'ap. M. Boussingault, p. de très grandes vach.	2.73	—	7.29
Pour le bétail en pl. crois., d'après M. Boussingault.	3.08	—	8.22

L'alimentation, d'ordinaire, ne consiste pas uniquement en foin, mais elle est formée de foin, de pommes de terre, de betteraves, de tourteaux, etc., selon la table des équivalents nutritifs des fourrages. Mais, comme nous l'avons fait voir précédemment, les substitutions d'un aliment à du foin pourraient diminuer, mais non pas augmenter la quantité de sel ingérée naturellement.

La quantité d'eau bue chaque jour par tête de bétail varie considérablement avec l'alimentation. Ainsi, les jeunes taureaux mis en expérience par M. Boussingault, pour rechercher l'influence du sel dans l'alimentation, mais qui ne recevaient pas de sel ajouté à la ration, buvaient 10 litres d'eau par jour chacun ; ceux qui recevaient du sel buvaient 18 litres[1] ; enfin, la vache laitière sur laquelle a expérimenté le même observateur, pour savoir si les herbivores

(1) *Ann. de chimie et de physique*, 3e série, t. XX, p. 115.

empruntent de l'azote à l'atmosphère, buvait 60 litres [1]. Admettons le nombre moyen entre le maximum et le minimum, et nous aurons pour la ration moyenne 35 litres d'eau, où nous calculons au plus $2^{gr}.8$ de sel par tête de bétail.

En résumé donc, la race bovine reçoit au plus, par tête et par jour, 10 grammes de chlorure de sodium existant naturellement dans les aliments.

IX.— Ration alimentaire du porc.

C'est encore au Traité d'économie rurale de M. Boussingault que nous allons emprunter les renseignements qui nous permettront d'évaluer la quantité de sel qui se trouve naturellement dans la ration alimentaire du porc. La plupart des produits des récoltes, dit ce savant agronome, conviennent à l'alimentation du porc ; mais en général la pomme de terre cuite fait, en Alsace du moins, la base de l'alimentation. Les grains qu'on associe souvent à cette nourriture sont le plus souvent donnés en farine délayée dans l'eau, c'est un usage établi. Cependant, dans l'Amérique espagnole, il a toujours vu nourrir les porcs avec des bananes et du maïs en grains.

Une truie qui vient de mettre bas reçoit une nourriture d'autant plus abondante qu'elle doit

(1) Ibid., 2ᵉ série, t. LXXI, p. 114.

allaiter un plus grand nombre de petits. Par exemple, pour une portée de cinq petits, M. Boussingault donne par jour et pendant les cinq semaines que dure l'allaitement :

	kil.		gr.
Pommes de terre cuites.	11.250	où n. calc.	4.84 sel.
Farine de seigle.. . . .	1.225	—	0.00
Lait écrémé et caillé. . .	6.005	—	5.31
			10.15

La cinquième semaine écoulée, lorsque la truie n'allaite plus, sa ration se compose de :

	kil.		gr.
Pommes de terre cuites.	10.00	où n. calc.	2.30 sel.
Farine de seigle.	0.49	—	0.00
Lait écrémé.	3.05	—	2.70
			5.00

Cette nourriture est diminuée graduellement jusqu'au dernier mois qui suit le part, de manière qu'à cette époque la truie se trouve exactement à la ration d'entretien consistant en :

Pom. de terre cuites, $7^k.50$, où nous calc. $3^{gr}.23$ de sel.

La pomme de terre est délayée dans de l'eau de vaisselle.

Au moment du sevrage chaque goret reçoit :

	kil.		gr.
Pommes de terre cuites.	2.00	contenant	0.86 sel.
Farine de seigle.. . . .	0.10	—	0.00
Lait écrémé.	0.60	—	0.53
			1.39

Cette ration, qui succède à l'allaitement, est modifiée peu à peu, de manière que vers le troisième mois elle est portée à

6 kil. de pom. de terre cuites conten. 2gr.58 de sel.

M. Boussingault a vainement essayé de remplacer les pommes de terre par des tourteaux de colza ou de caméline; les porcs les ont refusés avec opiniatreté, mais ils ont accepté les tourteaux de pavot et de noix. Durant l'été ils sont mis au vert et consomment par jour environ 9 kilogr. de trèfle, quantité qui représente $2^k.2$ de trèfle fané contenant 5gr.74 de sel.

La ration moyenne d'engraissement est la suivante pour un porc moyen du poids de 88 kilogr.

	kil.		gr.
Pommes de terre.	4.85	où nous calc.	2.09 de sel.
Seigle moulu . . .	0.45	—	0.00
Farine de seigle. .	0.32	—	0.00
Pois..	0.34	—	0.51
			2.60

L'eau grasse de vaisselle donnée aux porcs par M. Boussingault contenait une assez grande quantité de chlorure de sodium (6 grammes par litre) qu'on ne saurait pas considérer comme sel naturel. Nous ne compterons que le chlorure de sodium se trouvant dans l'eau pure ayant servi à faire l'eau grasse. Les porcs durant l'engraissement buvaient chacun 10 kilogr. d'eau où nous calculons 0gr.80 de sel préexistant.

En résumé donc, un porc s'engraissant reçoit chaque jour naturellement, dans sa ration alimentaire, au plus 3gr.40 de chlorure de sodium, savoir : 2.60 dans les aliments solides, 0.80 dans la boisson.

X.—*Ration alimentaire du mouton.*

D'après les expériences de Crud[1], un mouton de moyenne taille consomme par jour 937 grammes de foin, où nous calculons 2gr.502 de sel. Le troupeau de mérinos de Rambouillet consommait par jour et par tête[2] :

```
                     kil.                          gr.
Luzerne.  .   1.00 où nous calculons  1.69 de sel.
Avoine..  .   0.25          —              0.03
                                       ─────────
                                          1.72
```

Nous trouvons, dans le *Mémoire* de M.ᵃDaurier sur l'emploi du sel soit pour l'amendement des terres, soit pour l'engraissement des bestiaux, un grand nombre de tableaux sur la consommation de 33 moutons durant 28 jours ; 16 de ces moutons ont été nourris sans recevoir d'addition de sel, 17 en ont reçu diverses proportions. Nous allons prendre la moyenne de la consommation de chacune de ces deux séries, et calculer la quantité de chlorure de sodium existant

(1) *Bibl. britann. agricult.*, t. **XV**, p. 17.
(2) *Ibid.*, t. **VIII**, p. 25.

naturellement dans la ration alimentaire quotidienne ainsi obtenue pour chaque tête de chaque
série.

Ration alimentaire pour la série ne recevant pas de sel.

	gr.		gr.
Foin.	549	où nous calc.	1.466 sel.
Tourteaux..	87	—	0.000
Pommes de terre.. .	289	—	0.124
Avoine.	391	—	0.043
Farineux.	4	—	0.000
Féveroles.	153	—	0.229
Mél. de tourteaux, de pom. de t. et d'avoine	8		0.005
Eau.	1,465	—	0.117

Sel contenu naturell. dans la ration.   1.984

*Ration alimentaire pour la série recevant
une addition de sel.*

	kil.		gr.
Foin.	586	où nous calc.	1.565 sel.
Tourteaux..	82	—	0.000
Pommes de terre.. .	283	—	0.122
Avoine.	369	—	0.041
Farineux.	3	—	0.000
Féveroles..	149	—	0.224
Mél. de tourt., etc. .	8	—	0.005
Eau.	1,518	—	0.121

Sel contenu naturell. dans la ration.   2.078

La quantité de sel que M. Daurier a ajoutée
par jour à la ration alimentaire a été en moyenne
de 6^{gr}.794 par mouton.

Pour compléter tous ces résultats de l'expérience, nous citerons enfin ceux obtenus par
MM. Dailly père et fils ; ces agronomes concluent

de leurs observations et des analyses qu'a faites,
à leur prière, M. Boussingault, que chaque
mouton qui ne reçoit pas de sel ajouté à ses
aliments en consomme cependant une quantité
qu'ils évaluent ainsi d'après sa ration :

	Ration du mouton.	Sel qui y existe naturellement.
	gr.	gr.
Regain de luzerne . . .	570	0.878
Foin.	166	0.179
Menue paille..	295	0.413
Son.	13	0.000
Tourteaux	9	0.000
Pulpe de pom. de terre.	4,144	0.508
Eau.	300	0.024
Sel contenu naturell. dans la ration.		2.002

Ainsi, en résumé, de tous les chiffres con-
cordants que nous venons de rappeler, il résulte
que chaque mouton consomme au plus, avec les
aliments, 2 grammes de sel qui y existent naturellement.

CHAPITRE VII.

Statique physiologique du sel.

Nous avons terminé la partie ingrate de la
tâche que nous nous sommes imposée. Nous
avons établi toutes les prémisses à l'aide des-
quelles il nous sera maintenant facile de résoudre, autant que le permet l'état actuel de la
science, les diverses questions relatives à la sta-

tique physiologique du sel dans l'homme et dans
les principaux animaux domestiques.

Nous avons vu, avec de nombreux détails,
quelles sont les quantités approximatives de
chlore, de soude, de chlorure de sodium qui se
rencontrent dans tous les liquides et tous les
solides de l'économie animale. Nous avons calculé séparément la portion de sel qui entre naturellement chaque jour dans l'organisme, parce
qu'elle est contenue dans la ration alimentaire
sans qu'on ait besoin de l'y ajouter. Nous allons
maintenant tâcher d'en conclure, par une simple opération d'arithmétique, la quantité qu'il
faut donner aux animaux, afin qu'il y ait égalité
entre la perte et le gain de chaque jour. C'est
la question principale que nous allons traiter
dans ce chapitre. Nous résumerons succinctement pour cela les faits et ensuite les chiffres
de détail que nous avons précédemment constatés avec soin.

Le chlorure de sodium, pénétrant dans l'estomac avec le bol alimentaire, est probablement
décomposé en partie pour fournir d'une part
de la soude, d'autre part de l'acide chlorhydrique. La soude entre en combinaison avec
l'albumine du sang, l'acide lactique du liquide de la chair et toutes les matières spéciales des organes ; l'acide chlorhydrique mis
en liberté est plus tard neutralisé soit par de
l'ammoniaque, soit par de la soude abandonnée

par quelques-unes des combinaisons du corps. Une autre portion du chlorure de sodium ingéré sert à maintenir la fluidité de tous les liquides de l'organisme ; la dissolution et la circulation des matières réparatrices ne sont entretenues que grâce à sa présence.

Mais ces principes seuls ne sauraient satisfaire complétement l'esprit ; il faut encore répondre à cette double question :

1° Quelle est la quantité de chlorure de sodium qui existe dans le corps de chaque animal?

2° Quelle est la quantité de sel qui sort chaque jour dans les différentes déjections et qui a besoin, conséquemment, d'être remplacée par l'alimentation ?

Nous allons chercher à résoudre ces deux problèmes pour l'homme, le cheval, le bœuf, le porc et le mouton.

I. — *Statique du sel dans l'homme.*

Nous n'avons pu établir d'une manière précise que les proportions de chlorure de sodium et de soude combinées avec divers acides qui se trouvent dans le sang, la chair et le système osseux de l'homme ; mais nous ne commettrons pas une erreur très sensible en admettant que les autres parties du corps pour lesquelles manquent des analyses chimiques ont la même composition moyenne. Cette hypothèse nous permet de calculer le tableau suivant qui donne la totalité du chlorure de sodium existant soit en nature, soit en sels de soude équivalents dans 100 parties de poids vivant du corps de l'homme :

Rapports des diverses parties du corps.	Chlorure de sodium pour 100 de poids vivant.		
	En nature.	En sels équivalents.	En totalité.
Sang. 22.7	0.1060	0.0360	0.1420
Chair. 39.7	0.0650	»	0.0650
Os. 6.4	0.0134	0.0866	0.1000
68.8	0.1844	0.1226	0.3070
Autr. parties. 31.2	0.0836	0.0556	0.1392
Totaux. . . 100.0	0.2680	0.1782	0.4462

En partant de ces chiffres et en nous servant de la table de **M.** Quételet dont nous avons déjà fait usage (§ I du chap. III, p. 60), nous calculons les poids suivants, pour représenter les quantités réelles de chlorure de sodium qui se trouvent dans l'homme et la femme à la naissance et aux âges de 30 ans pour l'homme, de 50 ans pour la femme, époques de la vie auxquelles le corps a atteint à peu près, dans chacun des deux sexes, le maximum de son développement. Des soustractions donnent l'accumulation de chlorure de sodium qui se produit dans l'économie humaine pendant la croissance, et des divisions les quantités accumulées par kilogramme d'augmentation dans le poids du corps.

1. — Hommes.

Ages.	Poids moyen du corps.	Chlorure de sodium existant dans les corps.		
		En nature.	En sels équivalents.	En totalité.
	kil.	gr.	gr.	gr.
0 ans.	3.20	8.6	5.7	14.3
30	68.90	184.7	122.8	307.5
Accroissement . . .	65.70	176.1	117.1	293.2

2. — Femmes.

Ages.	Poids moyen du corps.	Chlorure de sodium existant dans le corps.		
		En nature.	En sels équivalents.	En totalité.
	kil.	gr.	gr.	gr.
0 ans.	2.91	7.8	5.4	13.2
50	58.45	156.6	104.2	260.8
Accroissement . .	55.54	148.8	98.8	247.6
Accumulat. de sel pour une augment. de 1 kil. dans le poids du corps de l'homme et de la femme.		2.7	1.7	4.4

La conséquence que l'on doit tirer de ces chiffres, c'est que la quantité de sel journellement ou même annuellement fixée dans l'organisme est extrêmement petite, surtout quand on la compare à celle qui traverse chaque jour l'économie. Nous allons maintenant nous occuper de cette dernière.

Nous avons donné précédemment (§ II du chap. V) la quantité de chlorure de sodium rendue par les voies urinaires ; (§ III du même

chap.) celle rejetée avec les mucosités du nez
et de la bouche ; (§ IV enfin) celle rendue avec
les matières fécales. En rassemblant ici les diverses déterminations auxquelles ont concouru,
comme on l'a vu, tant d'observateurs expérimentant à des époques fort éloignées, on obtient le tableau suivant, représentant le sel que
l'homme excrète chaque jour par ces trois voies :
urines, fèces, mucosités :

	Maxima. gr.	Minima. gr.	Media. gr.
Chlor. de sod. des urines.	16.58	1.78	5.84
— des excréments . .	0.59	0.44	0.51
— des mucos. du nez			
et de la bouche .	0.08	0.08	0.08
Totaux	17.20	2.30	6.43

On voit que la quantité de chlorure de sodium rejetée par les urines est tellement considérable et présente des variations telles que les
proportions de ce sel, éliminées dans les autres
excrétions, deviennent en quelque sorte négli-
geables par rapport à elle. Mais peut-on admettre que l'organisme ne perde pas de sel en
proportion notable par d'autres voies ? Faut-il
regarder la quantité de chlorure de sodium qui
s'en va par les larmes, les ongles, les cheveux,
les poils, la sueur, comme de même ordre que
celle qui s'échappe par les matières excrémentitielles et les mucosités nasales et buccales, et
comme ne formant, en conséquence, qu'une
13

minime fraction du sel éliminé journellement?
Les déterminations faites avant nous, et que
nous avons rapportées précédemment avec tout
le soin possible, ne nous ont pas semblé répondre nettement à cette question. Aussi avons-
nous pris le parti de chercher la solution du
problème dans des expériences directes qui devaient d'ailleurs avoir encore pour but de vérifier toutes les supputations de notre travail.

Nos recherches sont exposées dans le chapitre suivant, où on trouvera résolue complète-
ment la statique chimique du corps humain.
Nous n'en placerons ici que ce qui est relatif à
l'ingestion et à l'émission quotidiennes de chlorure de sodium.

Dans les cinq expériences que nous avons
faites, la quantité de chlorure de sodium qui
existait naturellement dans le bol alimentaire s'est trouvée être extrêmement faible et
pour ainsi dire négligeable par rapport au sel
d'assaisonnement. C'est ce que nous avons déjà
constaté dans le chapitre précédent en examinant le sel contenu dans les diverses rations
alimentaires. Ce fait est remarquable, parce qu'il
explique pourquoi il faut toujours mettre du sel
d'assaisonnement dans l'alimentation de l'homme, tandis que cette addition n'est pas toujours
nécessaire pour les aliments des autres animaux où il en existe souvent de très fortes proportions.

Les rapports entre le sel naturel et le sel d'assaisonnement se sont trouvés être les suivants pour chaque jour moyen :

Numéros d'ordre des expériences.	Sel naturel.	Sel d'assaisonnem.
	gr.	gr.
I. Sur moi	0.62	12.29
II. *Id*	0.27	5.06
III. Sur un enfant de 6 ans. .	0.25	2.88
IV. Sur un homme de 59 ans.	0.35	6.23
V. Sur une femme de 32 ans.	0.31	8.34
Rapport moyen. . .	1	: 19

Le tableau suivant montre comment le sel sorti chaque jour de l'organisme s'est trouvé réparti entre les deux principales évacuations :

N. d'ordre des expériences.	Chlorure de sodium				
	des aliments.	de l'urine.	des excréments.	des évacuat.	non sorti d. les évac.
	gr.	gr.	gr.	gr.	gr.
I. . . .	12.91	8.22	0.10	8.32	+4.59
II. . . .	5.33	6.19	0.03	6.22	—0.89
III. . . .	3.13	3.21	0.03	3.24	—0.11
IV. . . .	6.58	5.55	0.13	5.68	+0.90
V. . . .	8.65	5.17	0.05	5.22	+3.43
Rapp. moy.	100.00	77.43	0.92	78.35	21.65

D'après les détails que nous avons donnés précédemment[1] sur l'analyse des sécrétions rejetées par le nez et la bouche, il faut évaluer à 0.62 p. 100 la quantité de chlorure de sodium qui sort moyennement par ces deux voies d'éli-

(1) § III du chap. V, p. 152.

mination ; conséquemment, il y a 21.03 p. 100 ou environ, un cinquième du sel qui n'est pas rejeté de l'organisme par les urines, les excréments et les mucosités nasales et buccales.

Cette quantité de sel n'a pu sortir du corps que par la transpiration cutanée, les larmes, etc. Cette voie d'élimination est donc bien autrement importante qu'on ne l'admet généralement.

Il est bien connu de tous que la sueur est notablement salée, mais on suppose que la quantité de sel nécessaire pour produire ce résultat doit être petite, le chlorure de sodium non volatil restant à la surface de la peau tandis que l'eau s'évapore insensiblement. Quelques personnes trouveront donc exagéré le rapport de sel transpiré au sel ingéré que nous avons trouvé, rapport égal à 1.40 sur 7.32 ou 21 p. 100. Nous nous contenterons de faire observer que d'après les détails que nous avons donnés précédemment (§ I du chap. V) [1] sur la sueur humaine, 1,000 grammes de sueur contiennent 2 grammes de chlorure de sodium, s'il faut s'en rapporter aux déterminations d'Anselmino, de Piutti et de M. Berzélius.

Or, le poids de la quantité d'eau qui passe en 24 heures à travers la peau dans la transpiration cutanée s'élève généralement beaucoup au-dessus de 1,000 grammes, car M. Thénard [2]

(1) *Voir* p. 119.
(2) Rech. sur la sueur, *Ann. de ch.*, t. LIX, p. 262.

a constaté qu'il était compris entre 840 grammes au minimum et 2442 grammes au maximum. D'autre part, il n'y a rien d'illogique à
admettre que la sueur peut être parfois plus
salée que ne l'ont trouvé les expérimentateurs
que nous venons d'invoquer.

Il était extrêmement curieux de rechercher la
statique du sel pour la femme, car nous avions
vu que d'après les expériences de M. Lecanu [1]
sur les urines d'individus des deux sexes à différents âges, la quantité de chlorure de sodium
rejetée quotidiennement par la femme était au
moins dix fois moindre que celle rendue par
l'homme adulte ; un fait analogue se manifes-
terait pour les vieillards. Nous avons pensé
qu'il était d'un certain intérêt d'éclairer du
flambeau de l'expérience toutes ces questions, en
ayant soin de faire intervenir la balance comme
garantie de l'exactitude des observations.

Nos recherches n'ont pas vérifié les prévi-
sions qui semblaient résulter des analyses de
M. Lecanu. Cela est dû sans doute à ce que
ce chimiste a opéré sur de l'urine qui n'était
pas normale, mais qui provenait de quelques
malades d'un hôpital. Quoi qu'il en soit, ce fait
prouve combien il faut apporter de prudence
dans les conclusions que l'on est toujours dis-
posé à tirer de recherches qui ne comportent
pas souvent une assez grande généralité.

(1) *Voir* précédemment, p. 132.

II. — *Statique du sel dans la race chevaline.*

Nous ne pourrons pas, pour les animaux, comme nous avons fait pour l'homme, vérifier par l'expérience directe les déterminations que nous hasarderons d'après l'ensemble des faits que nous avons constatés, dans le cours de notre travail, en réunissant les observations d'un grand nombre d'auteurs. Nos calculs auront, en conséquence, un degré de probabilité moindre. Nous les exposerons succinctement; ils reposent sur les mêmes bases que ceux que nous avons établis pour l'homme.

Le tableau suivant donne la totalité du chlorure de sodium existant dans le cheval, soit en nature, soit en sels de soude équivalents pour 100 parties de poids vivant :

	Rapports des diverses parties du corps.	Chlorure de sodium pour 100 de poids vivant		
		En nature.	En sels équivalents.	En totalité.
	kil.	gr.	gr.	gr.
Sang hémorrhag.	7.0	0.0326	0.0123	0.0449
Chair..	57.4	0.0650	»	0.0650
Os.	12.5	0.0725	0.4740	0.5465
	76.9	0.1701	0.4863	0.6564
Autres parties.	23.1	0.0511	0.1461	0.1972
Totaux.. . .	100.0	0.2212	0.6324	0.8536

Pour faire une application de ce tableau, nous ne pouvons prendre que les déterminations

faites à Bechelbronn, par M. Boussingault, sur
la race chevaline[1], déterminations d'où il résulte
que le poids d'un poulain, qui est à la naissance
de 51 kilogr., est porté en moyenne à 487
kilogr. D'après ces données nous calculons le
tableau suivant :

	Poids du corps.	Chlorure de sodium existant dans le cheval		
		En nature.	En sels équivalents.	En totalité.
	kil.	gr.	gr.	gr.
Poulain. . . .	51	113	322	435
Cheval adulte..	487	1,077	3,084	4,158
Accroissement..	436	964	2,759	3,723
Accumulat. de sel pour une augm. de 1 kil. d. le poids du corps		2.2	6.3	8.5

Il résulte de ce tableau que, sans être très
considérables, les quantités de chlorure de sodium et de soude fixées annuellement dans le
corps du cheval sont cependant, vu la croissance beaucoup plus rapide de cet animal, notablement plus grandes que cela n'a lieu pour
l'homme.

Arrivons maintenant au chlorure de sodium,
rejeté en nature, chaque jour, hors de l'économie tant par les urines que par les excréments.
Les détails précédemment donnés nous fournissent seulement les renseignements suivants :

(1) *Voir* précédemment, p. 62.

		gr.
Chlorure de sodium des urines. .	.	3.699
— de l'étrille. .	.	0.949

Il nous serait donc impossible d'établir, même approximativement, la statique quotidienne du sel dans l'espèce chevaline, si nous n'avions l'expérience faite par M. Valentin, durant trois jours, sur l'alimentation d'un cheval ; ce physiologiste, aidé de M. Brunner, a déterminé le chlorure des aliments et des excrétions ; des nombres fournis par ces deux expérimentateurs [1] nous concluons le tableau suivant, qui représente, dans l'état actuel de la science, l'équation du problème que nous avons voulu résoudre par notre travail :

	En 24 heures. gr.	Statique réduite en centièmes.
Chlor. de sod. des urines.	7.350	48.837
— des excréments . .	6.550	43.521
— de la transp. et de diverses excrét. .	1.150	7.642
Total égal au sel ingéré. .	15.050	100.000

Il est bien évident que les nombres de la première colonne deviendraient différents si l'on augmentait la ration saline du cheval ; mais il est possible que leurs rapports, c'est-à-dire les nombres de la seconde colonne, restent les mêmes, ou du moins ne varient que dans d'étroites limites.

[1] *Handwœrterbuch der Physiologie*, p. 422.

III. — *Statique du sel dans l'espèce bovine.*

Le tableau suivant donne la totalité du chlorure de sodium existant dans une bête à cornes, soit en nature, soit en sels de soude équivalents, pour 100 parties de poids vivant :

	Rapports des diverses parties du corps.	Chlorure de sodium pour 100 de poids vivant.		
		En nature.	En sels équivalents.	En totalité.
Sang hémorrhag.	7,4	0.0340	0.0162	0.0502
Chair..	62.5	0.0706	»	0.0706
Os.	6.3	0.0303	0.1959	0.2262
	76.2	0.1349	0.2121	0.3470
Autres parties.	23.8	0.0434	0 0602	0.1096
Totaux. . . .	100.0	0.1783	0.2783	0.4566

Appliquons ces résultats au calcul du chlorure de sodium et de la soude contenus dans le corps de chaque bête à cornes, en nous servant des poids moyens bruts donnés dans la *Statistique officielle de France* [1]; nous obtenons le tableau suivant :

	Poids de l'animal.	Chlorure de sodium existant dans la race bovine.		
		En nature.	En sels équivalents.	En totalité.
	kil	gr.	gr.	gr.
Bœuf.	413	736	1,149	1,885
Vache	240	428	667	1,095
Veau.	48	86	134	220
Accr. moy. du bœuf.	365	650	1,015	1,665
Accumulat. de sel pour 1 kil. d'accroiss. dans le poids du bœuf. .		1.8	2.8	4.6

(1) Agriculture, t. IV, p. 688.

13.

Il est à peu près impossible, dans l'état actuel de nos connaissances, d'établir complétement la statique du sel dans la race bovine, c'est-à-dire de poser la relation qui doit exister entre le chlorure de sodium ingéré et le chlorure de sodium excrété. Si les excréments de la vache avaient été analysés, même sous le point de vue unique de déterminer le chlorure de sodium qui s'y trouve, nous eussions essayé de calculer cette statique d'après les détails donnés par M. Boussingault sur l'alimentation et les déjections de la vache; mais cette ressource nous manque. La circonstance de la production du lait rendrait une semblable recherche très curieuse.

IV. — *Race porcine.*

En résumant toutes les déterminations que nous avons données dans le cours de notre travail, nous obtenons le tableau suivant pour représenter les quantités de chlorure de sodium et de soude existant dans la race porcine pour 100 de poids vivant :

	Rapports des diverses parties du corps.	Chlorure de sodium pour 100 de poids vivant.		
		En nature.	En sels équivalents.	En totalité.
Sang hémorrhag.	3.6	0.0154	0.0065	0.0219
Chair..	40.2	0.0400	»	0.0400
Os.	6.4	0.0042	0.0347	0.0389
	50.2	0.0596	0.0412	0.1008
Autres parties.	49.8	0.0591	0.0408	0.0999
Totaux. . . .	100.0	0.1187	0.0820	0.2007

D'après ces chiffres, on calcule les nombres suivants pour représenter le chlorure de sodium existant dans la race porcine :

	Poids de l'animal.	Chlorure de sodium existant dans la race porcine.		
		En nature.	En sels épuivalents.	En totalité.
	kil.	gr.	gr.	gr.
Goret nouv.-né.	1.23	1.5	1.0	2.5
Porc engraissé..	125.00	148.3	102.5	250.8
Accr. de poids.	123.75	146.8	191.5	248.3
Accumul. de sel p. 1 kil. d'accrois. dans le poids du porc.		1.2	0.8	2.0

Il est, du reste, impossible de conclure, des expériences faites jusqu'à présent, quoi que ce soit de positif relativement à la statique du sel dans le porc.

V.—*Race ovine.*

En résumé, les quantités de chlorure de sodium et de soude contenues dans 100 de poids vivant, chez la race ovine, sont représentées dans le tableau suivant :

	Rapports des poids des diverses parties du corps.	Chlorure de sodium pour 100 de poids vivant.		
		En nature.	En sels équivalents.	En totalité.
Sang hémorrhag.	4.6	0.0049	0.0093	0.0142
Chair..	38.5	0 0440	»	0.0440
Os.	11.7	0.0653	0.4262	0.4915
	54.8	0.1142	0.4355	0.5497
Autres parties.	45.2	0.0942	0.3592	0.4534
Totaux.. . . .	100.0	0,2684	0.7947	1.0031

En se servant des poids moyens que donne la *Statistique officielle de France*, on calcule les quantités de chlorure de sodium suivantes :

	Poids de l'animal.	Chlorure de sodium existant dans la race ovine.		
		En nature.	En sels équivalents.	En totalité.
	kil.	gr.	gr.	gr.
Mouton.. . . .	28	58.3	212.5	270.8
Brebis..	20	41.6	158.9	200.5
Agneau.	10	20.8	79.5	100.3
Accumul. de sel pour 1 kil. d'accr. dans le poids du corps.		2.0	7.9	9.9

Les trois expériences que nous avons faites sur un mouton[1] ont indiqué entre le sel des aliments et le sel sorti par l'urine et les excréments, les rapports suivants pour chaque jour :

	Chlorure de sodium.			
	Entrée.		Sortie.	
N. d'ordre des expériences.	naturel des aliments.	ajouté à la ration.	de l'urine.	des excréments.
	gr.			
I.. . . .	1.29	12.10	11.58	0.28
II. . . .	1.61	0.00	2.45	0.57
III.. . .	1.74	8.22	14.43	0.58
Totaux.	4.64	20.92	25.46	1.43
	25.56		25.89	

VI. — *Statique comparée.*

De tous les animaux domestiques, le mouton est celui qui contient le plus de soude dans son

(1) *Voir* plus loin, p. 309 et suiv.

organisme ; viennent ensuite, par ordre dé-
croissant, le cheval, le bœuf, l'homme, le porc,
ainsi que le montrent les chiffres suivants :

	Chlorure de sodium équival. à la totalité de la soude de l'organisme pour 1 kil. de poids vivant.
	gr.
Mouton.	9.9
Cheval.	8.5
Bœuf..	4.6
Homme. . . . . :	4.4
Porc.	2.0

D'autre part, les quantités de chlorure de sodium qui, dans le plus grand nombre de cas, se
trouvent naturellement dans les rations alimentaires quotidiennes présentent l'ordre suivant :

	Doses ordinaires du chlorure de sodium naturel des rations alimentaires.
	gr.
Bœuf.	40.0
Cheval.	24.0
Porc.	2.6
Mouton.	2.1
Homme. . . . . :	0.7

S'il fallait s'en rapporter à ces seules déterminations, le mouton serait, après l'homme,
l'animal qui exigerait dans son alimentation
l'addition de sel la plus considérable. Le bœuf
et le cheval, dans la plupart des localités, trou-
veraient dans leurs aliments une dose de chlorure de sodium assez forte qui y serait naturellement contenue.

CHAPITRE VIII.

Mémoire sur la statique chimique du corps humain.

(Présenté à l'Académie des sciences dans la séance
du 9 octobre 1848.)

I.— *Objet de ce mémoire.*

Les recherches qui font l'objet de ce Mémoire
ont été entreprises dans le but de déterminer
les quantités de chlorure de sodium qui se trouvent dans les diverses évacuations humaines,
et d'établir leur rapport avec la quantité de sel
ingéré. La méthode qu'il nous fallait suivre pour
obtenir le résultat que nous voulions atteindre
exigeant que nous fissions l'analyse de tous les
aliments et des déjections principales, nous n'a-
vons pas cru devoir borner les conclusions de
nos recherches à la question que nous nous
étions d'abord posée.

Nos expériences, en effet, quoique ayant eû un
but spécial, sont de nature à donner l'expression
exacte de la statique chimique du corps humain,
du moins dans les circonstances où elles ont
été exécutées. De nombreuses recherches ayant
été faites sur ce sujet important depuis deux
siècles, c'est-à-dire dès l'origine de l'emploi de
la balance dans les recherches physiques, notre

premier soin a été d'établir avec exactitude l'état de la science à l'égard de la question que nous nous sommes trouvé amené à étudier. Cette question peut se poser en ces termes : *Connaissant la quotité et la composition élémentaire des aliments tant solides que liquides ingérés chaque jour, établir la quotité et la composition élémentaire des évacuations, transpirations et excrétions diverses, de manière à pouvoir poser l'équation des gains et des pertes du corps humain.* Ce problème de statique chimique et physiologique prendrait une grande extension s'il s'agissait de faire toutes les transformations de la matière élémentaire à travers l'organisme. Supprimant les intermédiaires, nous ne considérons ici que les termes extrêmes, à savoir les matériaux et les produits de la nutrition.

Examinons historiquement les essais qui ont été tentés jusqu'à ce jour pour arriver à la connaissance des données si variées d'un problème jugé en tout temps digne de l'attention des philosophes. Quels sont les points suffisamment éclaircis? Que reste-t-il à faire pour que la question soit complétement résolue?

II.—Historique des recherches sur la statique
du corps humain.

Les recherches qui sont de nature à jeter quelque jour sur l'entretien de la vie chez l'homme

et chez les animaux peuvent se diviser en trois
classes principales : 1º étude des aliments ; 2º
étude des produits gazeux, liquides ou solides
de l'acte vital ; 3º phénomènes qui s'accomplissent pendant l'assimilation des aliments et la
mutation continuelle des tissus. C'est en décri-
vant et en appréciant ces derniers phénomènes
dans leurs manifestations extérieures plutôt que
leur liaison intime, que les expérimentateurs
ont jeté les fondements de la biologie. Les sciences positives étaient trop peu avancées pour
qu'il fût possible d'aborder de suite les deux
autres ordres d'études.

Des observations peu précises, obscurcies par
des idées préconçues, ont marqué les premiers
pas de la science. L'expérience tenait magistra-
lement la place des faits bien établis lorsque
Sanctorius[1] réduisit au calcul, pour la première
fois, par des pesées directes, la transpiration
insensible du corps humain et en compara la
quantité à celle des déjections grossières. Dodart[2] en France, et Keill[3] en Angleterre, suivi-
rent l'illustre médecin de Padoue dans la voie

(1) Voyez *Sanctorii De statica medicina aphorismorum sectiones, cum commentario Listeri,* 1703, in-12.

(2) *Histoire de l'Académie des sciences,* t. II, p. 276;
1696.

(3) *Sanctorii De statica medicina aphorismorum
sectionibus septem distinctorum explanatio physico-me-
dica. Cui statica medicina tum gallica P. Dodart, tum
britannica Cl. Keill notis aucta. Auctore P. Noquez.
Parisiis,* 1725, in-8.

expérimentale qu'il avait ouverte, en cherchant
dans la balance la démonstration des pertes incessantes que fait l'organisme. La continuité des
observations fait le principal mérite de ces pa-
tientes recherches. Sanctorius vivait, pour ainsi
dire, dans le plateau de sa balance, et Dodart
consacra trente-trois années de son existence à
rechercher les variations que subit la somme
des transpirations aux différentes époques de
la vie et aux diverses heures du jour. La connaissance de cette somme n'était qu'un premier
renseignement qui n'aurait pas jeté une grande
lumière sur les fonctions de la vie si on n'en
avait distingué bientôt ce qui est dû particulièrement à la respiration.

Ce n'est qu'après l'invention de la physique
pneumatique qu'on commence à avoir quelques
notions ayant un fondement de vérité sur la respiration. Des travaux de Fabricius d'Aguapen-
dente , Mayow[1] , Drebbel, Boyle[2] , Swammer-

(1) *Tractatus quinque medico-physici quorum primus
agit de sale nitro et spiritu nitro-aero ; secundus de
respiratione, etc., studio Joh. Mayow. Oxonii,* 1674.—
Dans cet ouvrage; Jean Mayow s'exprime ainsi : « L'air
perd, par la respiration des animaux comme par la
combustion, de sa force élastique ; et il faut croire que
les animaux, tout comme le feu, enlèvent à l'air des
particules de même genre. »

(2) De 1668 à 1678, Boyle a fait plusieurs centaines
d'expériences sur un grand nombre d'animaux de différentes classes dans le but d'isoler la portion de l'air
qui est éminemment respirable. (*Physico-mechanical
experiments.*)

damm[1], Malpighi, Bellini, Jean Bernoulli[2], Frédéric Hoffmann[3], il résulte uniquement que l'air introduit dans les poumons enlève quelque chose au sang, et qu'une portion de l'air seulement est propre à produire ce résultat. Hales[4] ne peut tirer de ses nombreuses expériences d'autre conséquence que celle-ci : *l'air inspiré se perd pour une portion dans le sang*, mais il y a encore *bien des ténèbres sur l'usage dont il peut être*. Les fausses idées introduites dans la science par la théorie de Stahl sur le prétendu rôle du phlogistique n'étaient point de nature à dissiper ces ténèbres. On en resta, durant tout le dix-huitième siècle, aux opinions générales développées par Nicolas Lefebvre dans son *Traité de chimie*, à savoir que « l'air ne se borne pas, dans l'acte de la respiration, à rafraîchir le poumon, mais qu'il y a encore une véritable réaction sur le sang par le moyen de *l'esprit universel* qui en subtilise et volatilise toutes les superfluités[5]. » Priestley[6], ayant dé-

(1) *Tractatus physico-anatomico-medicus de respiratione usuque pulmonum*, 1667 et 1679.

(2) *Dissertatio de effervescentia et fermentatione*, 1690.

(3) *Observ. et dissert. physico-medic. et chim.* 1708.

(4) *Statique des végétaux et des animaux.* Londres, 1727. Voir notamment expérience 110 de la statique des végétaux, et expérience 13 de celle des animaux.

(5) *Leçons de philos. chimique*, par M. Dumas, p. 57.

(6) *Experiments and observations on different kinds of air*. Londres, t. I, 1774 ; t. II, 1775 ; t. III, 1777 ; traduction en français par Gibelin, en 1777.

couvert l'oxygène, fait bien voir que c'est à ce gaz, *air déphlogistiqué*, que l'air atmosphérique doit sa propriété d'entretenir la vie ; mais il pensait simplement que la respiration des animaux avait la propriété de *phlogistiquer* l'air, comme la calcination des métaux, la fermentation, la putréfaction.

C'est à Lavoisier[1] qu'il faut faire remonter la gloire d'avoir découvert que l'oxygène de l'air inspiré était, dans l'air expiré, remplacé par de l'acide carbonique. Dès ce moment on comprit qu'il ne serait possible de jeter quelque jour sur les mystères de l'entretien de la vie animale qu'en étudiant attentivement tous les produits de la respiration et de la digestion. Lavoisier ne tarda pas d'ailleurs à dissiper toutes les ténèbres en établissant la proposition suivante[2] : « La conservation de la chaleur animale est due, au moins en grande partie, à la chaleur que produit la combinaison de l'air pur respiré par les animaux avec la base de l'air fixe que le sang leur fournit. »

La question était ainsi embrassée dans son ensemble par le génie du grand chimiste ; elle était résolue dans plusieurs de ses parties. L'oxygène de l'air se combine avec le carbone du sang,

(1) *Expériences sur la respiration des animaux et sur les changements qui arrivent à l'air en passant par leurs poumons.* Mémoires de l'Académie des sciences, année 1777, p. 185.

(2) *Mémoire sur la chaleur*, par Lavoisier et Laplace. Mém. de l'Acad. des sciences, année 1780, p. 355.

et il se dégage de l'acide carbonique en même temps que de la chaleur. La quantité de l'acide carbonique étant dosée, Lavoisier[1] constate que le volume de ce gaz est toujours moins considérable que le volume de l'oxygène altéré, et qu'en conséquence une portion de cet oxygène se combine avec l'hydrogène du sang et forme de l'eau. Cette eau se joint à celle des aliments pour s'exhaler, soit avec l'air expiré, soit par la transpiration cutanée[2], soit enfin par les déjections et les diverses humeurs. Ainsi le phénomène de la respiration se relie à tous les phénomènes vitaux ; il est en rapport direct avec l'alimentation qui fournit les éléments de la combustion dont nos poumons sont en quelque sorte le foyer.

Bien des détails sans doute restent encore à harmoniser dans cet ensemble ; cependant il présente désormais l'aspect d'un édifice indestructible que les âges futurs ne pourront plus que perfectionner, bien différent en cela des autres monuments de l'homme dont le temps emporte à chaque instant quelques débris. En effet, Lavoisier a découvert des faits positifs; il les a constatés avec soin et il les a enchaînés les uns

(1) *Mémoires sur la respiration des animaux*, par Lavoisier et Armand Seguin. Mémoires de l'Acad. des sciences, année 1789, et Ann. de chimie, t. XCI.

(2) *Mémoires sur la transpiration*, par Lavoisier et Armand Seguin. Mém. de l'Acad., année 1790, et Ann. de chimie, t. XC.

aux autres par une observation sévère, sans que
l'imagination ait pris aucune part à leur coor-
dination. Aussi, dans le cercle merveilleuse-
ment décrit par Lavoisier, vont rentrer désormais toutes les recherches qui auront pour but
de rendre compte des phénomènes nombreux
qui se passent dans l'entretien de la vie des
êtres organisés.

Pour établir les faits généraux dont nous venons de retracer la découverte, Lavoisier et Seguin se sont servis d'animaux divers, et ils ont
pu analyser directement les produits gazeux de
la respiration. Quand il s'est agi d'expérimenter sur l'homme et de trouver les rapports numériques des différentes pertes du corps humain,
ils ont eu recours à des expériences statiques
longtemps prolongées et extrêmement nombreuses, faites à la manière de celles de Sanctorius.
Mais au lieu de n'indiquer qu'un seul rapport
entre la masse des pertes du corps et la masse
des aliments, comme celles de Sanctorius, les
nouvelles expériences fractionnaient le problème
en donnant plusieurs rapports relatifs à l'acide
carbonique exhalé, à l'eau de la transpiration
pulmonaire, à l'eau de la transpiration cutanée,
aux aliments solides, aux aliments liquides.
Mais tous ces résultats ne concernaient encore
que les quantités; il restait à faire connaître la
nature des produits, jusques alors dosés quantitativement seulement, à peu d'exceptions près.

Cette manière d'envisager la question exigeait la création de nouveaux procédés d'analyse chimique. Lavoisier l'avait compris, et certainement il eût multiplié ses découvertes, si la tempête révolutionnaire, par une fatale méprise, ne l'avait pas prématurément emporté. Ses successeurs ont dû continuer et étendre ses recherches dans la voie de l'appréciation qualitative en même temps que quantitative.

La production de l'acide carbonique dans l'acte de la respiration a été étudiée de nouveau et vérifiée pour tous les animaux par Menziez[1], Davy[2], Spallanzani[3], Allen et Pepys[4], MM. de Humboldt et Provençal[5], Proust[6], Legallois[7], Dulong[8], M. Despretz[9], Edwards[10], M. Dumas[11],

(1) *Annales de chimie*, t. VIII.
(2) *Research. chem. and philos.*, *chiefly concerning nitrous oxide or dephlogisticated air and its respirat.* London, 1800.
(3) *Mémoires sur la respiration*, traduits par Sennebier. Genève, 1803.
(4) *Philos. trans.*, 1808.
(5) *Mém. de la Soc. d'Arcueil*, t. II, 1809.
(6) *Thomson's Ann. of philos.*, II, 1814.
(7) *Mémoire sur la chaleur animale*. Ann. de chimie et de phys, t. IV, 1817.
(8) *Mémoire sur la chaleur animale*, lu à l'Acad. des sciences en 1822. Ann. de chimie et de phys., 3ᵉ série, t. I.
(9) *Recherches sur les causes de la chaleur animale*, 1823. Ann. de chimie et de phys., t. XXVII.
(10) *De l'influence des agents physiques sur la vie*, 1824.
(11) *Essai de statique chimique des êtres organisés*, document IX.

MM. Andral et Gavarret [1], MM. Scharling et Hannover [2], M. Marchand [3], MM. Valentin et Brunner [4], M. Vierordt [5], M. Letellier [6], MM. Regnault et Reizet [7].

Dans ces nombreuses et belles recherches, les produits de la respiration ont été examinés tant sous le rapport des quantités d'acide carbonique et d'eau exhalés que sous celui de la quantité d'oxygène absorbé, et de la relation que ces deux phénomènes doivent avoir avec l'entretien de la chaleur animale. La question de l'exhalation de l'azote a été mise également hors de doute, quoique quelques physiciens aient pensé pouvoir nier ce phénomène ; il est resté du moins comme très probable qu'il se fait un échange continuel entre l'azote de l'atmosphère, celui des aliments et enfin celui de l'organisme. L'eau perdue, tant par la respiration que par la transpiration insensible de la peau, et par la sueur, n'a pas non plus échappé à l'attention

(1) *Recherches sur la quantité d'acide carbonique exhalé par le poumon dans l'espèce humaine.* Ann. de chimie et de phys., 3ᵉ série, t. VIII, 1843.

(2) *Ann. de Wohler et Liebig*, 45.

(3) *Journal d'Erdmann et Marchand*, 33.

(4) *Roser und Wunderlich's medicinischer Vierteljahrsschrift.* Stuttgard, 1843.

(5) *Wagner's Handwœrbuch der Physiologie*, Bd. II, 1845.

(6) *Annales de chimie et de physique*, 3ᵉ série, t. XIII, p. 478.

(7) *Sur la respiration des animaux.* Comptes-rendus de l'Acad. des sciences, 1848, t. XXVI.

des observateurs, qui ont eu soin de chercher le
rapport qu'elle doit avoir avec l'eau des urines,
ainsi que l'influence qu'elle peut exercer sur
l'air ambiant en s'échappant en même temps
peut-être que de l'azote et de l'acide carbonique.
Aux auteurs que nous avons déjà cités, il faut
joindre, comme ayant étudié particulièrement
cette partie de la statique des animaux : Rye[1],
Leining[2], Robinson, Home, Stark, Cruishank,
Abernethy[3], Anselmino[4], Piutti[5], Simon[5],
M. Thénard[6], Berzélius[7], Dalton[8], Hallmann[9],
M. Colard de Martigny[10].

Si l'exhalation de l'azote par la transpiration
insensible a pu être contestée, il ne reste aucun
doute sur la quantité assez considérable de ce
gaz qui s'échappe chaque jour du corps des animaux à l'état d'urée dans les urines. Les recherches de M. Lecanu[11] ont complétement résolu
cette question, sans établir de liens toutefois,

(1) *Roger's Essay on epidemic diseases.* Dublin, 1734.
(2) *Philos. transact.*, 1742, 1743.
(3) *Chirurg. und physikal. Versuche.* Leipsig, 1795.
(4) Tiedemann Zeitschrifft, t. II, p. 321.
(5) F. Simon, *Handbuch der Angewandten medici-
nischen Chemie*, t. II, p. 332.
(6) *Mémoire sur la sueur.* Annales de chimie, t. LIX,
p. 262.
(7) *Traité de chimie*, t. VII, p. 324.
(8) *Muller's Physiologie, dritte auflage*, p. 577.
(9) *Medecin. vereinszeitung*, 1843, n° 38.
(10) *Journal de physiologie* de M. Magendie, t. XI.
(11) *Journal de pharmacie*, t. XVII, p. 649, et t. XXV,
p. 681.

entre l'azote des aliments et l'azote ainsi rejeté
de l'organisme. Cette remarque est d'ailleurs
applicable à toutes les observations faites jusqu'à ce jour concernant la statique humaine ;
on a étudié les différentes pertes éprouvées par
le corps sans les comparer aux gains, sauf cependant pour la quantité d'eau que Lavoisier et Seguin ont eu soin de séparer quelquefois de la
masse du bol alimentaire.

Les expérimentateurs anciens distinguaient
les aliments en solides et en liquides ; mais une
telle division n'indiquait absolument rien sur
leur richesse en carbone, hydrogène ou azote
(ces éléments se trouvent indifféremment, soit
dans les aliments solides, soit dans les aliments
liquides) ; elle n'apprenait rien non plus relativement à l'eau et aux sels minéraux ingérés qui
entrent dans tous les aliments. M. Boussingault,
dans ses nombreuses expériences sur les animaux, a seul suivi une méthode différente, en
déterminant directement, par l'analyse élémentaire, la composition de la nourriture prise et
celle des produits rendus par le cheval[1], la vache[2] et la tourterelle[3]. Une expérience du même genre a été faite pour la race chevaline par

(1) *Ann. de chimie et de phys.*, 2ᵉ série, t. LXXI,
p. 113.

(2) *Ibid.*, p. 128

(3) *Comptes-rendus de l'Acad. des sciences*, t. XIX,
p. 73, et *Annales de chimie et de phys.*, 3ᵉ série, t. XI,
p. 433.

M. Valentin[1]. Il est juste cependant d'ajouter
que relativement à l'homme, M. Liebig[2] a essayé de résoudre la question qui nous occupe par
la même voie ; mais cet habile chimiste s'est
contenté de faire peser pendant un mois les
principaux aliments d'une compagnie de la
garde grand-ducale de Hesse-Darmstadt, en re-
gardant les aliments *secondaires* comme équivalant approximativement aux excréments et à
l'urine, du moins pour la teneur en carbone.
M. Liebig a fait des évaluations analogues sur
la nourriture d'une famille composée de cinq
personnes, et sur celle des prisonniers de Giessen et de Marienschloss. Mais cette application
de la méthode de M. Boussingault est trop im-
parfaite pour qu'on puisse en laisser les résultats s'asseoir définitivement et sans conteste dans
la science.

III.—*Méthode d'expérience.*

Nous avons suivi dans les cinq expériences
qui font l'objet de ce Mémoire la méthode d'a-
nalyse directe des aliments et des évacuations
tant solides que liquides. Il manque évidemment
à nos recherches d'avoir simultanément analysé

(1) *Handwœrterbuch der Physiologie, von Rudolph
Wagner*, p. 384.
(2) *Chimie organique appliquée à la physiologie animale*, p. 39 et 294.

les produits de la transpiration pulmonaire et cutanée, et d'avoir dosé la quantité d'air employée par la respiration. Nous tâcherons, dans des expériences postérieures, d'embrasser ainsi dans tout son ensemble le problème de la statique du corps humain. Nous avons pensé pouvoir cependant présenter dès maintenant les résultats de nos recherches jusqu'à ce jour, parce qu'ils nous ont semblé avoir quelque importance désormais acquise, parce que d'ailleurs leur continuation durant de longues années et leur variation multipliée étant nécessaires pour former un ensemble définitif, nous avons dû commencer par poser les bases du travail auquel nous nous sommes voué.

Nous avons expérimenté deux fois sur nous-même, en hiver et en été, et une fois sur un petit garçon, sur un vieillard et sur une femme. La durée de chaque expérience a été de cinq jours, ce terme nous ayant paru, par des essais préparatoires, donner des résultats qui se confondent avec la moyenne d'un plus grand nombre de jours.

Dans les tableaux qui résument nos opérations, figurent comme résultats immédiats ces quatre données : eau, matière organique, chlore, sels minéraux fixes de tous les aliments et des évacuations. Nous donnons ensuite le détail de la composition élémentaire de la matière organique en carbone, hydrogène, azote et

oxygène. Pour chacune de nos cinq expériences,
nous présentons ainsi deux genres de tableaux :
l'un est relatif aux quantités quotidiennes con-
sidérées en bloc des matières ingérées et évacuées ; l'autre, complétement analytique, concerne les détails des aliments ou des évacuations
pour la durée de cinq jours. Nous en concluons
ensuite la statique complète de la vie dans chacun des cas examinés.

Comme nous l'avons dit au commencement
de ce Mémoire, nous avions eu d'abord en vue
d'examiner le rôle du sel dans l'économie humaine. En conséquence nous avons dosé avec
soin le chlore, tant des aliments que des évacuations. Dans ce but, la totalité de l'urine et des
excréments, et des échantillons de tous les aliments ingérés, ont été évaporés jusqu'à siccité, de
manière que l'eau en a été déterminée ; une portion du résidu sec étant incinérée, on a séparé
ainsi la proportion de la matière organique et
de la matière minérale ; enfin une portion des
cendres a été dissoute dans l'eau distillée rendue
acide par de l'acide azotique, et, après filtration,
précipitée par une dissolution normale d'azotate
d'argent.

De cette façon le chlore, et non pas le chlorure de sodium, a été dosé. Ce n'est que par
l'hypothèse qu'il n'y a pas dans la substance analysée d'autres chlorures, au moins en proportion
comparable à celle du sel marin, qu'on peut con-

clure d'une pareille analyse la quantité du chlorure de sodium ingéré ou rejeté de l'organisme. En supposant que cette hypothèse est inad-
missible, ce qui est contraire à la réalité, nos
expériences n'en donnent pas moins avec exactitude la statique du chlore ; cette seule recherche est déjà digne d'intérêt.

IV.— *Détails des expériences.*

Nous n'avons tenu compte des sécrétions buccales et nasales que dans la première des cinq
expériences qui suivent. Le premier tableau relatif à la quotité de la consommation et des sécrétions journalières en fait donc seul mention.
Nous avons donné précédemment (§ III du
CHAP. V)[1] les résultats analytiques auxquels
nous avons été conduits à ce sujet ; nous
sommes, par conséquent, dispensé d'y revenir.

Afin de ne pas allonger outre mesure notre
Mémoire, nous n'avons point détaillé les nombreuses analyses chimiques des matières alimentaires et des sécrétions que nous avons dû exécuter ; mais nos tableaux contiennent assez de
renseignements pour que l'on puisse y retrouver tous ceux dont on aurait besoin pour faire
des recherches analogues aux nôtres, ou bien
pour nous emprunter quelques chiffres utiles.

(1) *Voir* p. 152.

1°.—PREMIÈRE EXPÉRIENCE FAITE SUR MOI.

Age : 29 ans. — Poids : 47^k.5.

Cette expérience a été exécutée en hiver ; rapprochée de celle qui est détaillée plus loin (p. 251), elle présente un intérêt particulier. Il en résulte que dans les recherches de ce genre on doit avoir soin de tenir compte de la température extérieure et de l'état hygrométrique de l'atmosphère.

Tableau de la consommation et des sécrétions journalières.

Dates.	Températ. moyenne.	Pression barométrique moyenne. mill.	Aliments solides. gr.	Aliments liquides. gr.
29 décembre 1847.	—0°05	759.64	1,307	1,793
30. . . id.	—2.70	755.07	1,098	1,551
31. . . id.	—0.80	753.69	1,059	1,503
1er janvier 1848. .	+0.40	754.81	908	1,498
2. . . id.	+0.45	757.34	1,187	1,870
Totaux.. . . .	—2.70	3,780.55	5,559	8,215
Moyennes par jour.	—0.54	756.11	1,112	1,643

Dates.	Bol alimentaire total. gr.	Urine. gr.	Excrém. gr.	Sécrétions buccales et nasales. gr.
29 décemb. 1847.	3,100	1,586	85	8
30. . . id. . . .	2,649	1,104	99	10
31. . . id. . . .	2,562	1,110	45	13
1er janvier 1848.	2,406	993	308	13
2. . . id. . . .	3,057	822	171	17
Totaux.. . .	13,774	5,615	708	61
Moyennes p. jour.	2,755	1,123	141.6	12.2

Tandis que le tableau précédent indique comment se sont répartis les divers aliments et évacuations , les tableaux suivants rendent compte de leur composition chimique et donnent tous les éléments propres à calculer la statique du corps humain.

Tableau analytique de la consommation des cinq jours.

Noms des aliments.	Eau.	Matière organ. sèche 100°	Chlore.	Sels min. fixes.	Quot. des al. ingér.
	gr.	gr.	gr.	gr.	gr.
Pain.	633.417	1,245.357	2.040	42.286	1,924
Bœuf.	895.411	333.535	0.109	38.945	1,268
Veau.	512.470	216.396	0.036	19.098	748
Pom. de terre.	291.687	105.936	0.160	3.217	401
Haricots. . .	62.647	230.039	0.197	9.117	302
Carottes. . .	116.838	6.235	0.037	0.890	124
Oignons . . .	55.201	6.380	traces.	0.419	62
Far. de from.	1.301	8.286	traces.	0.413	10
Beurre. . . .	13.663	269.755	0.042	0·540	284
Fr. de Gruy.	34.300	93.011	0.401	4.288	132
Lait	1,100.017	106.289	0.739	4.955	1,212
Café.	955.913	22.696	0.069	4·322	983
Vinaigre. . .	19.601	0.366	0.001	0.032	20
Moutarde. . .	36.700	7.920	0.462	0.918	46
Chl. de sod. [1]	0.000	0 000	33.785	22.215	56
Sucre.	0.000	542.000	0.000	0.000	542
Eau de Seine.	2,011.789	0.070	0.019	0.122	2,012
Vin [2]. . . .	2,178.749	336.662	0.071	4.518	2,520
Eau-de-vie. .	54r257	54·716	0.000	0.027	109
Eau distillée. [3]	1,019.000	0.000	0.000	0.000	1,019
Totaux. . .	9,992.961	3,585.649	39.068	156.322	13,774
Moy. par j.	1,998.592	717.130	7.814	31.264	2,755

(1) Sel d'assaisonnement ajouté directement aux aliments.

(2) Pour le vin et l'eau-de-vie, l'alcool a été compté comme faisant partie de la matière organique supposée desséchée.

(3) Pour faire cuire les aliments et remplacer l'eau d'évaporation, on s'est toujours servi d'eau distillée, l'eau ordinaire devant introduire une quantité de sel dont il eût été difficile de tenir compte.

Tableau analytique des évacuations des 5 jours.

Évaluations.	Eau.	Matière organ. sèche.	Chlore.	Sels min. fixes.	Quotités des évac.
	gr.	gr.	gr.	gr.	gr.
Urine.	5,357.200	185·194	24.806	47.800	5,615
Excréments . . .	531.620	146·929	0.319	29.132	708
Totaux	5,888.820	332.123	25.125	76.932	6,323
Moy. par jour.	1,177.764	66.425	5.025	15.386	1,265

Composition élémentaire de la matière organique des aliments.

Noms des alim.	Carbone.	Hydrogène.	Azote.	Oxygène.	Total.
	gr.	gr.	gr.	gr.	gr.
Pain et farine	586.329	84.115	30.087	553.112	1,253.643
Viande. . . .	295.623	43.390	85.974	124.944	549.931
Pom. de terre	49.176	6.468	1.695	48.597	105.936
Haricots. . .	107.041	6.347	9.892	96.759	230 039
Varia[1]	21.529	12.489	0.742	18.907	43.667
Sucre. . . .	228.453	34.851	0.000	278.696	542.000
Vin et e.-d.-v.	206.139	50.488	0.000	134.751	391.378
Lait.	60.585	8.716	4.677	32.311	106.289
Beurre. . . .	213.106	30.752	»	25.897	269.755
Fromage. . .	62.968	8.650	6.697	14.696	93.011
Totaux. . .	1,830.949	286.266	139.764	1,328.671	3,585.649
Moy. p. jour	366.189	57.253	27.953	265.734	717.129

Composition élémentaire de la matière organique des évacuations.

Évacuations.	Carbone.	Hydrogène.	Azote.	Oxygène.	Total.
	gr.	gr.	gr.	gr.	gr.
Urine. . . , .	75.744	15.186	54.262	40.002	185.194
Excréments. .	76.536	11.637	14.046	44.710	146.929
Totaux . . .	152.280	26.823	68.308	84.712	332.123
Moy. p. jour.	30.456	5.364	13.661	16.944	66.425

(1) Sous cette dénomination *varia*, nous avons compris la matière organique sèche des carottes, du vinaigre, de la moutarde, de l'eau de Seine et du café, substances qui ne figurent qu'en petite quantité dans l'alimentation, et pour lesquelles nous avons admis une composition moyenne entre toutes les compositions d'aliments végétaux connus.

Tableau de la statique humaine en 24 heures, d'après cette première expérience.

	Eau. gr.	Sels minéraux. gr.	Chlore. gr.	Carbone. gr.
Aliments.	1,998.6	31.3	7.8	366.2
Evacuations.. . .	1,177.8	15.4	5.0	30.5
Différences.. . .	820.8	15.9	2.8	335.7

	Hydrogène. gr.	Azote. gr.	Oxygène. gr.	Total. gr.
Aliments. . . .	57.3	28.0	265.7	2,754.9
Excréments. . .	5.4	13.7	16.9	1,264.7
Différences.	51.9	14.3	248.8	1,490.2

Les 248^{gr}.8 d'oxygène qui, dans cette première expérience, se trouvent en excédant sur la quantité d'oxygène des excrétions exigent 31^{gr}.1 d'hydrogène pour donner 279^{gr}.9 d'eau prédisposée à se former dans les aliments, sans l'intervention de l'oxygène de la respiration.

Il reste 20^{gr}.8 d'hydrogène qui ont dû prendre à l'air inspiré 166^{gr}.3 d'oxygène pour former 187^{gr}.1 d'eau provenant de la combustion des aliments.

En conséquence, l'eau sortie par la sueur, la transpiration insensible et les diverses excrétions nasales, buccales, etc., s'est élevée à :

	gr.
Eau des aliments.	820.8
Eau prédisposée.	279.9
Eau de combustion pulmonaire . . .	187.1
Total.	1,287.8

Rapport de l'eau des transpirations à l'eau des évacuations :
$$= \frac{1287.8}{1177.8} = 1.09.$$

L'eau qui a circulé en un jour à travers l'organisme s'est élevée en totalité à 2,465^{gr}.6 ; elle s'est échappée du corps en portions à peu près égales par la perspiration, d'une part, et par les urines et les excréments, d'autre part.

D'autre part, les 335^{gr}.7 de carbone qui se trouvent être entrés dans l'alimentation en excédant sur les évacuations exigent 895^{gr}.2 d'oxygène pour se transformer en 1230^{gr}.9 d'acide carbonique par la combustion pulmonaire.

De cette façon, les transpirations se sont élevées à :

	gr.
Eau	1287.8
Acide carbonique	1230.9
Total	2518.7

Rapport des transpirations aux évacuations :
$$= \frac{2518.7}{1264.7} = 1.991.$$

Comme, d'après les expériences de MM. Dumas, Andral, Gavarret, etc., l'air sortant des poumons contient en moyenne 4 p. 100 d'acide carbonique, les 1230^{gr}.9 d'acide carbonique rendus par jour dans l'expérience précédente supposent 30772^{gr}.5 d'air contenant 23691^{gr}.7

d'azote. Les 14^{gr}.3 d'azote que nous trouvons en excédant dans l'alimentation sur les évacuations ne sont que les 0.0006 de cette quantité.

2°.—Deuxième expérience faite sur moi.

Cette expérience ne diffère de la première qu'en ce que la saison avait changé; il était curieux de rechercher l'influence de l'élévation de la température extérieure sur la statique du corps humain.

Tableau de la consommation et des excrétions journalières.

Dates.	Températ. moyenne.	Pression barométrique moyenne.	Aliments solides.
		mill.	gr.
28 juillet 1848. . . .	18°75	760.55	700
29. . *id*.	20.05	759.51	699
30. . *id*.	22.55	753.14	822
31. . *id*.	21.00	748.11	603
1er août.	18.55	760.78	634
Totaux. . . .	100.90	3,771.99	3,458
Moyennes par jour.	20.18	754.40	691.6

	Aliments liquides.	Bol alimentaire total.	Urine.	Excrém.
	gr.	gr.	gr.	gr.
28 juillet 1848. .	1,728	2,428	1,383	26
29. . *id*.	1,971	2,670	776	139
30. . *id*. . . .	1,492	2,314	1,049	117
31. . *id*. . . .	1,732	2,335	913	13
1er août	1,549	2,183	1,000	82
Totaux . . .	8,472	11,930	5,120	377
Moyenn. p. jour.	1,694.4	2,386	1,024	75.4

Tandis que le tableau précédent indique comment se sont répartis les divers aliments et évacuations, les tableaux suivants rendent compte de leur composition chimique et donnent tous les éléments propres à calculer la statique du corps humain, pour un adulte et durant l'été.

Tableau analytique de la consommation des 5 jours.

Noms des aliments.	Eau.	Matière organ. sèche à 110°.	Chlore.	Sels minéraux fixes.	Quotités des aliments.
	gr.	gr.	gr.	gr.	gr.
Pain..	439.183	863.472	2.032	29.313	1,334
Bœuf bouilli..	186.176	138.474	0.297	9.053	334
Bœuf.	148.294	55.238	0.019	6.449	210
Veau roti.	122.373	84.949	0.059	6.619	214
Pom. de terre..	320.056	116.239	0.178	3.527	440
Haricots..	88.577	325.254	0.278	12.891	427
Beurre.	5.196	102.583	0.016	0.205	108
From. de Gruy.	51.188	138.814	0.599	6.399	197
Lait..	511.184	49.323	0.324	2.169	563
Café..	786.121	12.202	0:031	2.646	801
Moutarde.	10.372	2.238	0.131	0.259	13
Bouillon de bœuf	928.649	84.156	5.375	10.820	1,029
Chlorure de sod.	»	»	6.638	4.362	11
Sucre.	»	208.000	»	»	208
Eau de Seine..	2,895.692	0.103	0.029	0.176	2,896
Vin.	2,719.104	420.141	0.094	5.661	3,145
Totaux.	9,212.165	2,601.186	16.100	100.549	11,930
Moyen. p. jour.	1,842.433	520.237	3.220	20.110	2,386

Tableau analytique des évacuations des 5 jours.

Évacuations.	Eau.	Mat. organiq.	Chlore.	Sels minér.	Quotités des évac.
	gr.	gr.	gr.	gr.	gr.
Urine..	4,890.200	167.752	18.804	43.244	5,120
Excréments..	274.090	85.302	0.109	17.499	377
Totaux..	5,164.290	253.054	18.913	60.743	5,497
Moyen. p. jour.	1,032.858	50.611	3.783	12.148	1,099.4

*Composition élémentaire de la matière organique
des éléments.*

Noms des alim.	Carbone.	Hydrogène.	Azote.	Oxygène.	Totaux.
	gr.	gr	gr.	gr.	gr.
Pain.. . . .	404.105	57.853	20.723	380.791	863.472
Via.et bouil.	196.465	28.699	56.854	80.799	362.817
P. de terre..	53.354	7.091	1.860	53.934	116.239
Haricots. . .	151.243	23.093	13.986	136.932	325.254
Varia. . . .	7.170	0.829	0.247	6.297	14.543
Sucre. . . .	87.672	13.374	0.000	106.954	208.000
Vin.	221.288	54.198	0.000	144.655	420.141
Lait.	28.114	4.044	2.170	14.995	49.323
Beurre.. . .	81.041	11.694	0.000	9.848	102.583
Fromage.. .	93.977	12.910	9.995	21.932	138.814
Totaux.	1,324.429	213.785	105.835	957.137	2,601.186
Moy. p.jour.	264.886	42.757	21.167	191.427	520.237

*Composition élémentaire de la matière organique
des évacuations.*

Évacuations.	Carbone.	Hydrogène.	Azote.	Oxygène.	Totaux.
	gr.	gr.	gr.	gr.	gr.
Urine.. . . .	68.611	13.756	49.151	36.234	167.752
Excréments.. .	44.434	6.756	6.227	27.885	85.302
Totaux..	113.045	20.512	55.378	64.119	253.054
Moy. p. jour.	22.609	4.102	11.076	12.824	50.611

*Tableau de la statique humaine en 24 heures, d'après
la deuxième expérience.*

	Eau.	Sels minéraux.	Chlore.	Carbone.
	gr.	gr.	gr.	gr.
Aliments. . . .	1,842.4	20.1	3.2	264.9
Évacuations.. . .	1,032.9	12.1	3.8	22.6
Différences.. .	809.5	8.0	—0.6	242.3

	Hydrogène.	Azote.	Oxygène.	Total.
	gr.	gr.	gr.	gr.
Aliments. . . .	42.8	21.2	191.4	2,386.0
Évacuations.. .	4.1	11.1	12.8	1,099.4
Différences.	38.7	10.1	178.6	1,286.6

Les 178^{gr}.6 d'oxygène qui, dans les aliments, se trouvent en excédant sur les évacuations, exigent 22^{gr}.3 d'hydrogène pour former 200^{gr}.9 d'eau prédisposée à se former dans les aliments.

Il reste 16^{gr}.4 d'hydrogène qui ont dû prendre à l'air de la respiration 131^{gr}.2 d'oxygène pour former 147^{gr}.6 d'eau provenant de la combustion des aliments.

En conséquence, l'eau sortie par la sueur et les transpirations s'est élevée à :

	gr.
Eau des aliments.	809.5
Eau prédisposée..	200.9
Eau de combustion pulmonaire.	147.6
Total.	1,158.0

Rapport de l'eau des transpirations à l'eau

$$\text{des évacuations} = \frac{1,158.0}{1,032.9} = 1.122.$$

D'autre part, les 242^{gr}.3 de carbone qui se trouvent être entrés dans l'alimentation en excédant sur les évacuations exigent 646^{gr}.1 d'oxygène pour se transformer en 888^{gr}.4 d'acide carbonique par la combustion pulmonaire.

De cette façon, les transpirations s'élèvent à :

	gr.
Eau..	1,158.0
Acide carbonique.	888.4
Total.	2,046.4

Rapport des transpirations aux évacuations

$$= \frac{2{,}046.4}{1{,}099.4} = 1.846.$$

En admettant que l'air sortant des poumons renferme 4 p. 100 d'acide carbonique, les 888^{gr}.4 d'acide carbonique expiré par jour dans cette expérience supposent 22,210 gr. d'air contenant 17,099 gr. d'azote. Les 10^{gr}.1 d'azote que nous trouvons en excédant dans l'alimentation sur les évacuations ne sont que les 0.00059 de cette quantité.

3º.—EXPÉRIENCE FAITE SUR L'UN DE MES FILS.

Age : 6 ans 6 semaines. — Poids : 15 kilogrammes.

Tableau de la consommation et des excrétions journaliéres.

Dates.	Températ. moyenne.	Pression barométrique moyenne. mill.	Aliments solides. gr.
18 février 1848,. . . .	+3º20	764.98	512
19. . *id*	1.95	754.82	323
20. . *id*	3.50	741.95	448
21. . *id*	4.95	752.94	458
22. . *id*	7.55	744.99	461
Totaux. . . .	21.15	3,759.68	2,202
Moyennes par jour.	4.23	751.94	440.4

Dates.	Aliments liquides. gr.	Bol alimentaire total. gr.	Urine. gr.	Excrém. gr.
18 février 1848..	768	1,280	430	82
19. . *id*. . . .	883	1,206	326	83
20. . *id*. . . .	1,097	1,545	634	61
21. . *id*. . . .	1,206	1,664	830	40
22. . *id*. . . .	825	1,286	383	154
Totaux . . .	4,779	6,981	2,603	420
Moyenn. p. jour.	955.8	1,396.2	520.6	84

Tandis que le tableau précédent indique comment se sont répartis les divers aliments et évacuations, les tableaux suivants rendent compte de leur composition chimique et donnent tous les éléments propres à calculer la statique du corps humain pour un jeune enfant.

Tableau analytique de la consommation des 5 jours.

Noms des aliments.	Eau.	Matière organ. sèche à 110°.	Chlore.	Sels minéraux fixes.	Quotités des alim. ingérés.
	gr.	gr.	gr.	gr.	gr.
Pain	233.416	459.918	1.080	14.586	709
Bœuf.	118.635	44.191	0.015	5.159	168
Bœuf bouilli.. .	36.326	20.455	0.118	1.101	58
Veau.	68.512	28.858	0.048	2.582	100
Pom. de terre..	165.120	59.969	0.091	1.820	227
Baba.	1.846	8.614	0.014	0.526	11
Crème	136.907	58.398	0.024	1.671	197
Beurre.	4.330	85.486	0.013	0.171	90
From. de Gruy.	17.149	46.506	0.201	2.144	66
Bouill. de bœuf.	598.344	37.613	5.132	7.911	649
Lait..	418.263	44.087	0.173	2.477	465
Café	184.456	10.709	0.005	0.830	196
Sucre..	0.000	446.000	0.000	0.000	446
Confitures.. . .	27.756	106.749	traces.	2.495	137
Sel.	»	»	2.426	1.594	4
Moutarde.. . .	2.394	0.517	0.030	0.059	3
Eau de Seine. .	2,549.730	0.090	0.026	0.154	2,550
Vin..	782.445	120.899	0.027	1.629	905
Totaux. .	5,345.629	1,579.059	9.423	46.909	6,981
Moy. par jour..	1,069.126	315.812	1.885	9.382	1,396.2

Tableau analytique des évacuations des 5 jours.

Évacuations.	Eau.	Mat. organiq.	Chlore.	Sels minér. fixes.	Quotités des évacuat.
	gr.	gr.	gr.	gr.	gr.
Urine.. . . .	2,524.000	53.267	9.703	16.030	2,603
Excréments. .	311.980	93.692	0.118	14.210	420
Totaux..	2,835.980	146.959	9.821	30.240	3,023
Moy. par jour.	567.196	29.392	1.964	6.048	604.6

Composition élémentaire de la matière organique
des aliments.

Noms des aliments.	Carbone.	Hydrogène.	Azote.	Oxygène.	Totaux.
	gr.	gr.	gr.	gr.	gr.
P.,baba,crème.	246.603	35.304	12.646	232.377	526.930
Vian. et bouill.	71.000	10.371	20.546	29.200	131.117
Pom. de terre.	27.526	3.658	0.959	27.826	59.969
Sucre et confit.	232.984	35.542	0.000	284.223	552.749
Vin	63.678	15.596	0.000	41.625	120.899
Lait.	25.130	3.615	1.940	13.402	44.087
Beurre.. . . .	67.534	9.745	0.000	8.207	85.486
Fromage. . . .	31.485	4.325	3.348	7.348	46.506
Varia. . . .	5.579	0.645	0.192	4.900	11.316
Totaux..	771.519	118.801	39.631	649.108	1,579.059
Moy. par jour..	154.304	23.760	7.926	129.822	315.812

Composition élémentaire de la matière organique
des évacuations.

Évacuations.	Carbone.	Hydrogène.	Azote.	Oxygène.	Totaux.
	gr.	gr.	gr.	gr.	gr.
Urine	21.786	4.368	15.607	11.506	53.267
Excréments.. .	48.804	7.420	8.957	28.511	93.692
Totaux. .	70.590	11.788	24.564	40.017	146.959
Moyen. par jour.	14.118	2.358	4.913	8.003	29.392

Tableau de la statique humaine en 24 heures,
d'après cette troisième expérience.

	Eau.	Sels minér.	Chlore.	Carbone.
	gr.	gr.	gr.	gr.
Aliments. . . .	1,069.1	9.4	1.9	154.3
Evacuations. .	567.2	6.1	1.9	14.1
Différences.	501.9	3.3	0.0	140.2

	Hydrogène.	Azote.	Oxygène.	Totaux.
	gr.	gr.	gr.	gr.
Aliments. . . .	23.8	7.9	129.8	1,396.2
Evacuations. .	2.4	4.9	8.0	604.6
Différences.	21.4	3.0	121.8	791.6

Les 121^{gr}.8 d'oxygène qui se trouvent en excédant des aliments sur les évacuations exigent 15^{gr}.2 d'hydrogène pour former 137 gr. d'eau prédisposée à se former dans les aliments.

Il reste 6^{gr}.2 d'hydrogène qui ont dû prendre à l'air inspiré 49^{gr}.6 d'oxygène pour former 55^{gr}.8 d'eau provenant de la combustion des aliments.

En conséquence, l'eau sortie par la sueur et la transpiration insensible et par diverses excrétions s'est élevée à :

	gr.
Eau des aliments.	501.9
Eau prédisposée..	137.0
Eau de combustion pulmonaire.	55.8
Total.	694.7

Rapport de l'eau des transpirations à l'eau des évacuations $= \dfrac{694.7}{567.2} = 1.225$.

D'autre part, les 140^{gr}.2 de carbone qui se trouvent être entrés dans l'alimentation en excédant sur les évacuations exigent 373^{gr}.8 d'oxygène pour se transformer en 514 gr. d'acide carbonique par la combustion pulmonaire.

Les transpirations s'élèvent donc à :

	gr.
Eau.	694.7
Acide carbonique	514.0
Total.	1,208.7

Rapport des transpirations aux évacuations $= \dfrac{1,208.7}{604.6} = 1.997$.

En admettant que l'air sortant des poumons contienne 4 p. 100 d'acide carbonique, les 514 gr. de cet acide expiré par jour dans cette expérience supposent 10,350 gr. d'air contenant 7,968^{gr}.5 d'azote ; les 3 gr. d'azote trouvés en excédant de l'alimentation sur les évacuations ne sont que les 0.0004 de cette quantité.

4°.—EXPÉRIENCE FAITE SUR LE Sr HENRY, garçon de laboratoire.

Age : 59 ans. — Poids : 58^k.7.

Tableau de la consommation et des excrétions journalières.

Dates.	Températ. moyenne.	Pression barométrique moyenne.	Aliments solides.
		mill.	gr.
14 mars 1848. . . .	+5°90	749.49	975
15. . id.	6.65	750.70	1,006
16. . id.	7.25	744.61	919
17. . id.	6.80	743.58	939
18. . id.	5.00	741.15	1,068
Totaux. . . .	31.60	3,729.53	4,907
Moyennes par jour.	6.32	745.91	981

	Aliments liquides.	Bol alimentaire total.	Urine.	Excrém.
	gr.	gr.	gr.	gr.
14 mars 1848 . .	1,622	2,597	1,936	»
15. . id. . . .	1,664	2,670	2,841	»
16. . id. . . .	1,610	2,529	1,453	342
17. . id. . . .	1,721	2,660	2,165	259
18. . id. . . .	2,029	3,097	541	277
Totaux. . .	8,646	13,553	8,936	878
Moyenn. p. jour.	1,729	2,710	1,787	175.6

Tableau analytique de la consommation des 5 jours.

Noms des alim.	Eau.	Matière organique sèche à 110°.	Chlore.	Sels minéraux fixes.	Quotités des aliments ingérés.
	gr.	gr.	gr.	gr.	gr.
Pain.. . . .	1,163.460	2,287.470	5.382	77.688	3,534
Bœuf. . . .	1,057.122	393.769	0.135	45.974	1,497
Fr. de Gruy.	60.023	162.772	0.702	7.503	231
Lait.. . . .	1,710.817	167.605	0.801	8.777	1,888
Café.. . . .	711.988	35.427	0.058	4.527	752
Chl. de sod.	»	»	12.671	8.329	21
Eau de Seine	2,435.744	0.085	0.025	0.146	2,436
Vin.. . . .	1,054.816	163.113	0.043	3.028	1,221
Eau distill..	1,816.000	»	»	»	1,816
Sucre. . . .	»	157.000	»	»	157
Totaux.	10,009.970	3,367.241	19.817	155.972	13,553
Moy.p.jour.	2,001.994	673.448	3.968	31.194	2,710.6

Tableau analytique des évacuations des 5 jours.

Évacuations.	Eau.	Matière organique sèche à 110°.	Chlore.	Sels minéraux fixes.	Quotités des évacuations.
	gr.	gr.	gr.	gr.	gr.
Urine	8,615.200	259.723	16.772	44.305	8,936
Excréments.. .	713.341	132.301	0.383	31.975	878
Totaux.	9,328.541	392.024	17.155	76.280	9,814
Moy. par jour.	1,865.708	78.405	3.431	15.256	1,962.8

Composition élémentaire de la matière organique des aliments.

Noms des alim.	Carbone.	Hydrogène.	Azote.	Oxygène.	Totaux.
	gr.	gr.	gr.	gr.	gr.
Pain... . .	1,070.536	153.261	54.899	1,008.774	2,287.470
Viande.. .	213.226	31.147	61.704	87.692	393.769
Lait. . . .	95.535	13.744	7.375	50.951	167.605
Fromage. .	110.197	15.138	11.720	25.717	162.772
Vin.. . . .	85.912	21.042	»	56.159	163.113
Sucre.. . .	66.176	10.095	»	80.729	157.000
Varia . . .	17.507	2.024	0.604	15.377	35.512
Totaux.	1,659.089	246.451	136.302	1,325.399	3,367.241
Moy. p. j..	331.818	49.290	27.260	265.080	673.448

*Composition élémentaire de la matière organique
des évacuations.*

Évacuations.	Carbone.	Hydrogène.	Azote.	Oxygène.	Totaux.
	gr.	gr.	gr.	gr.	gr.
Urine.. . . .	106.227	21.297	76.099	56.100	259.723
Excréments. .	68.916	10.478	12.648	40.259	132.301
Totaux..	175.143	31.775	88.747	96.359	392.024
Moy. p. jour.	35.029	6.355	17.749	19.272	78.405

*Tableau de la statique humaine en 24 heures,
d'après la quatrième expérience.*

	Eau.	Sels minéraux.	Chlore.	Carbone.
	gr.	gr.	gr.	gr.
Aliments. . .	2,002.0	31.2	4.0	331.8
Évacuations..	1,865.7	15.3	3.4	35.0
Différences..	136.3	15.9	0.6	296.8

	Hydrogène.	Azote.	Oxygène.	Totaux.
	gr.	gr.	gr.	gr.
Aliments.. . .	49.3	27.3	265.1	2,710.7
Évacuations . .	6.4	17.7	19.3	1,962.8
Différences...	42.9	9.6	245.8	747.9

Les 245^{gr}.8 d'oxygène qui dans les aliments se trouvent en excédant sur les évacuations exigent 30^{gr}.7 d'hydrogène pour former 276^{gr}.5 d'eau prédisposée à se former dans les aliments.

Il reste 12^{gr}.2 d'hydrogène qui ont dû prendre à l'air de la respiration 97^{gr}.6 d'oxygène pour former 109^{gr}.8 d'eau provenant de la combustion des aliments.

En conséquence, l'eau sortie par la sueur et les transpirations s'est élevée à :

15.

$$\text{gr.}$$

Eau des aliments. 136.3
Eau prédisposée. 276.5
Eau de combustion pulmonaire.   109.8

Total. 522.6

Rapport de l'eau des transpirations à l'eau des

$$\text{évacuations} = \frac{522.6}{1,865.7} = 0.280.$$

D'autre part, les 296^{gr}.8 de carbone qui se trouvent être entrés dans l'alimentation en excédant sur les évacuations exigent 791^{gr}.5 d'oxygène pour se transformer en 1,088^{gr}.3 d'acide carbonique par la combustion pulmonaire.

De cette façon, les transpirations s'élèvent à :

$$\text{gr.}$$

Eau. 522.6
Acide carbonique 1,088.3

Total. 1,610.9

Rapport des transpirations aux évacuations

$$= \frac{1,610.9}{1,865.7} = 0.863.$$

En admettant que l'air sortant des poumons renferme 4 p. 100 d'acide carbonique, les 1,088^{gr}.3 d'acide carbonique expiré par jour dans cette expérience supposent 27,207^{gr}.5 d'air contenant 20,947^{gr}.1 d'azote. Les 9^{gr}.6 d'azote que nous trouvons en excédant dans l'alimentation sur les évacuations ne sont que les 0.00045 de cette quantité.

5°. — Expérience faite sur la demoiselle V...

Âge : 32 ans. — Poids : 61^k.2.

L'expérience précédente donne tous les éléments nécessaires pour calculer la statique du corps humain dans le cas d'un vieillard. Cette cinquième expérience va servir à établir la statique chimique pour le cas d'une femme adulte, ce qui complétera la série de nos recherches : homme et femme adultes, vieillard, enfant.

Tableau de la consommation et des sécrétions journalières.

Dates.	Températ. moyenne.	Pression barométrique moyenne.	Aliments solides.	Aliments liquides.
		mill.	gr.	gr.
26 mai 1848. . . .	+17°30	756.82	959	1,155
27. . id.	17.70	757.47	863	1,477
28. . id.	16.00	756.70	841	1,606
29. . id.	16.50	755.90	802	1,524
30. . id.	18.75	758.03	1,054	1,417
Totaux.. . .	86.25	3,784.92	4,519	7,179
Moyennes par jour.	17.25	756.98	903.8	1,435.[1]

Dates.	Bol alimentaire total.	Urine.	Excrém.[1].
	gr.	gr.	gr.
26 mai 1848..	2,114	1,013	»
27. . id.	2,340	780	»
28. . id.	2,447	1,154	93
29. . id.	2,326	1,474	»
30. . id.	2,471	1,361	83
Totaux..	11,698	5,782	176
Moyennes p. jour. . . .	2,339.6	1,156.4	35.2

(1) Prévenu de la rareté des selles, nous avons eu soin de faire rendre, le cinquième jour, les excréments à l'aide d'un lavement dont l'eau a été déduite.

Tableau analytique de la consommation des 5 jours.

Noms des aliments.	Eau.	Matière organ. sèche à 110°.	Chloré.	Sels minéraux fixes.	Quotités des aliments.
	gr.	gr.	gr.	gr.	gr.
Pain..	673.582	1,324.325	3.116	44.977	2,046
Bœuf.	220.322	82.068	0.028	9.582	312
Bœuf cuit. . .	78.405	103.446	0.936	8.213	191
Bœuf rôti. . .	180.723	86.214	0.058	7.005	274
Veau rôti. . .	99.500	69.070	0.047	5.383	174
Jambon. . . .	24.959	35.963	0.783	1.295	63
Pom. de terre.	659.024	239.347	0.363	7.266	906
Petits pois.. .	429.820	110.842	0.098	4.240	545
Salade.. . . .	225.076	7.605	0.028	1.291	234
Persil.. . . .	10.656	8.348	0.030	0.966	20
From. de Gruy.	43.913	119.084	0.514	5.489	169
Beurre	6.880	135.827	0.021	0.272	143
Lait..	273.915	55.213	0.188	1.684	331
Bouill. de bœuf	521.194	8.911	3.364	4.531	538
Moutarde. . .	11.170	2.410	0.141	0.279	14
Sucre.	»	146.000	»	»	146
Chlor. de sod.	»	»	16.292	10.708	27
Eau de Seine..	3,266.573	0.142	0.041	0.244	3,267
Vin.	1,943.576	300.310	0.067	4.047	2,248
Vinaigre.. . .	17.641	0.329	0.001	0.029	18
Huile.	»	32.000	»	»	32
Totaux. .	8,686.929	2,867.454	26.116	117.501	11,698
Moyen. p. jour.	1,737.386	573.491	5.223	23.500	2,339.6

Tableau analytique des évacuations des 5 jours.

Évacuations.	Eau.	Mat. organiq.	Chlore.	Sels minér.	Quotités des évac.
	gr.	gr.	gr.	gr.	gr.
Urine..	5,562.000	170.468	15.613	33.919	5,782
Excréments.. .	129.100	40.635	0.157	6.108	176
Totaux.. .	5,691.100	211.103	15.770	40.027	5,958
Moyen. p. jour.	1,138,220	42.221	3.154	8.005	1,191.6

Composition élémentaire de la matière organique des aliments.

Noms des alim.	Carbone.	Hydrogène.	Azote.	Oxygène.	Total.
	gr.	gr.	gr.	gr.	gr.
Pain.	619.784	88.730	31.784	584.027	1,324.325
V. et bouill.	208.841	30.507	60.435	85.889	385.672
Lait.	31.471	4.528	2.429	16.785	55.213
Fromage. . .	80.620	11.075	8.574	18.815	119.084
Beurre. . . .	107.303	15.484	»	13.040	135.827
Pom. de terre	109.860	14.600	3.830	111.057	239.347
Petits pois. .	51.541	7.869	4.766	46.666	110.842
Vin.	158.173	38.740	»	103.397	300.310
Sucre. . . .	61.539	9.388	»	75.073	146.000
Huile,. . . .	25.280	3.648	»	3.072	32.000
Varia.. . . .	9.285	1.074	0.320	8.155	18.834
Totaux. . .	1,463.697	225.643	112.138	1,065.976	2,867.454
Moy. p. jour	292.739	45.129	22.428	213.195	573.491

Composition élémentaire de la matière organique des évacuations.

Évacuations.	Carbone.	Hydrogène.	Azote.	Oxygène.	Total.
	gr.	gr.	gr.	gr.	gr.
Urine.	69.721	13.979	49.947	36.821	170.468
Excréments. .	21.167	3.218	3.885	12.365	40.635
Totaux . . .	90.888	17.197	53.832	49.186	211.103
Moy. p. jour.	18.179	3.439	10.766	9.837	42.221

Tableau de la statique humaine en 24 heures, d'après cette cinquième expérience.

	Eau.	Sels minéraux.	Chlore.	Carbone.
	gr.	gr.	gr.	gr.
Aliments. . .	1,737.4	23.5	5.2	292.8
Évacuations.	1,138.2	8.0	3.2	18.2
Différences .	599.2	15.5	2.0	274.6

	Hydrogène.	Azote.	Oxygène.	Totaux.
	gr.	gr.	gr.	gr.
Aliments. . . .	45.1	22.4	213.2	2,339.6
Évacuations. .	3.4	10.8	9.8	1,191.6
Différences.. .	41.7	11,6	203.4	1,148.0

Les $203^{gr}.4$ d'oxygène qui se trouvent former l'excédant des aliments sur les évacuations exigent $22^{gr}.4$ d'hydrogène, pour donner $225^{gr}.8$ d'eau prédisposée à se former dans les aliments.

Il reste $19^{gr}.3$ d'hydrogène qui ont dû prendre à l'air inspiré $154^{gr}.4$ d'oxygène pour former $173^{gr}.7$ d'eau provenant de la combustion des aliments.

En conséquence, l'eau sortie par la sueur, la transpiration insensible et les diverses excrétions, s'est élevée à :

	gr.
Eau des aliments.	599.2
Eau prédisposée.	225.8
Eau de combustion pulmonaire.	173.7
Total.	998.7

Rapport de l'eau des transpirations à l'eau des

$$\text{évacuations} = \frac{998.7}{1,138.2} = 0.877.$$

D'autre part, les $274^{gr}.6$ de carbone qui se trouvent être entrés dans l'alimentation en excédant sur les évacuations exigent $732^{gr}.3$ d'oxygène pour se transformer en $1,006^{gr}.9$ d'acide carbonique par la combustion pulmonaire.

Les transpirations s'élèvent donc à :

	gr.
Eau.	998.7
Acide carbonique.	1,006.9
Total.	2,005.6

Rapport des transpirations aux évacuations

$$\frac{2,005.6}{1,191.6} = 1.683.$$

En admettant que l'air sortant des poumons contienne 4 p. 100 d'acide carbonique, les 1,006^{gr}.9 de cet acide expiré dans cette expérience supposent 25,140 grammes d'air contenant 19,355^{gr}.3 d'azote ; les 11^{gr}.6 d'azote trouvés en excédant dans l'alimentation sur les évacuations ne sont que les 0.00059 de cette quantité.

V.— *Conséquences.*

Nous allons tirer de nos expériences les conséquences qu'elles nous semblent comporter, en examinant successivement chacun des éléments constituant les aliments et les évacuations. Nous chercherons ensuite à en conclure la statique chimique complète du corps humain envisagée sous tous les points de vue de l'alimentation normale.

1°.—Carbone.

Les quantités de carbone contenues, chaque jour moyen, dans les aliments et les évacuations ont été les suivantes :

Num. d'ordre des expériences.	Carbone		
	des alim.	de l'urine.	des excr.
	gr.	gr.	gr.
I. Sur moi en hiv. (29 ans).	366.2	15.2	15.3
II. Sur moi en été.	264.9	13.7	8.9
III. Sur un enfant de 6 ans.	154.3	4.4	9.7
IV. Sur un homme de 59 a..	331.8	21.2	13.6
V. Sur une femme de 32 a.	292.8	14.0	4.2

Num. d'ordre des expériences.	Carbone		
	des évacuat. totales.	de la perspiration.	brûlé en 1 heure.
	gr.	gr.	gr.
I.	30.5	335.7	13.2
II.	22.6	242.3	10.1
III.	14.1	140.2	5.8
IV, ...	35.0	296.8	12.3
V.	18.2	274.6	11.4

Les résultats consignés dans ce tableau sont conformes à ceux obtenus par les observateurs qui ont directement analysé et dosé les produits de la respiration, notamment à ceux de MM. Andral et Gavarret. Ils accusent en outre une forte diminution du carbone brûlé par heure lorsque la température extérieure augmente. Ainsi, lorsque la température moyenne extérieure était de —0°,54, j'ai brûlé dans la respiration 13^{gr}.2 de carbone, et lorsque la température moyenne s'est élevée à 20.18, je n'ai plus brûlé par heure que 10^{gr}.1. Cela se conçoit parfaitement, car la température extérieure ayant augmenté, la perte de chaleur animale a été moindre, et en conséquence la consommation du carbone a considérablement diminué. Un fait semblable doit se produire lorsque l'on compare les résultats obtenus dans un pays chaud ou dans un pays froid [1]. Il est lié

(1) Ces déductions, établies nettement par nos expériences, ont été très exactement prévues par M. Liebig qui s'est exprimé ainsi (*Lettres sur la chimie*, traduites

d'ailleurs étroitement avec la dilatation de l'air; d'où il résulte que, pour le même nombre d'inspirations, il y a moins d'oxygène absorbé par

par M. Gerhardt, p. 203 et suiv.) : « La quantité des aliments à consommer se règle sur le nombre des inspirations, sur la température de l'air inspiré et sur la quantité de chaleur cédée par le corps à l'extérieur. Aucun fait isolé ne s'oppose à la vérité de cette loi. Sans nuire à la santé d'une manière passagère ou durable, les habitants du midi ne sauraient, dans leurs aliments, prendre plus de carbone et d'hydrogène qu'ils n'en exhalent par la respiration; de même, les habitants du nord ne peuvent, à moins d'être malades ou de souffrir la faim, exhaler plus de carbone et d'hydrogène que les aliments n'en introduisent dans l'économie.

« L'Anglais voit avec regret son appétit, qui lui procure des jouissances souvent renouvelées, se perdre dans la Jamaïque, et ce n'est qu'à l'aide d'excitants énergiques, avec du poivre de Cayenne, par exemple, qu'il réussit à y prendre la même quantité de nourriture que dans son pays. Mais le carbone de ces substances ne trouve aucun emploi dans le corps, car la température de l'air est trop élevée; la chaleur énervante du climat empêche le corps d'augmenter le nombre des inspirations par un mouvement soutenu, et conséquemment de mettre une proportion suffisante d'oxygène en rapport avec les matières consommées.

« Les personnes dont les organes digestifs sont affaiblis, chez qui, par conséquent, l'estomac refuse de mettre les aliments dans l'état où ils conviennent à la combinaison avec l'oxygène, ne peuvent pas résister au rude climat de l'Angleterre; leur santé doit donc s'améliorer en Italie, et en général dans les pays méridionaux, car là elles respireront une proportion d'oxygène comparativement moins forte, et leurs organes auront encore assez de vigueur pour digérer une quantité moindre d'aliments. Si, au contraire, ces malades restent dans un pays froid, leurs organes respiratoires finissent eux-mêmes par succomber à l'action de l'oxygène. »

les poumons lorsque la température extérieure augmente. Un résultat identique a été constaté par M. Letellier sur quelques animaux à sang chaud[1].

2°.— Azote.

Le tableau suivant résume les résultats que nous avons obtenus dans nos cinq expériences, relativement à la consommation d'azote durant 24 heures :

		Azote			
Num. d'ord. des expériences.	des aliments.	de l'urine.	des excréments.	des évacuat. totales.	de la perspiration.
	gr.	gr.	gr.	gr.	gr.
I. . .	28.0	10.9	2.8	13.7	14.3
II. . .	21.2	9.8	1.3	11.1	10.1
III. . .	7.9	3.1	1.8	4.9	3.0
IV. . .	27.3	15.2	2.5	17.7	9.6
V. . .	22.4	10.0	0.8	10.8	11.6

De nos cinq expériences il résulte, comme on voit, qu'il y a eu constamment une quantité d'azote exhalée s'élevant du tiers à la moitié de la quantité d'azote ingérée. Ce résultat concorde avec celui obtenu par M. Boussingault, dans les recherches que ce savant a entreprises, pour résoudre la question de savoir si les animaux herbivores et granivores empruntent de l'azote à l'atmosphère ; il est conforme également à celui de MM. Dulong et Despretz, en ce sens général qu'il est bien prouvé qu'il y a exhala-

(1) *Annales de chimie et de physique*, 3ᵉ série, t. XIII, p. 484.

tion quotidienne d'azote par les animaux ; mais
la proportion d'azote exhalé que nous trouvons
est minime comparativement à celle de l'acide
carbonique. En effet, d'après le tableau suivant :

Numéros d'ordre des expér.	Acide carbonique exhalé en 24 heures.	Azote exhalé en 24 heures.	Rapport de l'azote à l'acide carboniq.
	gr.	gr.	gr.
I.	1,230.9	14.3	0.012
II.	888.4	10.1	0.012
III.	514.0	3.0	0.006
IV.	1,088.3	9.6	0,009
V.	1,006.9	11.6	0.012
Moyenne.			0.0102

la quantité d'azote exhalé n'est que la centième
partie environ de l'acide carbonique produit.
Ce résultat est d'accord avec les récentes recherches de MM. Regnault et Reizet sur la respiration. Ces habiles physiciens qui, grâce à
l'exactitude de leur méthode, ont dû tomber sur
des chiffres extrêmement rapprochés de la réalité, ont seulement trouvé un rapport un peu
plus faible ; mais il est juste de remarquer qu'ils
n'ont pas expérimenté sur l'homme.

3°. — Hydrogène et oxygène.

L'hydrogène et l'oxygène (eau non comprise)
ne peuvent être séparés dans la comparaison à
établir entre les aliments, les évacuations et la
perspiration. Ces deux gaz ne se trouvent pas

cependant dans les proportions nécessaires à la formation de l'eau. Il y a, tant dans les aliments que dans les excréments et l'urine, un excès d'hydrogène ; mais cet excès est plus grand dans les évacuations que dans les aliments, c'est-à-dire qu'il y a, tant dans les urines que dans les excréments, une plus grande quantité d'hydrogène, par rapport à l'oxygène, que dans les aliments. Ainsi, en représentant par 100 la quantité d'oxygène, on trouve que celle de l'hydrogène est représentée en moyenne :

Dans les aliments par. 20.4
Dans les excréments. 25.9
Dans l'urine. 38.0
Dans l'ensemble des évacuations. 31.9

De là il faut conclure qu'une portion de l'hydrogène des aliments est brûlée par l'oxygène de la respiration, mais que cette portion est moindre que celle qui excède la partie d'hydrogène naturellement disposée à former de l'eau en se combinant avec l'oxygène de constitution. Les deux tableaux suivants résument les résultats que nous avons obtenus, dans nos cinq expériences, pour 24 heures :

N. d'ordre des expériences.	Hydrogène				
	des aliments.	de l'urine.	des excréments.	des évacuat. totales.	de la perspiration.
	gr.	gr.	gr.	gr.	gr.
I. . . .	57.3	3.0	2.4	5.4	51.9
II. . . .	42.8	2.8	1.3	4.1	38.7
III. . . .	23.8	0.9	1.5	2.4	21.4
IV. . . .	49.3	4.3	2.1	6.4	42.9
V. . . .	45.1	2.8	0.6	3.4	41.7

N. d'ordre des expériences.	des aliments.	Oxygène			
		de l'urine.	des excréments.	des évacuat. totales.	de la perspiration.
	gr.	gr.	gr.	gr.	gr.
I...	265.7	8.0	8.9	16.9	248.8
II...	191.4	7.2	5.6	12.8	178.6
III...	129.8	2.3	5.7	8.0	121.8
IV...	265.1	11.2	8.1	19.3	245.8
V...	213.2	7.8	2.0	9.8	203.4

D'après les quantités d'oxygène qui se sont trouvées excéder dans les aliments celles des évacuations, il est facile de calculer la proportion d'hydrogène qui était prédisposée à former de l'eau, en se combinant avec l'oxygène de constitution, et par suite d'obtenir la quantité d'hydrogène brûlée dans la respiration. Ce calcul donne :

Numér. d'ordre des expériences.	Oxygène de constitution.	Hydrogène nécess. pour former de l'eau.	Hydrogène brûlé en 24 heures par l'oxygène de la respiration.
	gr.	gr.	gr.
I...	248.8	31.1	20.8
II...	178.6	22.3	16.4
III...	121.8	15.2	6.2
IV...	245.8	30.7	12.2
V...	203.4	25.4	16.3

Il n'est guère possible d'imaginer que cette quantité d'hydrogène constamment brûlée dans l'acte de la respiration pourrait être remplacée par son équivalent en carbone, car il ne peut être indifférent pour les fonctions de l'organisme qu'il se dégage soit de l'eau, soit de l'acide carbonique. Cependant cette substitution de l'un des éléments à l'autre peut avoir lieu dans une certaine mesure. Ce qui le démontre, c'est la variation de rapport du carbone effectivement brûlé avec le carbone équivalent à l'hydrogène consommé. Cette variation est rendue manifeste par les chiffres suivants :

Numéros d'ordre des expériences.	Carbone équivalent à l'hydrogène brûlé en 24 heures.	Rapport du carbone consommé au carbone équivalent de l'hydrogène.
	gr.	gr.
I.	124,8	2.639
II.	98.4	2.462
III.	37.2	3.766
IV.	73.2	4.054
V.	97.8	2.808

Une question importante à résoudre est celle de la quantité de chaleur nécessaire pour entretenir la température du corps à son point constant. Pour tenter la solution de ce problème, nous admettrons que l'hydrogène en excès sur la portion de ce gaz qui, avec l'oxygène, est prédisposée à former de l'eau, concourt seul avec le carbone consommé à produire de la chaleur; nous admettons en outre que le carbone et l'hydrogène des aliments ne soient pas déjà en partie brûlés, c'est-à-dire que leur état de composition dans le bol alimentaire n'a pas absorbé une portion notable de la chaleur dégagée par leur combinaison chimique avec l'oxygène de la respiration. Dans ces suppositions, nous établissons le tableau suivant calculé dans l'hypothèse de 7,200 pour la puissance calorifique du carbone et 34,600 pour celle de l'hydrogène :

Num. d'ordre des expériences.	Chaleur totale dégagée en 24 heures.	Chaleur dégagée en 24 heures pour 1 kilogr. du corps humain.	Température extérieure moyenne pendant l'expérience.
I. . . .	3,136,720	66,036	— 0°54
II. . . .	2,312,000	48,673	+20.18
III. . . .	1,223,960	81,597	+4.23
IV. . . .	2,559,080	43,595	+6.23
V. . . .	2,541,100	41,521	+17.25

En mettant de côté le résultat de l'expérience III, on voit bien qu'il faut d'autant moins de chaleur pour entretenir la température du corps que la température ambiante est elle-même plus élevée. Quant au chiffre considérable de l'expérience III, comme il a été obtenu sur un jeune enfant, il ne saurait entrer en comparaison avec les autres données de notre calcul ; il tend seulement à prouver que les enfants ont besoin d'un plus grand développement de chaleur que les adultes, et une telle conclusion n'a rien qui puisse surprendre personne. Une remarque doit d'ailleurs être faite sur l'absence de concordance absolue présentée par les nombres de ce tableau. Afin de ne rien changer aux conditions dans lesquelles se trouvaient habituellement les personnes sur lesquelles nous avons expérimenté, nous n'avons pris aucune précaution pour qu'il y ait identité de vêtement non plus qu'identité d'état hygrométrique de l'air. Conséquemment le rayonnement calorifique et l'évaporation de l'eau n'ont pu se faire dans des circonstances comparables. En outre, les conditions de travail matériel accompli n'ont pas été non plus ramenées à cette identité nécessaire pour la comparabilité absolue des résultats. Il était donc naturel que les chiffres qui expriment la valeur de la chaleur dégagée chaque jour présentassent des différences qui ne fussent pas uniquement en rapport avec la température ambiante. Nous allons voir d'ailleurs diminuer ces différences lorsque nous tiendrons compte de l'évaporation de l'eau et de la chaleur enlevée par l'air de la respiration et par la masse des aliments et des évacuations.

4°. — Eau.

La masse d'eau qui tous les jours passe à travers le corps humain est très considérable ; elle joue incontestablement un rôle important dans la plupart des fonctions de la vie : aussi s'en est-on occupé avec un soin qui nous dispenserait de nous y arrêter, si nos expériences ne représentaient pas ce phénomène sous une forme succincte qui le fait apprécier plus facilement. Nos résultats sont résumés, pour chaque jour moyen, dans le tableau suivant :

N. d'ordre des expériences.	Eau		
	naturelle des aliments.	prédisposée d. les alim.	de combust. pulmonaire.	totale entrée.
	gr.	gr.	gr.	gr.
I.	1,998.6	279.9	187.1	2,465.6
II.	1,842,4	200.9	131.2	2,174.5
III.	1,069.1	137.0	55.8	1,261.9
IV.	2,002.0	276.5	109.8	2,388.3
V.	1,737.4	225.8	173.7	2,136.9

N. d'ordre des expériences.	Eau			
	de l'urine.	des excréments.	totale des évacuat.	de la perspiration.
	gr.	gr.	gr.	gr.
I.. . . .	1,071.5	106.3	1,177.8	1,287.8
II.. . . .	978.1	54.8	1,032.9	1,141.6
III.. . . .	504.8	62.4	567.2	694.7
IV.. . . .	1,723.0	142.7	1,865.7	522.6
V.. . . .	1,112.4	25.8	1,138.2	998.7

Le fait le plus saillant qui ressort de ces chiffres, c'est la petite quantité d'eau qui dans l'expérience IV, chez un vieillard de 59 ans, s'est trouvée sortir par la perspiration, quoique la quantité totale d'eau entrée n'ait pas été moindre que dans les autres cas examinés. Ne faut-il pas l'attribuer, au moins en partie, à cette circonstance particulière que pendant presque toute la durée de l'expérience le temps a été pluvieux ?

Une remarque qui ne manque pas d'importance doit être faite également sur les résultats des expériences I et II, exécutées toutes deux sur moi, l'une en hiver, l'autre en été. On pourrait être étonné au premier abord de voir l'eau de la perspiration un peu plus forte dans l'expérience I que dans l'expérience II. Toute anomalie apparente cesse quand on observe que d'une part, proportionnellement à l'eau entrée, il en est même un peu plus sorti par la perspiration dans le second cas, et que d'autre part l'air de la respiration, en entrant dans les

16

poumons, apporte l'hiver beaucoup moins d'humidité que durant l'été, tandis que dans les deux cas il sort à la même température et à la même saturation. De là cette conséquence forcée que durant l'hiver l'air de la respiration enlève plus de vapeur d'eau que durant l'été, toutes autres circonstances égales d'ailleurs.

L'eau qui s'échappe chaque jour à l'état de vapeur par la transpiration pulmonaire ou cutanée étant connue, il est facile de calculer la quantité de chaleur qu'elle doit absorber ; il est facile également d'obtenir la quantité de chaleur enlevée par l'air de la respiration et par les aliments et les évacuations, et conséquemment de mettre en évidence, dans la quantité de chaleur animale que nous avons trouvée plus haut, celle qui est employée soit au rayonnement calorifique avec le milieu ambiant, soit à la production de force musculaire. Pour faire ces calculs, nous admettrons que la température du corps étant 37°, la vapeur d'eau s'échappe à cette température, au maximum de tension, de manière à pouvoir appliquer la loi de la constance de la quantité de chaleur contenue dans la vapeur d'eau ; nous supposerons aussi la chaleur spécifique du mélange gazeux provenant de la respiration égale à celle de l'air pur (0.267).

Quant à la quantité de chaleur enlevée par les aliments, nous la calculerons en admettant

15° pour leur température moyenne. Ce nombre ne doit pas différer beaucoup du nombre réel, à cause de la petite masse des aliments chauds par rapport à celle des aliments froids. Enfin, l'urine et les excréments, à leur sortie du corps, enlèvent aussi de la chaleur, mais seulement proportionnellement à leur masse considérée comme appartenant à celle du corps. Nous supposerons aux aliments et aux évacuations une capacité calorifique égale à celle de l'eau.

Le calcul, basé sur ces raisonnements et ces hypothèses, nous a donné les résultats suivants :

Num. d'ordre des expériences.	Chaleur de vaporisation de l'eau de la perspirat.	Chaleur enlevée par l'air de la respiration.	Chaleur prise par le bol alimentaire.
I.	789,421	308,438	60,610
II.	699,801	100,811	52,492
III.	425,851	90,558	30,716
IV.	320,354	222,868	59,620
V.	612,103	132,570	51,471

Num. d'ordre des expériences.	Chaleur prise par les évacuations.	Chaleur d'entretien.	Chaleur d'entretien par kilogr. du corps humain en 24 heures.
I.	52,697	1,925,554	40,537
II.	33,020	1,425,876	30,018
III.	26,288	650,547	43,370
IV.	66,103	1,890,135	32,200
V.	33,556	1,711,400	27,964

On voit que les chiffres de la dernière colonne, représentant la quantité de chaleur propre du corps dépensée en 24 heures, n'offrent plus aucune anomalie.

S'il nous était permis, en une matière encore aussi obscure, de tirer de ces données leurs dernières conséquences, nous pourrions obtenir la quantité de chaleur qu'il est nécessaire de produire en plus par unité de poids du corps, lorsque la température extérieure vient à diminuer, défalcation faite des quantités de chaleur enlevées par la transpiration pulmonaire et cutanée, les aliments, les évacuations, etc. En effet, entre les températures extérieures des deux expériences I et II, faites sur la même personne, il y a une différence de 20°.72, d'où il résulte une dépense de 507 unités de chaleur par kilogr. du corps et par degré de température, lorsque l'on passe de l'expérience II à l'expérience I.

Il y a lieu de remarquer d'ailleurs que les chiffres des expériences I et III sont comparables entre eux, et qu'il en est de même de ceux des expériences II, IV et V. La première série se rapporte à l'hiver, où des moyens de chauffage artificiel étaient employés et conséquemment entraînaient des intermittences de chaud et de froid. La seconde série correspond à l'été, c'est-à-dire à une saison où l'entretien de la température du corps n'est dû qu'au dégagement de chaleur animale. La moyenne de la chaleur de rayonnement est de 30,000 par jour ou 1,250 par heure en été, et de 42,000 par jour ou 1,750 par heure en hiver.

5°.—Sels minéraux.

Nous avons constamment trouvé dans le bol
alimentaire un excès de sels minéraux sur les
sels contenus dans les évacuations ; mais il nous
est démontré que ce fait est produit par la méthode expérimentale et qu'il n'y a pas lieu de
s'y arrêter. En effet, les sels minéraux sont obtenus par l'incinération, et il y a pour certaines
substances une très grande difficulté à obtenir
des cendres parfaitement blanches, par conséquent exemptes de charbon. Nous citerons notamment le résidu sec du bouillon contenant
une assez grande quantité de chlorure de sodium dont la fusion préserve la masse intérieure
de l'action de l'air, le résidu du café et la viande,
pour lesquels la combustion très prolongée ne
fournit pourtant que des cendres grises. D'un
autre côté, les cendres des matières alimentaires
présentent pour la plupart à l'action des acides
une effervescence très vive d'acide carbonique ;
ce gaz est compté dans le poids des sels minéraux cotés dans nos tableaux, et il aurait dû
en être défalqué pour la rectitude des résultats.
Les cendres qui sont le plus effervescentes sont
celles des matières végétales ; les matières animales donnent au contraire des cendres qui ne
fournissent en général que des traces d'acide
carbonique par l'action des acides.

16,

6°.—Chlore.

La détermination du chlore, tant des aliments que des évacuations, a été faite avec beaucoup de soin ; elle n'a cependant pas conduit à des résultats identiques dans nos cinq expériences ; mais nous pensons que ce fait tient à la nature du sujet plutôt qu'à la méthode expérimentale. Pour trois expériences, nous avons trouvé plus de chlore dans les aliments que dans les évacuations ; pour les deux autres, l'excès de chlore s'est rencontré dans les évacuations. Ces résultats sont résumés, pour chaque jour moyen, dans le tableau suivant :

N. d'ordre des expériences.	Chlore			
	des aliments.	de l'urine.	des excréments.	des évacuat.	nou sorti d. les évac.
	gr.	gr.	gr.	gr.	gr.
I. . . .	7.81	4.96	0.06	5.02	+2.79
II. . . .	3.22	3.74	0.02	3.76	—0.54
III. . . .	1.89	1.94	0.02	1.96	—0.07
IV. . . .	3.97	3.35	0.08	3.43	+0.54
V. . . .	5.22	3.12	0.03	3.15	+2.07

Les expériences I et II, faites sur la même personne, présentent des différences qui ne peuvent manquer d'attirer l'attention. Ces différences, croyons-nous, ne sauraient trouver leur explication que dans un état particulier de la peau. Nous avions pris un bain la veille du jour où nous avons commencé sur nous-même l'expérience I ; il y avait au contraire un certain laps de temps écoulé depuis que nous n'avions pris de bain, lorsque nous avons entrepris l'expérience II. La sueur, ainsi qu'il résulte des expériences de Berzélius, d'Anselmino et de M. Thénard[1], contenant une certaine quantité de chlorures, et ces sels devant imprégner la peau, lorsque la sueur s'échappe en vapeur, on comprend que leur dissolution, faite tout à coup, doive faciliter leur réapparition durant les jours suivants. Ainsi s'expliquent parfaitement, selon nous, les faits qui ressortent des chiffres précédents.

Dans nos expériences, la quotité des aliments, des boissons et des assaisonnements a été complétement abandonnée à la discrétion des personnes sur lesquelles nous avons opéré ; on peut par conséquent regarder les nombres que nous avons trouvés comme représentant les doses d'une bonne alimentation. On voit que[2], pour un adulte, la quantité de sel ordinaire ingéré chaque jour a été comprise entre $5^{gr}.3$ et $12^{gr}.9$; pour un enfant, elle n'a été que de $3^{gr}.1$. La très majeure partie de la dose quotidienne, comme on peut le voir en recourant au tableau de détail de nos recherches, est d'ailleurs prise dans le potage ; les autres aliments sont incomparablement moins salés.

(1) *Voir* précédemment, page 118.
(2) *Voir*, pour compléter ces conséquences, la Statique du sel dans l'homme, p. 214 et suiv.

7°.—Matière alimentaire sèche.

Les anciens observateurs, Sanctorius, Keill, Dodart, Gorter, Rye, Dalton, etc., ont fait de nombreuses supputations[1] sur la ration de l'homme en distinguant les aliments en solides et en liquides. Comme les aliments renferment toujours une certaine quantité d'eau, et que les aliments liquides tiennent en dissolution ou en suspension des matières diverses, ces sortes d'évaluations n'ont revêtu aucun caractère scientifique ou utilitaire. Il n'en sera sans doute plus ainsi dès que l'eau et les matières sèches de la ration alimentaire auront été dosées avec soin dans plusieurs séries d'expériences. Voici les résultats que nous avons obtenus à cet égard :

N. d'ordre des expériences.	Bol alimentaire.		Réduc. en centièmes.	
	Eau.	Mat. sèche.	Eau.	Mat. sèche.
I. . . .	1,908.6	756.3	72.5	27.5
II. . . .	1,842.4	543.6	77.2	22.8
III. . . .	1,069.1	327.1	76.5	23.5
IV. . . .	2,002.0	708.7	73.8	26.2
V. . . .	1,737.4	602.2	74.2	25.8
Moyennes. . . .			74.8	25.2

Ainsi, dans les aliments ingérés chaque jour par l'homme, du moins dans nos climats et en

(1) *Voir* à cet égard les indications que nous avons données p. 121 et 190.

suivant le régime détaillé dans les tableaux de nos expériences, il entre les trois quarts environ d'eau, indépendamment de celle qui se produit dans la respiration et de celle qui est prédisposée à se former à l'aide de l'oxygène et de l'hydrogène contenus dans les substances qui servent à la nutrition.

8°.— Résumé de la statique chimique du corps humain.

La statique chimique du corps humain, pour les cinq expériences relatées dans ce mémoire, peut se résumer dans les deux tableaux suivants :

Entrée.

N. d'ordre des expériences.	Aliments solides et liquides.	Oxygène.	Totaux.
	gr.	gr.	gr.
I.	2,755.0	1,061.5	3,816.5
II.	2,386.0	777.3	3,163.3
III.	1,396.2	423.4	1,819.6
IV.	2,710.7	889.1	3,599.8
V.	2,339.6	886.7	3,226.3

Sortie.

	Eau de la perspiration.	Acide carbonique.	Évacuations solides et liquides.	Autres pertes.	Totaux.
	gr.	gr.	gr.	gr.	gr.
I. . .	1,287.8	1,230.9	1,265.0	32.8	3,816.5
II. . .	1,141.6	888.4	1,099.4	33.9	3,163.3
III. . .	694.7	514.0	604.6	6.3	1,819.6
IV. . .	522.6	1,088.3	1,962.8	26.1	3,599.8
V. . .	998.7	1,006.9	1,191.6	29.1	3,226.3

En réduisant en centièmes :

| N. d'ordre des expérienc. | Entrée. | | Eau de la perspiration. | Acide carbouiq. | Evacuat. solides et liquid | Autres pertes. |
	Aliments solides et liquides.	Oxygène.				
I. . .	72.2	27.8	33.8	32.3	33.2	0.7
II. . .	75.4	24.6	36.1	28.8	34.7	0.4
III. . .	76.7	23.3	38.2	28.3	33.2	0.3
IV. . .	75.3	24.7	14.5	30.2	54.6	0.7
V. . .	72.5	27.5	31.0	31.3	36.9	0.8

On voit qu'en général la perspiration est aux évacuations : : 2 : 1 ; il n'y a qu'une exception, celle de l'expérience IV, faite sur un vieillard ; les évacuations y sont plus fortes que la perspiration. Les anciens observateurs, Sanctorius, Dodart, Keill, Robinson, Dalton, et même de nos jours M. Valentin, estimaient qu'il y avait à peu près égalité entre ces deux pertes de l'organisme ; mais ils ne tenaient aucun compte de l'oxygène, qui, cependant, est un aliment tout aussi essentiel que les boissons ou les aliments solides.

VI.—*Conclusions.*

En résumé, les faits qui nous semblent démontrés par les recherches détaillées dans notre mémoire peuvent s'énoncer de la manière suivante :

1° Nous avons trouvé, pour le carbone brûlé chaque jour par l'oxygène de la respiration, des proportions identiques à celles auxquelles sont arrivés, par une autre voie, MM. Andral et Gavarret. Mais aux causes de variation indiquées par ces auteurs, il faut en ajouter une nouvelle. La quantité consommée en hiver est plus forte d'un cinquième que celle consommée en été.

2° La quantité d'azote contenue dans les aliments est supérieure à celle des évacuations, de telle sorte qu'il doit y avoir une portion de ce gaz exhalée dans la perspiration. Cette portion s'élève du tiers au quart de la quantité d'azote ingéré, mais elle n'est que la centième partie de l'acide carbonique produit. Dans une bonne alimentation, le rapport du carbone à l'azote est environ de 100 à 8.

3° L'hydrogène et l'oxygène ne se trouvent pas dans les proportions exactes pour la formation de l'eau ; il y a toujours dans les aliments un excès d'hydrogène que l'on peut considérer comme étant brûlé en partie par l'oxygène de la respiration. L'hydrogène ainsi brûlé est, en moyenne, l'équivalent du tiers du carbone transformé en acide carbonique. Cet hydrogène brûlé dans la respiration n'a point tout l'hydrogène des aliments ; les évacuations sont plus riches en hydrogène que les aliments dans le rapport de 8 à 5 environ.

4° L'oxygène nécessaire pour transformer en acide carbonique et en eau le carbone et l'hydrogène des aliments brûlés dans la respiration est au bol alimentaire dans le rapport de 1 à 3.

5° L'eau, tant naturelle que formée par suite de la respiration et de la digestion, est, en moyenne, les 67 centièmes du bol alimentaire augmenté de l'oxygène atmosphérique qui se combine avec lui.

L'eau de la perspiration est en général un peu supérieure à celle des évacuations. Cependant chez un vieillard l'eau transpirée s'est trouvée réduite au tiers de l'eau des urines et des excréments.

6° Pour trois expériences, nous avons trouvé plus de chlore dans les aliments que dans les évacuations; pour deux autres expériences, l'excès du chlore, mais très faible, s'est trouvé dans les évacuations. Une certaine quantité de chlorure de sodium, qui s'élève parfois jusqu'au tiers de la quantité ingérée, ne sort pas par les évacuations. Il nous a paru que ce phénomène se manifeste immédiatement après le bain.

7° L'équation de la statique chimique du corps humain peut s'écrire ainsi :

ENTRÉE = 100 =		SORTIE			
Alim. solides et liquides.	Oxygène	Eau de la perspirat.	Acide carbonique.	Evacuations.	Autres pertes.
74.4	25.6	34.8	30.2	34.5	0.5

En général la perspiration est aux évacuations :: 2 : 1 ;

8° En défalquant de la quantité totale de

chaleur produite chaque jour la chaleur prise par l'évaporation de l'eau transpirée, celle enlevée par l'air de la respiration, celle enfin prise par les aliments et les évacuations, nous avons trouvé par le calcul que la moyenne de la chaleur perdue par le rayonnement est de 30,000 unités de chaleur par jour ou 1,250 par heure en été, et de 42,000 par jour ou 1,750 par heure en hiver. On peut écrire, entre la chaleur dégagée ou gagnée par le corps et la chaleur perdue, l'équation suivante :

Chaleur prise par l'évaporation de l'eau de
   la perspiration. 24.1
Chaleur enlevée par l'air de la respiration.. 7.3
Chaleur prise par le bol alimentaire. . . . 2.2
Chaleur prise par les évacuations.. . . . . 1.8
Chaleur perdue par le rayonnement et le
   contact. 64.6
                         ———
          Chaleur dégagée. 100.0

VII.—*Quantité de chlorure de sodium enlevée par un bain.*

(Appendice au Mémoire sur la statique chimique du corps humain.)

Nous avons été conduit à supposer dans ce Mémoire[1] que le corps humain devait perdre une certaine quantité de chlorure de sodium lorsqu'on prenait un bain. Nous avons voulu apprécier cette perte par une expérience directe. Un matin, à jeun, nous avons pris un bain qui

(1) *Voir* précédemment, p. 283.

était, au commencement, à la température de 38 degrés centigrades , et qui , au bout d'une heure, quand nous en sortions, n'était plus qu'à 36 degrés, moyenne 37 degrés. L'eau de ce bain s'est trouvée peser 174 kilogr.; un échantillon de cette eau pris avant le bain , pesant 3,203 gr., étant évaporé à siccité, a fourni par l'azotate d'argent une quantité de chlore équivalente à 0.045 de chlorure de sodium , soit, pour 174 kilogr., $2^{gr}.445$ de sel. Un autre échantillon, pris après le bain, et pesant $8,151^{gr}$, a fourni une quantité de chlore équivalente à 0.159 de chlorure de sodium, soit, pour 174 kilogr., $3^{gr}.394$ de sel. La quantité de sel dissous par le bain a donc été de $0^{gr}.949$, ou d'environ 1 gramme.

CHAPITRE IX.

Statique chimique des animaux.

I. — *Historique et importance de la question
à résoudre.*

Le problème que nous nous sommes proposé dans le chapitre précédent , relativement à la recherche de *l'équation des pertes et des gains du corps humain*, est applicable à tous les animaux, et s'il était curieux au point de vue physiologique de le résoudre, afin de connaître un des éléments des lois de la vie humaine , il est bien plus curieux encore de l'étudier dans toute sa généralité et de comparer tous les résultats obtenus. C'est ainsi seulement que l'agriculture pourra parvenir à se rendre un compte exact de ses opérations, en reconnaissant par quels animaux elle produit le plus de chair, de lait, de graisse ou d'engrais avec une quantité donnée de produits végétaux, et réciproquement quel est le prix de la production végétale obtenue à l'aide d'engrais devenus nourrissants pour les plantes en vertu des transports et des labours fournis par une certaine dépense de force motrice. Le problème du prix de revient des produits des exploitations rurales ne saurait être résolu autrement, et il n'y aura de comptabilité agricole sérieuse que le jour où on pourra suivre les diverses transformations de la matière organique avec la même exactitude que comporte l'industrie manufacturière agissant sur la matière dépouillée de la vie.

Un premier pas a été fait dans cette voie par les praticiens qui se sont occupés de déterminer, par des expériences directes tentées sur les divers animaux domestiques, les équivalents nutritifs des aliments habituels. Les recherches poursuivies avec éclat depuis un demi-siècle par Thaër, Block, Pétri, Meyer, Pabst, Flottow, Pohl, Rieder, Gemerhausen, Crud, Weber, Mathieu de Dombasle, Krantz, Schwerz, Schnee, Midleton, **Murre**, André, Perrault de Jotemps,

Boussingault, ont déjà fixé l'agriculteur sur les poids approximatifs suivant lesquels les différentes espèces de fourrages peuvent être substituées l'une à l'autre pour maintenir les bestiaux dans le même état d'engraissement ou pour en obtenir les mêmes produits en chair, en lait ou en travail musculaire.

M. Boussingault a ajouté à ces déterminations une vue nouvelle d'une grande utilité en faisant remarquer que, dans des limites qui ne s'écartent même pas des incertitudes laissées par l'expérience directe, la faculté nutritive des végétaux est proportionnelle à la quantité d'azote qui entre dans leur composition. Cette vue a été adoptée par les savants les plus illustres, par MM. Dumas, de Gasparin, Liebig, Payen. Cependant l'on est d'accord pour reconnaître que les matières azotées étant insuffisantes pour réaliser l'alimentation, on serait entraîné à des erreurs quelquefois considérables si on ne tenait pas compte des autres éléments organiques tels que carbone, hydrogène, oxygène, ou des éléments minéraux, tels que chaux, potasse, soude, phosphore, soufre, etc., qui concourent aussi à la nutrition. D'un autre côté l'état physique de ténuité, de division, de densité, sous lequel se présente l'aliment est aussi très loin d'être indifférent.

Les travaux d'analyse chimique appliquée à l'étude des matières nutritives tels que les ont

entrepris les premiers Davy, Einhof, Sprengel,
sont donc impuissants pour donner à l'agriculteur les véritables équivalents des aliments. L'importante observation de M. Boussingault, relative à la constance de l'azote dans toute ration,
ne saurait elle-même suffire à une détermination toujours rigoureuse des rapports des diverses espèces de fourrages. Quant aux expériences directes de nutrition tentées par les
praticiens, elles sont nécessairement inexactes à
cause de l'arbitraire des substitutions des aliments les uns aux autres et de l'incertitude de
variations de poids des animaux souvent dues
à d'autres causes qu'au changement de régime
alimentaire. La combinaison de ces deux méthodes ne peut même pas conduire à la complète découverte de la vérité, parce qu'on né-
gligerait encore de tenir compte des déjections
solides et liquides qui sont, dans une exploitation rurale bien entendue, un des produits importants de l'élève des bestiaux. Ces déjections
ne sont pas perdues ; elles doivent entrer pour
une part dans les évaluations relatives que l'on
fait des différentes plantes employées comme
fourrages. Cette part sera faite facilement dès
que l'on connaîtra avec exactitude la perspiration des animaux, c'est-à-dire les pertes que
causent la respiration pulmonaire et la transpiration cutanée, les deux issues à travers lesquelles s'échappent, dans l'atmosphère, les seu-

les matières que l'agriculteur ne retrouve plus.

Cette manière d'envisager la question est la seule qui permette de faire une comparaison exacte entre les diverses sortes de bestiaux. Mais comme peu d'auteurs ont dirigé leurs travaux dans cette voie d'appréciation, on est loin encore d'avoir résolu le problème de statique chimique comparée des animaux que nous avons posé. M. de Gasparin, le premier [1], a établi quelques rapprochements physiologiques entre le mouton, le cheval, le bœuf et l'homme, en tenant compte de leurs masses respectives, du poids de leurs aliments et de leurs facultés respiratoires. Cet illustre agronome ajoutera certainement des données curieuses, fruits de sa pratique et de ses recherches particulières, dans la partie de son *Traité d'agriculture* non encore parue et qui traitera de la zootechnie. Mais, pour le moment, il ne nous est pas possible d'invoquer dans notre *Statique* d'autres expériences que celles faites sur un cheval et sur une vache par M. Boussingault [2], et celles faites sur un cheval par MM. Valentin et Brunner [3]. Aux faits que nous conclurons des travaux de ces auteurs, en les interprétant sous le point de vue auquel nous nous atta-

(1) *Mémoire sur les maladies contagieuses des bêtes à laine*, p. 48 et suiv., publié en 1821.
(2) *Annales de chimie et de phys.*, 2ᵉ série, t. LXXI, p. 113 et 128.
(3) *Handwœrterbuch der Physiologie, von Rudolph Wagner*, p. 381.

chons, s'ajouteront ceux qui résultent de nos
propres expériences sur le mouton. Nous serons
ainsi en mesure d'établir pour la première fois
la statique chimique complète des races chevaline, bovine et ovine. Nous n'évaluons ainsi, il
est vrai, les pertes de la perspiration que par
différence, c'est-à-dire en suivant une voie indi-
recte. Mais les belles expériences publiées tout
récemment par MM. Regnault et Reiset[1] permettent de contrôler nos résultats.

II. — *Statique chimique de la race chevaline.*

1°—Expérience de M. Boussingault.

Le cheval sur lequel les observations ont été
faites avait été nourri depuis trois mois avec la
ration alimentaire qui a été donnée dans les trois
jours pendant lesquels ont duré les dosages. Dans
les trois mois, le poids du cheval n'a pas augmenté d'une manière appréciable ; cela résulte
des pesées faites à divers intervalles et qui ont
indiqué 415, 417, 405, 410, 415 kilog., moyenne 412$_k$.5, ainsi que nous l'a écrit M. Boussingault.

« L'urine rendue en 24 heures est très peu
considérable, nous a ajouté M. Boussingault ;
cela provient de ce qu'une partie de cette urine
a dû être absorbée par les excréments et pesée

(1) *Ann. de chimie et de phys.*, 3ᵉ série, t. XXVI,
p. 229.

avec eux. Pour l'objet que j'avais en vue, une entière séparation des deux natures de déjection n'était pas indispensable. » Nous avons un peu différemment interprété ce résultat en parlant de l'urine du cheval (p. 139) ; mais il est important seulement de signaler le fait, afin de ne pas tirer des chiffres de M. Boussingault des conséquences inexactes pour ce qui concerne les rapports des déjections solides et liquides.

Les divers résultats de l'expérience sont renfermés dans les tableaux suivants :

Tableau de la consommation et des excrétions journalières.

Dates [1].	Aliments et boissons.			Évacuations.	
	Foin.	Avoine.	Eau.	Urine.	Excrém.
	gr.	gr.	gr.	gr.	gr.
10 oct. 1838..	7,500	2,270	16,000	1,591	14,130
11. . id. . . .	7,500	2,270	16,000	907	14,830
12. . id. . . .	7,500	2,270	16,000	1,492	13,800
Totaux. .	22,500	6,810	48,000	3,990	42,750
Moy. par jour.	7,500	2,270	16,000	1,330	14,250

Tableau analytique de la consommation des 3 jours.

Noms des alim.	Eau.	Matière organ. sèche à 110°.	Sels minéraux.	Quotités des aliments.
	gr.	gr.	gr.	gr.
Foin	3,105.0	17,649.5	1,745.5	22,500
Avoine. . .	1,028.3	5,551.6	230.1	6,810
Eau.	48,000.0	?	?	48,000
Totaux.	52,133.3	23,201.1	1,975.6	77,310
Moy. p. jour.	17,377.8	7,733.7	658.5	25,770

(1) La température moyenne a été probablement d'environ 8 degrés.

Tableau analytique des évacuations des 3 jours.

Évacuations.	Eau.	Matières organiques.	Sels minéraux.	Quotités des évac.
	gr.	gr.	gr.	gr.
Urine. . . .	3,084.3	576.0	329.7	3,990
Excréments.	32,175.0	8,851.5	1,723.5	42,750
Totaux.	35,259.3	9,427.5	2,053.2	46,740
Moy. p. jour.	11,753.1	3,142.5	684.4	15,580

Composition élémentaire de la matière organique des aliments.

Aliments	Carbone.	Hydrogène.	Azote.	Oxygène.	Totaux.
	gr.	gr.	gr.	gr.	gr.
Foin.. . .	8,883.0	969.5	291.0	7,506.0	17,649.5
Avoine. .	2,932.0	369.0	127.8	2,121.9	5,551.6
Totaux.	11,815.0	1,339.4	418.8	9,627.9	23,202.1
Moy. p. j.	3,938.3	446.5	139.6	3,209.3	7,733.7

Composition élémentaire de la matière organique des évacuations.

Évacuations.	Carbone.	Hydrog.	Azote.	Oxygène.	Totaux.
	gr.	gr.	gr.	gr.	gr.
Urine.	326.0	34.5	113.3	102.2	576.0
Excréments. .	4,092.6	539.4	232.8	3,986.7	8,851.0
Totaux.	4,418.6	573.9	346.1	4,088.9	9,427.5
Moy. par jour.	1,472.9	191 3	115.4	1,362.9	3,142.5

Tableau de la statique chevaline en 24 heures, d'après l'expérience de M. Boussingault.

	Eau.	Sels minér.	Carbone.
	gr.	gr.	gr.
Aliments.	17,377.8	658.5	3,938.3
Évacuations.	11,753.1	684.4	1,472.9
Différences. .	5,624.7	—25.9	2,465.4

	Hydrogène.	Azote.	Oxygène.	Totaux.
	gr.	gr.	gr.	gr.
Aliments.	446.5	139.6	3,209.3	25,770
Évacuations. . . .	191.3	115.4	1,362.9	15,580
Différences..	255.2	24.2	1,846.4	10,190

17.

Les 1,846^{gr}.4 d'oxygène qui, dans cette expérience, se trouvent en excédant sur la quantité d'oxygène des évacuations, exigent 230^{gr}.8 d'hydrogène pour donner 2,077^{gr}.2 d'eau prédisposée à se former dans les aliments, sans l'intervention de l'oxygène de la respiration.

Il reste 24^{gr}.4 d'hydrogène qui ont dû prendre à l'air inspiré 195^{gr}.2 d'oxygène pour former 219^{gr}.6 d'eau provenant de la combustion des aliments.

En conséquence l'eau sortie par la sueur, la transpiration insensible et les diverses sécrétions secondaires, s'est élevée à :

	gr.
Eau des aliments.	5,624.7
Eau prédisposée.	2,077.2
Eau de combustion pulmonaire. .	219.6
Total.	7,921.5

Rapport de l'eau des transpirations à l'eau des évacuations $= \dfrac{7,921.5}{5,624.7} = 1.41.$

D'autre part les 2,465^{gr}.4 de carbone qui se trouvent être entrés dans l'alimentation en excédant sur les évacuations exigent 6,574^{gr}.4 d'oxygène pour se transformer en 9,039^{gr}.8 d'acide carbonique par la combustion pulmonaire.

De cette façon la perspiration s'est élevée à :

	gr.
Eau.	7,921.5
Acide carbonique	9,039.8
Total.	16,961.3

Rapport de la perspiration aux évacuations

$$= \frac{16,961.3}{15,580.0} = 1.09.$$

2°— Expérience de MM. Valentin et Brunner.

MM. Valentin et Brunner n'ont dosé que l'eau, la matière organique et les sels minéraux des aliments et des évacuations du cheval sur lequel ils ont expérimenté ; mais nous pensons pouvoir appliquer à leurs recherches les résultats des analyses élémentaires en carbone, hydrogène, azote et oxygène faites par M. Boussingault, sans commettre aucune erreur sensible pour le sujet dont nous nous occupons.

Le cheval de MM. Valentin et Brunner s'est trouvé peser d'après deux évaluations 427^k.5 et 422^k.5, moyenne 425 kilogr.

La température des trois jours d'expérience est restée comprise entre —2°.6 et $+6°$, moyenne $+1°.7$

Les résultats des observations sont calculés dans les tableaux suivants.

Tableau de la consommation et des évacuations journalières.

Dates.	Aliments et boissons.			Évacuations.	
	Foin.	Avoine.	Eau.	Urine.	Excrém.
	gr.	gr.	gr.	gr.	gr.
16 nov. 1840..	10,000	2,000	30,000	4,000	18,000
17. . *id.* . . .	10,000	2,000	30,000	5,000	17,000
18. . *id.* . . .	10,000	2,000	30,000	6,000	16,500
Totaux.	30,000	6,000	90,000	15,000	51,500
Moy. par jour.	10,000	2,000	30,000	5,000	17,167

Tableau analytique de la consommation des 3 jours.

Aliments.	Eau.	Matière organique sèche.	Sels minéraux.	Quotités des alim.
	gr.	gr.	gr.	gr.
Foin.. . . .	3,501.0	24,793.0	1,806.0	30,000
Avoine. . .	700.2	4,938.6	361.2	6,000
Eau.. . . .	89,954.1	»	45.9	90,000
Totaux.	94,155.3	23,631.6	2,213.1	126,000
Moy.p. jour.	31,385.1	7,877.2	737.7	42,000

Tableau analytique des évacuations des 3 jours.

Évacuations.	Eau.	Matière organique sèche.	Sels minéraux.	Quotités des évacuat.
	gr.	gr.	gr.	gr.
Urine. . . .	13,836.9	620.7	542.4	15,000
Excréments.	42,095.7	8,532.3	872.0	51,500
Totaux.	55,932.6	9,153.0	1,414.4	66,500
Moy.p. jour.	18,644.2	3,051.0	471.5	22,166.7

Composition élémentaire de la matière organique des aliments.

Aliments.	Carbone.	Hydrogène.	Azote.	Oxygène.	Totaux.
	gr.	gr.	gr.	gr.	gr.
Foin.. .	12,427.9	1,356.7	407.0	10,501.4	24,693.0
Avoine..	2,608.2	329.3	113.2	1,887.9	4,938.6
Totaux.	15,036.1	1,686.0	520.2	12,389.3	29,631.6
M. p. j.	5,012.0	562.0	173.4	4,129.8	9,877.2

Composition élémentaire de la matière organique des évacuations.

Évacuations.	Carbone.	Hydrog.	Azote.	Oxygène.	Totaux.
	gr.	gr.	gr.	gr.	gr.
Urine.. . . .	351.3	37.2	121.9	110.3	620.7
Excréments. .	3,944.9	519.9	224.3	3,843.2	8,532.3
Totaux. . . .	4,296.2	557.1	346.2	3,953.5	9,153.0
Moy. p. jour.	1,432.1	185.7	115.4	1,317.8	3,051.0

Tableau de la statique chevaline en 24 heures, d'après l'expérience de MM. Valentin et Brunner.

	Eau.	Sels minéraux.	Carbone.
	gr.	gr.	gr.
Aliments.	31,385.1	737.7	5,012.0
Évacuations.	18,644.2	471.5	1,432.1
Différences. . . .	12,740.9	266.2	3,579.9

	Hydrogène.	Azote.	Oxygène.	Totaux.
	gr.	gr.	gr.	gr.
Aliments. . . .	562.0	173.4	4,129.8	42,000.0
Évacuations. .	185.7	115.4	1,317.8	22,166.7
Différences.	376.3	58.0	2,812.0	19,833.3

Les 2,812 gr. d'oxygène qui, dans cette expérience, se trouvent en excédant sur la quantité d'oxygène des évacuations exigent 351^{gr}.5 d'hydrogène pour former 3,163^{gr}.5 d'eau prédisposée à se former dans les aliments, sans l'intervention de l'oxygène de la respiration.

Il reste 24^{gr}.8 d'hydrogène qui ont dû prendre à l'air inspiré 198^{gr}.4 d'oxygène pour donner 223^{gr}.2 d'eau provenant de la combustion des aliments.

En conséquence l'eau de la perspiration s'est élevée à :

	gr.
Eau des aliments.	12,740.9
Eau prédisposée.	3,163.5
Eau de combustion pulmonaire. .	223.2
Total.	16,127.6

Rapport de l'eau de la perspiration à celle des

$$\text{évacuations} = \frac{16,127.6}{12,740.9} = 1.26.$$

D'autre part les 3,579gr.9 de carbone qui se trouvent être entrés dans l'alimentation en excédant sur les évacuations exigent 9,546gr.4 d'oxygène pour se transformer en 13,126gr.3 d'acide carbonique par la combustion pulmonaire.

De cette façon la perspiration s'est élevée à :

		gr.
Eau.	16,127.6
Acide carbonique. . . .	13,126.3
Total.	29,253.9

Rapport de la perspiration aux évacuations

$$= \frac{29,253.9}{22,166.7} = 1.32.$$

3°—Résumé de la statique chimique de la race chevaline.

Nous ne déduirons pas, pour le moment, toutes les conséquences qui résultent des expériences-qui viennent d'être relatées; nous les réservons pour les conséquences générales qui terminent ce chapitre. Mais nous devons présenter, dans les tableaux suivants, le résumé de la statique chimique de la race chevaline.

	ENTRÉE.		
Num. d'ordre des expériences.	Eau des alim. et des boissons.	Matière sèche des aliments.	Oxygène de la respiration.	Totaux.
	gr.	gr.	gr.	gr.
I.	17,377.8	8,392.2	6,769.6	32,539.6
II.	31,385.1	10,614.9	9,744.8	51,744.8

SORTIE.

	Eau de la perspiration.	Acide carbonique.	Évac. solides et liquides.	Autres pertes.	Totaux.
	gr.	gr.	gr.	gr.	gr.
I...	7,921.5	9,039.8	15,580.0	—1.7	32,539.6
II...	16,127.6	13,126.3	22,166.7	+324.2	51,744.8

En réduisant en centièmes, on obtient :

	ENTRÉE = 100 =		SORTIE			
	Bol alimentaire.	Oxygène.	Eau de la perspiration.	Acide carbon.	Évacuat.	Autres pertes.
I...	79.2	20.8	24.3	27.8	47.9	0.0
II...	81.2	18.8	31.2	25.3	42.8	0.6
Moy.	80.2	19.8	27.7	26.6	45.4	0.3

Quant à la quantité de chaleur produite en 24 heures par la combustion pulmonaire, elle est donnée par les chiffres suivants :

	Expérience I.	Expérience II.
Combustion du carbone...	19,118,880	25,775,280
Combustion de l'hydrogène.	844,240	858,080
Totaux...	19,963,120	26,633,360
Chaleur dégagée par kil. du corps du cheval......	48,638	62,666

L'excès de chaleur dégagée par la combustion des aliments dans l'expérience de MM. Valentin et Brunner s'explique en partie par la plus grande quantité d'eau de perspiration qui s'est dégagée à l'état de vapeur, en partie par l'infériorité de la température ambiante. Ce sont des faits qui vérifient ceux que nous avons reconnus en établissant la statique chimique du corps humain.

III.—*Statique chimique de la race bovine.*

1° — Détails de l'expérience de M. Boussingault.

M. Boussingault a fait son expérience sur une vache laitière dont le poids a varié entre 467 et 470 kilogr., moyenne 468k.5, et qui avait été nourrie durant un mois avec le même régime alimentaire qui a été employé pendant les trois jours d'observation. Les divers résultats obtenus sont consignés dans les tableaux suivants.

Tableau de la consommation et des évacuations journalières.

Dates[1].	Aliments et boissons.		Évacuations.		
	Alim. solides.	Eau.	Lait.	Urine.	Excrém.
	gr.	gr.	gr.	gr.	gr.
19 mai 1839.	22,500	60,000	8,798	6,824	26,250
20. . id.. .	22.500	60,000	8,248	7,462	28,930
21. . id., .	22,500	60,000	8,547	10,329	30,060
Totaux.	67,500	180,000	25,593	24,615	85,240
Moy. p. jour.	22,500	60,000	8,531	8,205	28,413

Tableau analytique de la consommation des 3 jours.

Aliments.	Eau.	Matière organ. sèche.	Sels minéraux.	Quotités des alim.
	gr.	gr.	gr.	gr.
Pom. de terre.	32,490.0	11,884.5	625.5	45,000.
Regain de foin.	3,555.0	17,050.5	1,894.5	22.500
Eau.	179,849.9	»	150.1	180,000
Totaux. .	215,894.9	28,935.0	2,670.1	247.500
Moy. p. jour..	71,964.9	9,645.0	890.1	82,500

(1) La température moyenne ambiante a été probablement d'environ 14 degres.

Tableau analytique des évacuations des 3 jours.

Évacuations.	Eau. gr.	Matière organique. gr.	Sels minéraux. gr.	Quotités des évacuat. gr.
Lait.	22,141.2	3,282.6	169.2	25,593
Urine. . . .	21,732.6	1,729.8	1,152.6	24,615
Excréments.	73,240.0	10,560.0	1,440.0	85,240
Totaux.	117,113.8	15,572.4	2,761.8	135,448
Moy.p.jour.	39,037.9	5,190.8	920.6	45,149.3

*Composition élémentaire de la matière organique
des aliments.*

Aliments.	Carbone. gr.	Hydrog. gr.	Azote. gr.	Oxygène. gr.	Totaux. gr.
Pom. de t.	5,517.0	725.7	150.0	5,491.8	11,884.5
R. de foin.	8,923.2	1,060.8	454.5	6,612.0	17,050.5
Totaux.	14,440.2	1,786.5	604.5	12,103.8	28,935.0
Moy. p. j.	4,813.4	595.5	201.5	4,034.6	9,645.0

*Composition élémentaire de la matière organique
des évacuations.*

Évacuations.	Carbone. gr.	Hydrog. gr.	Azote. gr.	Oxygène. gr.	Totaux. gr.
Lait.	1,884.6	297.0	138.0	963.0	3,282.6
Urine. . . .	784.2	75.0	109.5	761.1	1,729.8
Excréments.	5,136.0	624.0	276.0	4,524.0	10,560.0
Totaux.	7,804.8	996.0	523.5	6,248.1	15,572.4
Moy.p.jour.	2,601.6	332.0	174.5	2,082.7	5,190.8

*Tableau de la statique bovine en 24 heures,
d'après cette expérience.*

	Eau. gr.	Sels minéraux. gr.	Carbone. gr.
Aliments.	71,964.9	890.1	4,813.4
Évacuations. . . .	39,037.9	920.6	2,601.6
Différences. .	32,927.0	—30.5	2,211,8

	Hydrogène. gr.	Azote. gr.	Oxygène. gr.	Totaux. gr.
Aliments. . . .	595.5	201.5	4,034.6	82,600.0
Évacuations. .	332.0	174.5	2,082.7	45,149.3
Différences.	263.5	27.0	1,951.9	37,350,7

Les 1,951^{gr}.9 d'oxygène qui, dans cette expérience, se trouvent dans les aliments en excédant sur la quantité d'oxygène des évacuations exigent 244 gr. d'hydrogène pour former 2,195^{gr}.9 d'eau prédisposée à se former dans les aliments, sans l'intervention de l'oxygène de la respiration.

Il reste 17^{gr}.5 d'hydrogène qui ont dû prendre à l'air inspiré 140 gr. d'oxygène pour former 157^{gr}.5 d'eau provenant de la combustion des aliments.

En conséquence l'eau de la perspiration s'est élevée à :

	gr.
Eau des aliments	32,927.0
Eau prédisposée	2,195.9
Eau de combustion pulmonaire	157.5
Total	35,280.4

Rapport de l'eau de perspiration à l'eau des évacuations

$$= \frac{35,280.4}{39,057.9} = 0.90.$$

D'autre part les 2,211^{gr}.8 de carbone qui se trouvent être entrés dans l'alimentation en excédant sur les évacuations exigent 5,898^{gr}.1 d'oxygène pour se transformer en 8,109^{gr}.9 d'acide carbonique par la combustion pulmonaire.

De cette façon la perspiration s'est élevée à :

	gr.
Eau	35,280.3
Acide carbonique	8,109.9
Total	43,390.2

Rapport de la perspiration aux évacuations

$$= \frac{43,390.2}{45,149.3} = 0.91.$$

2°—Conséquences et résumé de la statique chimique de la race bovine.

Quoique l'expérience dont nous venons de rapporter les détails ait porté sur une vache laitière et qu'il soit par conséquent possible que les résultats qu'elle a donnés diffèrent de ceux qu'on obtiendrait en opérant sur un bœuf ou sur un veau, nous pensons devoir cependant en conclure l'équation de la statique chimique de la race bovine. De nouvelles expériences diront dans quels cas cette équation doit être modifiée.

ENTRÉE.

Eau des aliments et des boissons.	Matière sèche des aliments.	Oxygène de la respiration.	Total.
gr.	gr.	gr.	gr.
71,964.9	10,535.1	6,038.1	88,538.1

SORTIE.

Eau de la perspiration.	Acide carboniq.	Déjec. solides et liquides.	Lait.	Autres pertes.	Total.
gr.	gr.	gr.	gr.	gr.	gr.
35,280.4	8,109.9	36,618.0	8,531.0	—1.2	88,538.1

En réduisant en centièmes, on trouve :

	ENTRÉE = 100 =			SORTIE.			
Eau des aliments et des boissons.	Matière sèche des aliments.	Oxygène.	Eau de la perspirat.	Acide carbonique.	Déjections solides et liquides.	Lait.	Autres pertes.
31.2	11.9	6.9	39.8	9.2	41.3	9.7	0.0

Quant à la quantité de chaleur produite en 24 heures par la combustion pulmonaire, elle est donnée par les chiffres suivants :

Combustion du carbone. . . . 15,924,960
Combustion de l'hydrogène.. . 605,500

Total. 16,530,460

Chaleur dégagée pour 1 kilogr. du corps de la vache.. 35,070

IV.—*Statique chimique de la race ovine.*

Il n'a encore été fait aucune expérience sur l'alimention du mouton comparée à ses évacuations ; les analyses de l'urine de la race ovine sont en outre fort incomplètes et on ne connaît absolument rien sur leur quotité ni sur la nature et la quantité de ses excréments. Nous avons essayé de combler cette lacune par trois expériences faites sur le même mouton, la première et la dernière sous l'influence de l'emploi du chlorure de sodium, l'expérience intermédiaire sans l'emploi de cette substance, de manière à établir complétement dans l'un et l'autre cas la statique chimique complète de la race ovine et à la comparer avec la statique chimique des races humaine, chevaline et bovine.

1° — Expérience sous l'influence du sel.

Le poids du mouton était de 27^k.5 ; il n'a pas varié d'une manière sensible, d'après trois pesées faites à jeun durant l'expérience. Auparavant et pendant plus d'un mois le régime alimentaire avait été étudié de manière à ce que l'on fût bien certain de se trouver dans des conditions normales et de ne rien déranger aux habitudes de la digestion. Chaque jour on donnait les aliments le matin à 8 heures et le soir à 4 heures ; après le repas, le foin restant était pesé, et son poids était déduit de celui du foin mis dans le râtelier. Une vessie attachée sous le ventre par des cordons noués sur le dos nous a paru, après plusieurs autres tentatives, le procédé le plus commode pour recueillir les urines ; on la vidait toutes les deux heures environ. Les excréments étaient recueillis sur le sol carrelé au fur et à mesure de leur émission. Il n'a pas été donné de litière, parce qu'elle n'eût pu qu'introduire des erreurs dans les résultats à obtenir. Enfin nous ajouterons que le mouton n'a été quitté ni jour ni nuit durant les cinq jours pleins qu'a duré l'expérience. Nous avions pensé pouvoir nous relâcher un peu de cette surveillance extrêmement pénible en attachant les pattes du mouton durant la nuit, et le couchant de manière à ce qu'il ne pût rien perdre de son urine ; mais nous nous sommes aperçu, par les résultats de l'alimentation du troisième jour, que cette mesure aurait rendu l'animal malade, et nous avons dû y renoncer.

Tableau de la consommation et des évacuations journalières.

Dates.	Temp. de chaque jour.	Aliments et boissons.		Evacuations.	
		Aliments solides.	Eau de Seine.	Urine.	Excréments.
		gr.	gr.	gr.	gr.
28 juill.1849.	18°70	911	855	548	676
29.	18.95	697	1,337	815	706
30.	17.55	537	932	630	636
31.	17.55	872	1,107	408	651
1er août.. . .	17.15	842	1,357	722	709
Totaux..	89.80	3,859	5,588	3,123	3,378
Moy. par jour.	17.96	771.8	1,117.6	624.6	675.6

Tableau analytique de la consommation des 5 jours.

Noms des aliments.	Eau.	Matière organique sèche.	Chlore.	Sels minéraux fixes.	Quotités des aliments.
	gr.	gr.	gr.	gr.	gr.
Foin. . . .	405.12	2,738.50	3.78	151.60	3,299.0
Son. . . .	104.50	366.00	0.06	29.44	500.0
E. de Seine.	5,587.41	0.20	0.05	0.34	5,588.0
Sel.. . . .	»	»	36.51	23.99	60.5
Totaux.	6,097.03	3,104.70	40.40	205.41	9,447.5
M. p. jour.	1,219.40	620.94	8.08	41.08	1,889.5

Tableau analytique des évacuations des 5 jours.

Évacuations.	Eau.	Matière organique sèche.	Chlore.	Sels minéraux fixes.	Quotités des évacuations.
	gr.	gr.	gr.	gr.	gr.
Urine.. .	2,863.16	116.14	34.96	108.74	3,123
Excrém..	1,792.23	1,411.60	0.87	173.30	3,378
Totaux.	4,651.39	1,527.74	35.83	282.04	6,501
M. p. jour.	931.08	305.55	7.17	56.40	1,300.2

Composition élémentaire de la matière organique sèche des aliments.

Aliments.	Carbone.	Hydrogène.	Azote.	Oxygène.	Totaux.
	gr.	gr.	gr.	gr.	gr.
Foin. . .	1,368.04	150.46	55.32	1,164.61	2,738.50
Son.. . .	174.08	23.06	10.95	157.91	366.00
E.de Seine	0.10	0.01	0.00	0.09	0.20
Totaux.	1,542.22	173.53	66.27	1,322.61	3,104.70
Moy. p. j.	308.44	34.71	13.25	264.52	620.94

Composition élémentaire de la matière organique sèche des évacuations.

Évacuations.	Carbone.	Hydrog.	Azote.	Oxygène.	Totaux.
	gr.	gr.	gr.	gr.	gr.
Urine. . . .	62.02	8.70	28.46	16.96	116.14
Excréments. .	693.81	88.51	23.43	605.75	1,411.60
Totaux..	755.83	97.21	51.89	622.71	1,527.74
Moy. p. jour.	151.17	19.45	10.38	124.54	305.55

Tableau de la statique ovine en 24 heures, d'après cette première expérience.

	Eau.	Sels minér.	Chlore.	Carbone.
	gr.	gr.	gr.	gr.
Aliments..	1,219.40	41.08	8.08	308.44
Évacuations. . .	931.08	56.40	7.17	151.17
Différences. .	287.32	—15.32	0.91	457.27

	Hydrogène.	Azote.	Oxygène.	Totaux.
	gr.	gr.	gr.	gr.
Aliments	34.71	13.27	264.52	1,889.60
Évacuations.. .	19.44	10.38	124.54	1,300.20
Différences.	15.27	2.89	139.98	589.30

Les 139^{gr}.98 d'oxygène qui, dans cette expérience, se trouvent en excédant sur la quantité d'oxygène des évacuations exigent 17^{gr}.50 d'hydrogène pour former de l'eau. Mais il ne se trouve en excès des évacuations sur les aliments que 15^{gr}.27 d'hydrogène exigeant seulement 122^{gr}.16 d'oxygène pour produire 137^{gr}.43 d'eau prédisposée à se former dans les aliments sous l'intervention de l'oxygène de la respiration.

En conséquence l'eau sortie par la sueur, la transpiration insensible et les diverses sécrétions, s'est élevée à :

$$
\begin{array}{lr}
 & \text{gr.} \\
\text{Eau des aliments.} \dots & 287.32 \\
\text{Eau prédisposée.} \dots & 137.43 \\
\hline
\text{Total.} \dots & 424.75
\end{array}
$$

Rapport de l'eau des transpirations à l'eau des évacuations $= \dfrac{424.75}{931.08} = 0.45.$

Il reste encore 17^{gr}.82 d'oxygène en excès des aliments sur les évacuations, lesquels se seront combinés avec 6^{gr}.67 de carbone pour donner 24^{gr}.49 d'acide carbonique. En outre les 150^{gr}.60 de carbone, qui sont encore entrés dans l'alimentation en excédant sur les évacuations, exigent 401^{gr}.6 d'oxygène pour se transformer en 652^{gr}.20 d'acide carbonique par la combustion pulmonaire.

De cette façon la perspiration s'est élevée à :

$$
\begin{array}{lr}
 & \text{gr.} \\
\text{Eau} \dots & 424.75 \\
\text{Acide carbonique.} \dots & 676.69 \\
\hline
\text{Total.} \dots & 1{,}101.44
\end{array}
$$

Rapport de la perspiration aux évacuations $= \dfrac{1{,}101.41}{1{,}300.20} = 0{,}84.$

2° — Expérience sans emploi du sel.

Après avoir laissé le mouton s'accoutumer durant dix jours à ne point recevoir de sel , ce qui l'a fait maigrir d'un kilogramme, nous avons recommencé notre expérience , mais nous n'avons pu cette fois la faire durer plus de quatre jours, à cause de la fatigue causée par les soins de l'expérimentation et l'impossibilité qui s'en est suivie de passer une cinquième nuit sans sommeil.

Tableau de la consommation et des évacuations journalières.

Dates.	Temp. moyenne de chaq. jour.	Aliments et boissons.		Évacuations.	
		Aliments solides.	Eau de Seine.	Urines.	Excréments.
		gr.	gr.	gr.	gr.
11 août. . .	20.75	880	1,110	354	629
12..	20.15	883	1,105	366	783
13..	19.65	970	1,511	409	865
14..	17.40	985	1,285	690	1,004
Totaux.	77.95	3,718	5,011	1,819	3,281
Moy. p. jour.	19.49	929.5	1,252.75	454.75	820.25

Tableau analytique de la consommation des 4 jours.

Noms des aliments.	Eau.	Matière organique sèche.	Chlore.	Sels minéraux fixes.	Quolités des aliments.
	gr.	gr.	gr.	gr.	gr.
Foin.. . .	407.45	2,754.27	3.80	152.48	3,318
Son. . . .	83.60	292.80	0.05	23.55	400
E. de Seine	5,010.47	0.18	0.04	0.21	5,011
Totaux.	5,501.52	3,047.25	3.89	176.24	8,729
M. p. jour.	1,375.38	761.81	0.97	44.06	2,182.22

Tableau analytique des évacuations des 4 jours.

Évacuations.	Eau	Matière organique sèche.	Chlore.	Sels minéraux fixes.	Quotités des évacuat.
	gr.	gr.	gr.	gr.	gr.
Urine.. . . .	1,676.40	68.37	5.90	68.33	1,819
Excréments. .	1,881.65	1,165 94	1.39	232.02	3,281
Totaux.	3,558.05	1,234.31	7.29	300.35	5,100
Moy. p. jour.	889.51	308.58	1.82	75.09	1,275

Composition élémentaire de la matière organique sèche des aliments.

Aliments.	Carbone.	Hydrogène.	Azote.	Oxygène.	Totaux.
	gr.	gr.	gr.	gr.	gr.
Foin. . .	1,376.60	151.48	55.64	1,170.57	2,754.27
Son.. . .	139.08	18.44	8.78	126.50	292.80
E. de S. .	0.09	0.01	0.00	0.08	0.18
Totaux.	1,515.77	169.93	64.42	1,297.15	3,047.25
M.p.jour.	378.94	42.48	16.10	324.29	761.81

Composition élémentaire de la matière organique des évacuations.

Évacuations.	Carbone.	Hydrog.	Azote.	Oxygène.	Totaux.
	gr.	gr.	gr.	gr.	gr.
Urine. . . .	42.81	4.46	6.72	14.38	68.37
Excréments. .	572.24	73.10	20.17	500.43	1,165.94
Totaux.	615.05	77.56	26.89	514.81	1,234.31
Moy. p. jour..	153.76	19.39	6.72	128.71	308.58

Tableau de la statique ovine en 24 heures, d'après cette deuxième expérience.

	Eau.	Sels minéraux.	Chlore.	Carbone.
	gr.	gr.	gr.	gr.
Aliments. . . .	1,375.38	44.06	0.97	378.94
Évacuations.. .	889.51	75.09	1.82	153.76
Différences.	485.87	—31.03	—0.85	225.18

	Hydrogène.	Azote.	Oxygène.	Totaux.
	gr.	gr.	gr.	gr.
Aliments. . . .	42.48	16.10	324.29	2,182.22
Évacuations.. .	19.39	6.72	128.71	1,275.00
Différences.	23.09	9.38	195.58	907.22

Les 195^{gr}.58 d'oxygène qui, dans cette expérience, se trouvent en excédant sur la quantité
d'oxygène des évacuations exigent 21^{gr}.73 d'hydrogène pour donner 217^{gr}.31 d'eau prédisposée à se former dans les aliments sans l'intervention de l'oxygène de la respiration.

Il reste 1^{gr}.36 d'hydrogène qui ont dû prendre à l'air inspiré 12^{gr}.24 d'oxygène pour former 13^{gr}.60 d'eau provenant de la combustion
des aliments.

En conséquence, l'eau sortie par la sueur, la
transpiration insensible et les diverses sécrétions secondaires s'est élevée à :

		gr.
Eau des aliments	. . . .	485.87
Eau prédisposée	. . . .	217.31
Eau de combustion pulmonaire.		13.60
	Total.	716.78

Rapport de l'eau des transpirations à l'eau

$$\text{des évacuations} = \frac{716.78}{889.51} = 0.86.$$

D'autre part les 225^{gr}.18 de carbone qui se
trouvent être entrés dans l'alimentation en excédant sur les évacuations exigent 600^{gr}.48
d'oxygène pour se transformer en 825^{gr}.66
d'acide carbonique par la combustion pulmonaire.

De cette façon la perspiration s'est élevée à :

		gr.
Eau	. . . .	716.78
Acide carbonique	. . . . . .	825.66
	Total. . . .	1,542.44

Rapport de la perspiration aux évacuations

$$= \frac{1,542.44}{1,275.00} = 1.21.$$

3ᵉ — Deuxième expérience avec l'emploi du sel.

Dans la première expérience que nous avons faite sur le mouton, il recevait bien du foin à discrétion et mangeait autant qu'il avait besoin, car chaque jour il avait laissé une portion de sa ration dans le râtelier. Mais nous nous sommes aperçu qu'il n'en était pas de même pour l'eau des boissons, attendu qu'il ne laissait pas d'eau dans le vase qui lui était offert. Dans la deuxième expérience, nous eûmes soin qu'il y eût de l'eau en excès; mais alors il était nécessaire, afin que nous eussions des résultats bien comparables sous tous les rapports en employant du sel et en nous abstenant d'en donner, de refaire une seconde expérience sous l'influence du sel. D'ailleurs nous avons voulu faire disparaître une certaine inexactitude provenant de l'espèce de souffrance qu'avait endurée l'animal par suite de la liaison de ses pattes durant une nuit, comme nous l'avons indiqué plus haut. En conséquence nous avons rendu du sel au mouton dès le lendemain de la seconde expérience, et six jours après nous avons recommencé nos déterminations en les bornant encore à quatre jours. Le mouton pesait, pendant cette troisième expérience, exactement 27 kilogrammes,

Tableau de la consommation et des évacuations journalières.

Dates.	Tempér. de Chaque jour.	Aliments et boissons.		Évacuations.	
		Aliments solides.	Eau de Seine.	Urine.	Excréments.
		gr.	gr.	gr.	gr
20 août.. .	14°05	1,065	1,078	471	510
21.	18.10	966	2,116	461	860
22.	17.40	932	2,043	838	1,081
23.	19.15	1,019	1,862	1,754 .	1,403
Totaux.	68.70	3,982	7,729	3,524	3,854
M. p. jour..	17.17	995.50	1,932.25	881	963.5

Tableau analytique de la consommation des 4 jours.

Noms des aliments.	Eau.	Matière organique sèche.	Chlore.	Sels minéraux fixes.	Quotités des aliments.
	gr.	gr.	gr.	gr.	gr.
Foin.. . .	435.82	2,945.92	4.07	163.19	3,549.0
Son. . . .	83.60	292.80	0.05	23.55	400.0
Eau de S..	7,728.19	0.27	0.08	0.46	7,729.0
Sel. . . .	»	»	19.85	13.05	32.9
Totaux.	8,247.61	3,238.99	24.05	200.25	11,710.9
Moy. p. j.	2,061.90	809.75	6.01	50.06	2,927.72

Tableau analytique des évacuations des 4 jours.

Évacuations.	Eau.	Matière organique sèche.	Chlore.	Sels minéraux fixes.	Quotités des évacuations.
	gr.	gr.	gr.	gr.	gr.
Urine.. .	3,322.11	81.65	27.55	92.69	3,524
Excrém. .	2,162.09	1,516.43	1.40	174.08	3,854
Totaux.	5,484.20	1,598.08	28.95	266.77	7,378
Moy. p. j.	1,371.05	399.52	7.24	66.69	1,844.5

(1) Cette quantité très considérable d'urine du dernier jour demande un mot d'explication ; nous avons toujours eu soin d'attendre, en commençant chaque expérience, que l'animal eût rendu, autant que possible, tout ce qui provenait de la digestion de la veille, et conséquemment, le dernier jour, de recueillir tout ce qu'il pouvait encore garder. En d'autres termes, l'animal était toujours ramené, au commencement et à la fin, à une sorte d'inanition.

18,

*Composition élémentaire de la matière organique sèche
des aliments.*

Aliments.	Carbone.	Hydrogène.	Azote.	Oxygène.	Totaux.
	gr.	gr.	gr.	gr.	gr.
Foin. . .	1,472.36	162.04	59.51	1,252,03	2,945.92
Son. . . .	139.08	18.44	8.78	126.50	292.80
Eau de S.	0.12	0.02	0.00	0.13	0.27
Totaux.	1,611.56	180.50	68.29	1,378.66	3,238.99
Moy. p. j.	402.89	45.12	17.07	344.67	809.75

*Composition élémentaire de la matière organique sèche
des évacuations.*

Évacuations.	Carbone.	Hydrogène.	Azote.	Oxygène.	Totaux.
	gr.	gr.	gr.	gr.	gr.
Urine. . . .	49.75	5.82	14.25	11.83	81.65
Excréments..	744.26	95.69	29.27	647.21	1,516.43
Totaux.	794.01	101.51	43.52	659.04	1,598.08
Moy. p. jour.	198.50	25.38	10.88	164.76	399.52

*Tableau de la statique ovine en 24 heures,
d'après cette troisième expérience.*

	Eau.	Sels minéraux.	Chlore.	Carbone.
	gr.	gr.	gr.	gr.
Aliments. . . .	2,061.90	50.06	6.01	402.99
Évacuations. . .	1,371.05	66.69	7.25	198.50
Différences.	690.85	—16.63	—1.24	204.39

	Hydrogène.	Azote.	Oxygène.	Totaux.
	gr.	gr.	gr.	gr.
Aliments.	45.12	17.07	344.67	2,927.72
Évacuations.. . .	25.38	10.88	164.76	1,844.50
Différences.	19.74	6.19	179.91	1,083.22

Les 179^{gr}.91 d'oxygène qui, dans cette expérience, se trouvent en excédant sur la quantité d'oxygène des évacuations exigent 22^{gr}.49
d'hydrogène pour former de l'eau. Mais il ne se
trouve en excès des aliments sur les éva-

cuations que 19^{gr}.74 d'hydrogène exigeant seulement 157^{gr}.92 d'oxygène pour produire 177^{gr}.66 d'eau prédisposée à se former dans les aliments sans l'intervention de l'oxygène de la respiration.

En conséquence, l'eau sortie par la sueur, la transpiration insensible et les diverses sécrétions s'est élevée à :

$$\text{Eau des aliments.} \dots \quad 690.85^{gr.}$$
$$\text{Eau prédisposée} \dots \quad 177.66$$
$$\text{Total.} \dots \quad 868.51$$

Rapport de l'eau de la transpiration à l'eau des évacuations $= \dfrac{868.69}{1,371.05} = 0.63.$

Il reste encore 21^{gr}.99 d'oxygène en excès des aliments sur les évacuations qui se seront combinéesavec 8.25de carbone pour donner 30^{gr}.24 d'acide carbonique. En outre les 196^{gr}.14 de carbone qui sont encore entrés dans l'alimentation en excédant sur les évacuations exigent 523^{gr}.05 d'oxygène pour se transformer en 719^{gr}.18 d'acide carbonique par la combustion pulmonaire.

De cette façon la perspiration s'est élevée à :

$$\text{Eau.} \dots \quad 868.51^{gr.}$$
$$\text{Acide carbonique.} \dots \quad 749.42$$
$$\text{Total.} \dots \quad 1,617.93$$

Rapport de la perspiration aux évacuations $= \dfrac{1,617.93}{1,844.50} = 0.88.$

4° — Conséquences et résumé de la statique chimique de la race ovine.

Nous traitons plus loin avec tous les détails convenables des conséquences qui doivent être tirées des expériences précédentes relativement aux effets produits par le sel introduit dans l'alimentation du mouton. Nous nous bornerons dans ce chapitre aux faits généraux qui concernent la statique chimique de la race ovine. Cette statique peut se résumer ainsi :

ENTRÉE.

N d'ordre des expériences.	Eau des alim. et des boissons. gr.	Matière sèche des aliments. gr.	Oxygène de la respiration. gr.	Total. gr.
I.	1,219.4	670.1	401.6	2,291.1
II.	1,375.4	806.8	612.7	2,794.9
III.	2,061.9	865.8	523.0	3,450.7
Moyennes.	1,552.2	780.9	512.4	2,845.5

SORTIE.

	Eau de la perspiration. gr.	Acide carboniq. gr.	Déject. solides et liquides. gr.	Autres pertes. gr.	Total. gr.
I. .	424.8	676.7	1,300.2	—110.6	2,291.1
II. .	716.8	825.7	1,275.0	—22.7	2,794.9
III. .	868.5	749.4	1,844.5	—11.7	3,450.7
Moy. .	670.0	750.6	1,473.2	—48.3	2,845.5

En réduisant en centièmes, on trouve :

ENTRÉE = 100.

	Eau des alim. et des boissons.	Matière sèche des aliments.	Oxygène.
I.	53.2	29.2	17.6
II.	49.5	28.9	21.6
III.	59.7	25.1	15.2
Moyennes	54.1	27.7	18.2

100 = SORTIE.

N. d'ordre des expérienc.	Eau de la perspiration.	Acide carbonique.	Déject. solides et liquides.	Autres pertes.
I. . . .	18.5	29.5	56.7	—4.7
II. . . .	25.6	29.5	46.0	—1.1
III. . . .	25.2	21.7	53.4	—0.3
Moyennes.	23.1	26.9	52.0	—2.0

On reconnaît d'une manière bien nette que l'emploi du sel, dans les expériences I et III, a augmenté la proportion relative de la partie aqueuse du bol alimentaire; cela est surtout rendu sensible par les expériences II et III, les seules pour lesquelles l'eau des boissons a été donnée à discrétion; nous aurons occasion de revenir plus loin sur ce fait[1] ainsi que sur celui de l'augmentation des déjections[2] par l'emploi du régime salé.

Quant à la chaleur produite en 24 heures par la combustion pulmonaire, elle est indiquée, dans la mesure d'approximation qu'une évaluation pareille comporte dans l'état actuel de la science, par les chiffres suivants :

N. d'ordre des expérience	Chaleur de la combust. du carbone.	de la combust. de l'hydrogène.	totale.
I. . . .	1,084,320	»	1,084,320
II. . . .	1,621,296	47,056	1,668,352
III. . . .	1,412,208	»	1,412,208
Moyenne.			1,388,293
Chaleur dégagée pour 1 kilogr. du corps du mouton..			50,480

(1) *Voir* p. 431.
(2) *Voir* p. 433 à 442.

V.—*Conséquences générales.*

I. — Dans les expériences dont nous venons
de donner les détails, les produits de la perspiration ne sont dosés qu'indirectement par différence, et conséquemment on pourrait avoir
quelque doute sur les résultats qui en seraient
déduits en ce qui concerne cet important phénomène. Mais comme un grand nombre de physiciens se sont occupés d'expériences directes
sur la respiration, nous avons, pour les rapprochements que nous pouvons tenter, des vérifications certaines qui signaleraient bien vite les
erreurs commises. Cependant les recherches les
plus complètes, c'est-à-dire celles de MM. Regnault et Reiset, n'ont déterminé que l'azote exhalé, l'acide carbonique produit et l'oxygène
consommé; la vapeur d'eau exhalée n'a jamais
été soumise à la moindre mesure directe. D'après
les détails que nous avons donnés dans ce chapitre, on reconnaît d'ailleurs que cette vapeur
varie entre des limites très éloignées qui ont probablement un rapport défini avec l'état hygrométrique de l'air et la température ambiante.

II.— La quantité d'oxygène consommée dans
la respiration s'est trouvée être supérieure à
celle de l'acide carbonique produit chez l'homme, le cheval et la vache laitière; chez le mouton
elle a été tantôt supérieure, tantôt inférieure,

MM. Regnault et Reiset ont constaté de pareil-
les variations.

Cette quantité pour l'homme et les animaux,
que nous avons eu particulièrement en vue
dans notre travail, est restée comprise entre
0gr.537 et 1gr.180 par heure par kilogramme
du poids de l'animal considéré ; ce sont aussi les
nombres trouvés par MM. Regnault et Reiset.

La proportion d'acide carbonique exhalé ne
correspond pas exactement à l'oxygène consommé ; elle est tantôt plus forte, tantôt plus
faible ; il doit y avoir une relation entre ce fait,
le régime alimentaire et l'état de l'animal.

III. — Pour avoir une idée exacte du rôle de
l'azote dans l'économie, il ne suffit pas de comparer la proportion de ce gaz, qui est exhalée,
avec l'oxygène consommé ou l'acide carbonique
produit ; on constate seulement ainsi que la
quantité d'azote de la perspiration ne s'élève
qu'à 1/00 ou 2/00 de l'oxygène consommé dans
la respiration. Il faut en outre comparer la
quantité d'azote entrée avec les quantités évacuées dans les excréments et les urines, et avec
la portion exhalée à l'état de gaz.

Nous avons déjà vu que chez l'homme l'azote
exhalé s'élève du tiers à la moitié de l'azote
ingéré. Le tableau suivant, calculé en supposant
que l'on représente par 100 la quantité d'azote
alimentaire, donne les chiffres proportionnels de
l'azote sorti par les diverses voies durant les

expériences détaillées dans ce chapitre et le précédent. On reconnaît qu'il y a, pour un même individu, des variations qui élèvent du simple au triple le rapport de l'azote exhalé.

		Azote des excrém.	Azote des urines.	Azote exhalé.	
Race humaine.	I.	10.1	38.8	51.5	
	II.	6.2	46.2	47.6	
	III.	22.9	39.2	37.9	
	IV.	9.2	55.6	35.2	
	V.	3.6	44.6	51.8	
Race chevaline.	I.	55.6	27.1	17.3	
	II.	43.2	23.4	33.4	Lait.
Vache laitière.	I.	45.7	18.1	13.4	22.8
Mouton.	I.	35.3	42.9	21.8	
	II.	31.3	10.4	58.3	
	III.	42.9	20.8	36.3	

Pour compléter ces notions sur le rôle de l'azote alimentaire, nous avons encore dressé le tableau suivant qui donne la quantité d'azote ingéré en 24 heures pour un kilogramme du poids de chaque animal :

		Azote par kilogr. du corps. gr.
Race humaine.	I.	0.59
	II.	0.45
	III.	0.53
	IV.	0.47
	V.	0.36
Race chevaline.	I.	0.33
	II.	0.41
Vache laitière.	I.	0.43
Mouton	I.	0.50
	II.	0.58
	III.	0.62

CHAPITRE X.

Nécessité de l'emploi du sel dans l'alimentation.

L'analyse chimique nous a démontré la présence constante du chlorure de sodium ou de la soude et du chlore dans toutes les parties de l'organisme des animaux, dans leurs sécrétions, dans leurs aliments. Pouvons-nous dire cependant que nous avons acquis la preuve absolue et rigoureuse de la nécessité constitutionnelle du sel ou de ses éléments ? N'est-il pas possible que le sel n'entre pas indispensablement dans tous les composés où nous avons constaté son existence ?

On peut prétendre que les animaux sont peut-être organisés de manière à pouvoir se passer absolument de sel, de soude et de chlore, et admettre que le chlorure de sodium n'a été introduit, comme produit accessoire et inutile, dans l'alimentation et par suite dans l'organisme, que par suite d'une sorte de subversion, d'une déviation produite par l'état de civilisation.

Nous posons donc cette question : les animaux pourraient-ils se passer de sel ? Examinons comment nous pouvons la résoudre.

Il est bien évident pour tous ceux qui connaissent la valeur d'une combinaison chimique qu'il est plusieurs liquides de l'économie, tels que la bile, le sang, le sperme, etc., qui ne sauraient exister sans la présence d'une base alcaline. Seulement la question est de savoir si la soude ne pourrait pas y être remplacée par un autre alcali minéral ou même organique, comme on suppose que cela a lieu chez plusieurs végétaux où on admet que les alcalis minéraux sont remplacés au besoin par des alcalis organiques engendrés *ad hoc.* Des expériences suffisamment prolongées pourraient bien dire ce qu'il peut y avoir de fondé dans une pareille hypothèse. Mais ces expériences sont impraticables sur la race humaine, et des conditions spéciales dans lesquelles il nous est impossible de nous placer, quant à présent, seraient à créer pour arriver à les réaliser à coup sûr sur les animaux. A défaut d'une solution directe de la question, nous devons avoir recours aux enseignements que l'observation des faits historiques ou géographiques et de circonstances fortuites nous fournit dans le passé et dans le présent. Peut-on fixer historiquement une époque à laquelle le sel a été introduit dans l'alimentation des hommes et des animaux? Ou bien existe-t-il des peuplades sauvages, représentants actuels des temps reculés où vivaient nos pères, des peuplades sauvages, disons-nous, chez lesquelles l'usage du sel est encore inconnu? Enfin, s'est-t-il présenté des circonstances particulières où l'addition du sel aux aliments a été supprimée ou diminuée pour une cause quelconque, et quels effets en sont résultés? Il nous semble qu'en envisageant la question que nous nous sommes posée sous ce triple point de vue, de l'histoire, de la géographie et de la statistique, c'est-à-dire dans le domaine du temps, de l'espace et de l'observation, nous arriverons à suppléer, autant que possible, à une expérimentation fondée directement sur l'analyse chimique.

I.— Antiquité de l'usage du sel.

En remontant jusques au delà des temps héroïques, au delà de l'existence nomade et patriarcale des peuples pasteurs, à l'époque perdue dans la nuit des temps où l'homme a dû passer de la vie sauvage à la vie sociale, on ne parvient à fixer qu'une chose d'une manière irréfragable : c'est le constant emploi que nos ancêtres, de toute antiquité, ont fait du sel pour les usages sacrés et profanes. Si l'on interroge le plus grand des poëtes païens, le peintre le plus fidèle des anciennes mœurs des peuples des temps fabuleux, on acquiert la preuve de l'usage du sel pour l'assaisonnement des aliments, usage fort ancien et tout à fait général au temps d'Homère. Achille fait préparer, par les soins de Patrocle, un repas destiné à la députation illustre qui vient de la part

d'Agamemnon le supplier de mettre un terme à
sa juste colère et de venir prêter son secours aux
Grecs repoussés par les Troyens. « Automédon,
dit Homère, tient les viandes qu'Achille coupe
avec dextérité ; les dards en sont couverts ; le
fils de Ménœtius, semblable par sa stature à l'un
des immortels, allume un grand feu ; dès que
le bois est consumé et ne jette plus qu'une flamme
languissante, il étend les charbons sur lesquels
il suspend les dards, *répand dessus le sel divin*
et les soutient par des fragments de roche...

Πάσσε δ'ἁλὸς θείοιο, κρατευταίων ἐπαείρας [1]. »

Les livres sacrés ne laissent pas davantage de
doute sur l'emploi du sel qui y est regardé comme
indispensable. « Peut-on manger, dit Job [2], d'un
mets fade, qui n'est point assaisonné avec le sel?
*Aut poterit comedi insulsum, quod non est
sale conditum?* »

Homère appelle le sel *divin*, parce que le sel
fut rangé, dès la plus haute antiquité, parmi les
objets particulièrement consacrés aux divinités.
Au commencement de chaque repas, le sel était
offert aux dieux, et c'était chose tellement sainte
que l'oubli de la salière dans le service de la
table, la salière renversée durant le repas, le
sommeil d'un convive avant que le sel et les
autres assaisonnements eussent disparu de la ta-

(1) *Iliade*, chant IX, vers 214.
(2) Chap. VI, verset 6.

ble pour faire place au dessert, étaient de funestes présages. Ces superstitions se sont transmisés d'âge en âge jusqu'aux générations actuelles, avec tant d'autres préjugés indestructibles sous le règne constant de l'ignorance, comme aussi avec les habitudes, les symboles, les mythes. Le sel servait à l'eau lustrale du temple païen; il sert à l'eau bénite de l'Eglise catholique. Ézéchiel[1], reprochant aux Juifs leur ingratitude, leur dit qu'ils n'ont été ni lavés, ni frottés de sel. (*Et quando nata es, in die ortus tui, non est præcisus umbilicus tuus, et aqua non es lota in salutem, nec sale salita, nec involuta pannis.*) Le sel est encore donné aujourd'hui au nouveau-né comme signe de sagesse; il est le *sal sapientiæ* du baptême. Il est écrit dans saint Marc[2] : « Toute victime doit être salée. Le sel est bon. Ayez du sel en vous, et conservez la paix entre vous (*Omnis enim igne salietur, et omnis victima sale salietur. Bonum est sal : quod si sal insulsum fuerit, in quo illud condietis? Habete in vobis sal, et pacem habete inter vos*). »

La salière fut de tout temps le symbole de l'hospitalité, le signe représentatif des pactes

----

(1) Ch. XVI, 4.

(2) Ch. IX, 48 et 49. — Saint Luc dit aussi : *Bonum est sal. Si autem sal evanuerit, in quo condietur?* (XIV, 34.) — Saint Mathieu écrit : *Vos estis sal terræ. Quod si sal evanuerit, in quo salietur?* (V, 13.)

inviolables : *Pactum salis est sempiternum* [1].

Pour exprimer que l'on avait reçu chez quelqu'un un accueil hospitalier, on disait que l'on avait mangé de son sel. Esdras, invoquant auprès des rois d'Assyrie le pacte du sel, dit [2] : « Les Juifs n'ont pas oublié le sel qu'ils ont mangé dans le palais d'Artaxerce... (*Nos autem memores salis quod in palatio comedimus...*)»

Il est donc bien démontré que le sel était le plus général assaisonnement des anciens; néanmoins il n'avait presque aucune valeur dans le commerce, ce que l'on doit sans doute attribuer à la profusion avec laquelle il est répandu à la surface et dans le sein de la terre. Lorsqu'Ulysse, après ses durs travaux, arrive déguisé en mendiant dans son palais, où il trouve assemblés et mangeant à sa table les prétendants à la main de la sage Pénélope, il reproche à Antinoüs sa dureté envers les pauvres, et Homère lui fait dire : « Tu ne donnerais pas même de tout ton bien *un grain de sel* au suppliant qui te le demanderait.

Οὐ σύγ ᾽ἂν ἐξ οἴκου σῷ ἐπιστάτη οὐδ᾽ ᾽ἄλα δοίης [3]. »

Ce vers est l'expression d'un proverbe vulgaire chez les Grecs et chez les Romains. Moschus et Plaute se servent de termes analogues pour

(1) *Nombres*, ch. XVIII, 19.
(2) Chap. IV, verset 14.
(3) *Odyssée*, chant XVII, vers 455.

dire qu'il ne sera rien donné, absolument rien.

Après de telles preuves, il ne peut rester de doute dans l'esprit de personne sur l'emploi du sel par les premiers hommes ; le jour où ils ont eu recours aux céréales pour soutenir leur existence, ils ont dû recourir au sel pour assaisonner leurs aliments ; car, comme dit Horace[1] :

Cum sale panis
Latrantem stomachum bene leniet.

II.— *Universalité de l'usage du sel.*

L'usage qu'a constamment fait du sel l'espèce japétique, à laquelle nous appartenons, est-il commun à toutes les espèces humaines ? Est-ce un usage universel sur la terre, indépendant des races et des lieux, des climats et des mœurs? Telle est la question que nous allons chercher à résoudre, question qui n'est pas oiseuse pour le sujet qui nous occupe ; car il semble au premier abord qu'en s'en rapportant aux idées les plus répandues, mais aussi les moins approfondies parmi les écrivains, on doit la décider contre l'universalité de l'usage du sel, et conséquemment contre l'indispensabilité de cette substance dans l'alimentation de l'homme. Pour les plus anciens auteurs, ignorant les gisements du sel dans l'intérieur des terres, connaissant seulement les procédés d'extraction du

(1) *Sat.* lib. II, sat. 2.

sel par l'évaporation des eaux de la mer, il pouvait paraître naturel de supposer que les nations éloignées des côtes ne devaient pas connaître le sel, dans un temps surtout où le commerce continental n'existait pas encore. Les moyens de s'assurer de la vérité manquaient absolument, alors qu'aucun voyage pour ainsi dire ne s'effectuait à travers les terres. C'est donc sans étonnement que nous voyons Homère mettre dans la bouche du devin Tirésias, invoqué par Ulysse, d'après les conseils de Circé, relativement aux travaux qui l'attendaient encore, les paroles suivantes : «Après avoir immolé les prétendants, il faudra t'armer d'une large rame et voyager encore jusqu'à ce que tu trouves *un pays où les hommes, ne connaissant point la mer, ne mêlèrent jamais le sel à leurs aliments,* et jamais n'aperçurent ni les poupes colorées d'un rouge éclatant, ni les rames qui sont les ailes des navires.

Ἔιροχε τοὺς ἀφίκηαι, cἴ οὐκ ἴσασι θάλασσαν
ἀνέρες, οὐδέ θ' ἄλεσσι μεμιγμένον εἶδαρ ἔδουσιν[1]. »

Il est difficile d'ailleurs de trouver un peuple auquel on puisse appliquer les vers d'Homère. Quelques commentateurs conjecturent que ce peuple devait être les Epirotes. Homère aurait-il ignoré que l'Epire a une frontière maritime? Cela n'est pas possible. Ces contrées étaient connues dans

(1) *Odyssée,* ch. XI, vers 122.

le temps de la guerre de Troie, et Homère nous
montre, dans l'*Odyssée* surtout, des connaissances géographiques fort étendues. Je me ran-
gerais volontiers à l'opinion d'un des plus savants commentateurs du poëte grec : Knight regarde le vers 122 et les deux suivants comme
interpolés par quelque rapsode et comme ne
méritant par conséquent aucun examen.

Quoi qu'il en soit, que ce passage doive être
attribué à Homère ou qu'il ait été intercalé postérieurement dans ses chants, il n'en résulte
pas moins que l'on admettait dans l'antiquité
que le sel n'était pas absolument indispensable
à l'homme pour sa subsistance, puisque les poëtes supposaient, dans leurs fictions, des peuples
ne mélangeant point de sel à leurs aliments. Il
est curieux de voir cette opinion se perpétuer
à travers les siècles, mais toujours d'une manière confuse, sans que des faits bien constatés
lui aient donné jamais aucune authenticité. Daniel de Foë, l'amusant auteur du *Robinson Cru-
soé*, s'est fait de notre temps l'interprète de
cette croyance généralement admise, en insé-
rant dans son charmant livre le passage suivant[1].
« Le même soir, dit Robinson, j'écorchai le che-
vreau, je le dépeçai, et j'en mis quelques mor-
ceaux sur le feu, dans un pot que j'avais ; je les
fis étuver, j'en fis un bouillon, et je donnai une
partie de cette viande, ainsi préparée, à Ven-

(1) Chap. XXV.

19.

dredi, qui, voyant que j'en mangeais, se mit à la goûter aussi. Il me fit signe qu'il y prenait plaisir; *mais ce qui lui parut étrange, c'est que je mangeais du sel avec mon bouilli.* Il me fit comprendre que le sel n'était pas bon, et, après en avoir mis quelques grains dans sa bouche, il les cracha et fit une grimace, comme s'il en avait mal au cœur, et ensuite se rinça la bouche avec de l'eau fraîche. Moi, au contraire, je fis les mêmes grimaces en prenant une bouchée de viande sans sel ; mais je ne pus le porter à en faire de même, et il fut fort longtemps sans pouvoir s'y accoutumer. » Daniel de Foë pouvait citer à l'appui de son dire un assez bon nombre d'auteurs rapportant que certaines peuplades sauvages et peu industrieuses se passent absolument de sel. Haller a donné une liste de ces écrivains[1] qui pour-

(1) Voici le passage de Haller qu'on trouve dans son grand ouvrage : *Elementa physiologiæ corporis humani* (Berne, 1764, 6 vol. in-4°), t. VI, p. 219 : « Neque tamen desunt gentes, vagæ potissimum et parum industriæ quæ sale abstinent, in America[a], Brasilia[b]; Caraïbes[c], Lapones[d], Islandi[e], Ostiaki et Swetlobi[f], Africani Numidæ apud Thalam[g]. Salis etiam usum ignorabat robusta illa puella ex gente Esquimantsi.

« Alii populi adeo anxie salsum saporem quærunt, ut etiam ex cineribus fuci[h] salem coquant, aut ex igne

(a) LAFITEAU, *Mœurs des sauvages*, t. II, p. 368.
(b) THEVET, *France antarctique*, p. 55.
(c) *Saml. der Reis.*, t. XVII, p. 482.
(d) *Galer. di Min.*. t. V, p. 131; MARTIN, *De Medicina Iapon. Lulens*, p. 10; LINN., *Flor. Iapon.*, p. 70.
(e) HORREBOW, p. 327; *Mélanges*, I, p. 199.
(f) *Relat. des Voyages au Nord*, t. VIII, p. 397-400.
(g) SALUSTIUS, *Jugurth.*, p. 216.
(h) MARTIN, *West Isl.*, p. 64; BORRICH, *Hermet. Ægypt. sapient.*, p. 343.

rait être augmentée de nos jours ; mais toutes leurs assertions ont besoin d'être discutées au double point de vue de leur exactitude en fait et des conséquences qu'on est en droit d'en tirer. Les mœurs des peuplades sauvages sont en général assez légèrement observées par la plupart des voyageurs. On peut croire que beaucoup n'ont pas recherché avec attention si on ne suppléait pas au sel ordinaire d'une façon ou d'une autre parmi toutes les peuplades errantes. D'ailleurs, quelques-unes des peuplades citées par Haller consomment une assez grande quantité de poissons de mer, et dès lors leur nourriture contient une dose de chlorure de sodium suffisante pour les besoins de l'organisme.

Est-il donc vrai que l'usage du sel se soit introduit parmi les hommes par la marche de la civilisation seulement, que les peuples qui habitent sur les bords de la mer soient les premiers qui aient contracté l'habitude d'en assaisonner leurs aliments, et qu'ensuite, mais seulement par imitation, les autres peuples se soient conformés à cette habitude devenue peu à peu générale ?

Le passage suivant, que l'on trouve dans Varron, nous paraît prouver que les peuples

lignis inmisso, quem salsa aqua exstinguebant, aut denique ex vulgari de ligno exusto cinere [1]. »

[1] *Umbri apud Plin. ex cinere juncorum ; Ægypti apud* BOXXICH *ibid.*

qui, dans l'antiquité, n'avaient point à leur
disposition cette substance, cherchaient à se la
procurer d'une manière détournée, sans savoir
même que c'était elle qu'ils obtenaient : « Quand
j'étais à la tête de l'armée, dit Varron [1], j'ai vu
dans l'intérieur de la Gaule transalpine, près du
Rhin , des contrées où il ne croît ni vignes, ni
oliviers, ni pommiers ; où l'on emploie une sorte
de craie blanche pour fumer la terre , et où les
habitants, *au lieu de sel marin ou de sel fos-
sile, se servaient de charbons salés qu'ils obtenaient de la combustion de certains bois...
(ubi salem nec fossicium, nec maritimum ha-
berent, sed ex quibusdam lignis combustis
carbonibus salsis pro eo uterentur).* » Le même
fait est constaté dans Pline [2], dans les termes
suivants : « Je trouve dans Théophraste que les
Ombres font bouillir dans l'eau la cendre des
joncs et des roseaux jusqu'à ce qu'il ne reste presque plus de liquide. (*Apud Theophrastum inve-
nio, Umbros arundinis et junci cinerem deco-
quere aqua solitos, donec exiguum supersit
humoris.*) »

Il est curieux de voir l'observation de Varron
vérifiée, à deux mille ans d'intervalle et deux
mille lieues de distance, par un auteur moderne,
parmi les populations sauvages du Nouveau-

_____

(1) *Rerum rusticarum de agricultura*, lib. I, VII.
Varron vivait 50 ans environ avant J.-C.
(2) **Liv. XXXI, chap. 40.**

Monde. Une ressemblance si frappante entre les mœurs de peuples en enfance, n'étant encore initiés en aucune manière aux progrès de la civilisation, montre bien que des lois naturelles président au développement de la race humaine et conduisent chaque individu, en quelque lieu de la terre et en quelque temps qu'il vive, dans la voie tracée par les conditions de son existence. Sur les bords de l'Orénoque comme sur les bords du Rhin, aux régions équinoxiales du nouveau continent aussi bien que sous le climat tempéré du centre de l'Europe, au temps des conquêtes de la civilisation romaine comme à l'époque des missions catholiques dans les contrées les plus ignorées de l'Amérique, l'homme, n'ayant pas de sel gemme ou d'eau salée, a recours à la combustion de végétaux pour trouver l'assaisonnement indispensable de ses aliments préparés par les procédés les plus simples. Rapprochées du passage de Varron, que nous venons de citer, les pages suivantes de M. de Humboldt présentent donc la démonstration la plus intéressante de l'universalité de l'emploi du sel que nous puissions donner. « Dans la cabane de l'Indien qui avait été dangereusement mordu par une couleuvre, nous trouvâmes, dit l'illustre et savant voyageur [1], des

(1) *Voyage aux régions équinoxiales du nouveau continent*, fait en 1790, 1800, 1801, 1802, 1803 et 1804,

boules de $0^m,08$ à $0^m,10$ de diamètre, d'un
sel terreux et impur que l'on appelle *chivi*, et
qui est préparé avec beaucoup de soin par les
indigènes. A Maypurès, on brûle une conferve
que l'Orénoque laisse sur les rochers voisins,
lorsque, après les grandes crues, il rentre dans
son lit. A Javita, on fabrique le sel par l'incinération du *spadix* et des fruits du palmier
seje ou *chimu*[1]. Ce beau palmier, qui abonde
sur les rives de l'Auvana, près de la cataracte
de Guarinuma, et entre Javita et le *Cano* Pin-
cichin, paraît être une nouvelle espèce de cocotier. On se rappelle que l'eau renfermée dans
le fruit du cocotier commun est souvent salée,
même quand l'arbre croît loin du rivage de la
mer. A Madagascar, on tire du sel de la séve
d'un palmier appelé *cira*[2]. Outre les *spadix* et
les fruits du palmier *seje*, les Indiens de Javita
lessivent aussi les cendres de la fameuse liane
cupana. C'est une nouvelle espèce du genre
Paullinia, par conséquent une plante très différente du cupania de Linné. Je rappellerai, à
cette occasion, qu'un missionnaire voyage rarement sans avoir avec lui les semences prépa-
rées de la liane *cupana*. Cette préparation exige
beaucoup de soin. Les Indiens râpent les se-

par MM. Al. de Humboldt et A. Bonpland, rédigé par
Al. de Humboldt, t. VII, p. 341.

(1) Au Rio-Negro, on tire du sel du spadix d'un autre palmier appelé *chiqui-chiqui*.

(2) Jacquin, *Hort. Schœnbr.*, t. I, p. 10.

mences, les mêlent à la farine de manioc, enveloppent la masse dans des feuilles de bananier et la font fermenter dans l'eau jusqu'à ce qu'elle prenne une couleur jaune de safran. Cette pâte jaune est séchée au soleil, et, délayée dans l'eau, on la prend le matin en guise de thé. La boisson est amère et stomachique, mais elle m'a paru d'un goût très désagréable.

« Sur les bords du Niger et dans une grande partie de l'intérieur de l'Afrique, où le sel est extrêmement rare, on dit d'un homme riche : « Il est si heureux qu'il mange du sel à son repas. » Ce bonheur n'est pas trop commun dans l'intérieur de la Guyane : il n'y a que les blancs, surtout les soldats du fortin de San-Carlos, qui savent se procurer du sel pur, soit des côtes de Caracas, soit de Chita, par le Rio-Meta. Ici, comme dans toute l'Amérique, les Indiens mangent peu de viande et ne consomment presque pas de sel. Aussi la gabelle est-elle de peu de rapport pour le fisc partout où le nombre des indigènes est très considérable, par exemple, au Mexique et à Guatimala. Le *chivi* de Javita est un mélange de muriate de potasse et de soude, de chaux caustique et de plusieurs sels terreux. Ils en dissolvent quelques atomes dans de l'eau, remplissent de cette dissolution une feuille d'heliconia pliée en cornet, et en laissent tomber, comme de l'extrémité d'un filtre, quelques gouttes dans leurs mets. »

Ainsi donc, admettre, avec Homère ou quelque rapsode postérieur, admettre, avec Daniel de Foë ou d'autres auteurs trop pressés à regarder l'emploi du sel comme une preuve de civilisation, que l'homme, éloigné des mers ou vivant encore dans l'état de sauvagerie, n'assaisonne point ses aliments avec le chlorure de sodium, c'est s'appuyer sur une hypothèse que détruit une observation plus attentive des mœurs naturelles de la race humaine. Ainsi Daniel de Foë, dont l'érudition ne saurait d'ailleurs être mise en doute et qui a précisément placé l'île de Robinson à l'embouchure de l'Orénoque, trompé par les apparences, aura confondu le manque de sel blanc avec l'absence complète de toute substance salée. La seule chose vraie, c'est que les Indiens appartenant à la race cuivrée consomment très peu de sel, à cause des difficultés qu'ils ont à s'en procurer, à cause de leur sobriété, et aussi parce qu'ils ont coutume de chercher dans les différentes espèces de piment[1] le principal assaisonnement de leurs mets ; mais ils savent trouver dans les cendres de divers végétaux la quantité de chlorure de sodium indispensable à la constitution de leurs organes. Nous pouvons donc conclure en disant avec Pline[2] : « L'espèce humaine ne peut vivre

(1) *Essai politique sur la Nouvelle-Espagne*, par M. de Humboldt, t. II. p. 472; t. III, p. 332.
(2) Liv. XXXI, chap. 41.

sans sel. C'est un élément nécessaire à son existence (*Ergo Hercules vita humanior sine sale
non quit degere, adeoque necessarium elemen-
tum est...*). » Et on ne trouve pas trop exagérés
ces mots du même auteur [1] : « C'est ici surtout
qu'on peut songer au vieil adage : rien de plus
utile au corps que le sel et le soleil (*Ibi maxime
usurpanda observatione, quæ totis corpori-
bus nihil esse utilius sale et sole dixit*). »

III. — *Effets produits par la suppression de l'emploi
du sel dans l'alimentation de l'homme.*

Envisageons la solution de la question de la
nécessité absolue de l'emploi du sel dans l'alimentation de l'homme sous un autre point de
vue. Au lieu de rechercher si toujours et partout (ce qui est désormais, nous le pensons, un
fait acquis) l'homme a eu soin d'assaisonner sa
nourriture avec du chlorure de sodium, voyons
ce que l'homme deviendrait si on essayait de
l'en priver. L'expérience a été faite, au moins
deux fois à notre connaissance. Les résultats
qu'elle a produits ne laissent aucun doute sur
le danger qu'il y aurait à la tenter de nouveau.
Nous devons dire toutefois que, malheureusement, nous ne connaissons pas, dans cette occasion, tous les détails, toutes les circonstances
des observations que nous rapportons. Ce n'est

(1) **Liv. XXXI, ch. 45.**

pas tant à cause de l'incertitude que peut laisser dans l'esprit du lecteur l'absence d'une précision plus grande qu'en raison de l'intérêt qu'il pourrait y avoir à s'étendre davantage sur un sujet aussi important, que nous exprimons nos regrets.

Quelques-uns des lecteurs de notre travail pourront peut-être d'ailleurs nous renseigner davantage sur les deux faits dont il s'agit, et nous communiquer des documents dont nous tâcherons de profiter, dans l'intérêt de la manifestation de la vérité.

M. Bérard, professeur à la Faculté de médecine de Paris, rapporte, dans ses *Leçons de Physiologie*[1], que des seigneurs russes, trouvant que la consommation du sel faite par leurs nombreux serfs leur coûtait trop cher, et pensant que ce condiment ne servait qu'à rendre les aliments agréables, cessèrent d'en donner à leurs malheureux paysans. Les effets de cette mesure économique ne se firent pas attendre : au bout d'un certain temps, maigreur, faiblesse, dégoût pour les aliments, maladie et mort, tel fut le lot de la misérable population qui végétait sur les terres russes. Il s'ensuivit une grande diminution de travail et, partant,

(1) Ce fait est cité également par M. Barbier dans une *Note sur le mélange du sel marin aux aliments de l'homme* (*Gazette médicale*, 1838, p. 301). M. Bérard le mentionne dans le premier volume de son *Cours de Physiologie* qui vient de paraître, p. 559.

de revenus. Ce que voyant, et sur l'avis d'un médecin qui constata un état de langueur et de faiblesse, accompagné de pâleur à la peau, de tendance à l'œdème et génération d'helminthes dans les intestins, les seigneurs se hâtèrent de rendre du sel à leurs serfs, qui revinrent bientôt à leur état de santé ordinaire.

L'autre fait est non moins significatif : il nous a été communiqué par M. Moll. Nous croyons devoir donner textuellement la lettre que nous a écrite à ce sujet ce savant professeur d'agriculture. « Désireux d'appuyer sur des données certaines, dit M. Moll, le renseignement dont je vous avais parlé, j'ai fait de nouvelles recherches, mais il m'a été impossible de retrouver l'ouvrage dont je vous avais entretenu. A son défaut, voici ce qui est resté bien gravé dans ma mémoire.

« A une certaine époque que je ne saurais plus préciser, mais que je crois être la fin du siècle dernier, une mauvaise récolte, jointe à une crise commerciale, avait réduit à la plus profonde misère toute la population du cercle des mines (Erzgebirg), en Saxe, population de tout temps principalement industrielle. La situation était telle que la majorité des habitants en était réduite à ne manger que des pommes de terre sans huile de lin (qui aujourd'hui forme encore l'accompagnement ordinaire de cet aliment) et même sans sel, qui, à cette époque,

était fort cher, par suite du monopole de l'État.
Une maladie étrange et terrible, ayant quelque
analogie avec le scorbut, ne tarda pas à se manifester, et fit des progrès si rapides dans les
classes nécessiteuses qu'elle attira l'attention du
gouvernement et provoqua une enquête faite par
des hommes spéciaux.

« Dès l'abord on constata un fait singulier :
c'est que les mineurs (fort nombreux dans cette
contrée), quoique réduits à la même misère
que les autres ouvriers, étaient restés, eux et
leurs familles, complétement exempts de la maladie. Or, l'alimentation de ces hommes ne se
distinguait qu'en un seul point de celle du reste
des travailleurs : appartenant tous à l'État, ils
en recevaient gratis, ou à peu près, une certaine
quantité de sel très suffisante pour leur entretien. On essaya donc l'emploi du sel et des aliments très salés comme moyen curatif, et ces
essais eurent un plein succès. Une ordonnance
du gouvernement intervint qui réduisit considérablement le prix du sel et le mit à la portée
des plus pauvres : la maladie cessa comme par
enchantement et n'a plus reparu depuis.

« Encore une fois, je regrette vivement de
ne pouvoir vous donner des détails plus précis,
des chiffres, des dates; mais, quant au fait lui-
même, je vous en certifie l'authenticité. Non-
séulement je l'ai lu dans une histoire populaire
de la Saxe, livre qui est répandu dans toutes

les écoles rurales de ce pays, mais je l'ai entendu signaler à plusieurs reprises et citer notamment dans des discussions scientifiques. »

Les pommes de terre ne contenant souvent
que des traces de chlorure de sodium, comme
nous l'avons fait voir en rapportant les diverses
analyses des matières alimentaires, on s'explique parfaitement les désordres que la privation
du sel, dans un système d'alimentation basé
presque uniquement sur ces tubercules, a dû
entraîner dans l'organisme des populations placées dans d'aussi détestables conditions que
celles de l'Erzgebirg. Ces populations ne trouvaient même plus dans leur nourriture quotidienne ce *minimum* de sel (un demi-gramme
environ [1]) que nous avons constaté exister naturellement dans la ration de l'homme soumis à
un régime varié. Ce *minimum*, placé providen-
tiellement dans la plupart des substances dont
l'espèce humaine fait sa nourriture habituelle,
dans la viande, dans les fruits, dans les légumes, dans les boissons, démontre *ipso facto* la
nécessité absolue de ne jamais exposer l'homme
à ne pas avoir même ce qui a été introduit à
son insu dans presque toutes les substances
dont il peut se nourrir, afin de pourvoir à sa
conservation, même lorsque son industrie et
son instinct intelligent sont assez détournés de
leur voie naturelle pour le mettre en danger de

(1) *Voir* précédemment, p. 189 et suiv.

dépérir. Ce n'est jamais impunément que l'on s'insurge contre les lois fondamentales de la nature. Les animaux sont faits pour vivre dans les conditions où ils se trouvent placés ; ces conditions ne peuvent être changées sans qu'il en résulte une perturbation immédiate dans leur organisme.

IV. — *Usage du sel pour les animaux.*

L'avidité des animaux pour le sel est tellement connue que nous n'avons pas à insister sur un fait aussi anciennement et universellement observé, si ce n'est pour faire remarquer que cette avidité eût tôt ou tard révélé aux hommes les propriétés et l'usage du sel, s'ils n'eussent point été portés par leur propre instinct à le mélanger à leurs aliments.

Les contrées encore sauvages de l'Amérique doivent nous présenter une fidèle image des faits qui se passaient dans les premiers âges de notre continent. Or on voit aujourd'hui, dans les États d'Ohio, d'Indiana, de Kentucky, les bandes de buffles indiquer par leur piste les sources salées et les gîtes salifères. Les bêtes à cornes et les chevaux lèchent avidement les sels effleuris à la surface du sol dans les contrées chaudes de l'Amérique du Sud, et des bandes d'oiseaux se rassemblent pour en manger là où les efflorescences salines sont abondantes[1]. Suivant

(1) Spix et Martius, *Reise in Brasilien*, t. II, p. 527.

l'expression de Haller : « Il semble qu'il y ait dans le sel quelque chose qui convienne à la nature animale. *Videtur omnino aliquid in sale esse quod naturæ animali conveniat. Nam pene omnes gentes sale utuntur; et etiam bruta animalia pleraque, certe quæ ruminant, sale delectantur, et ab ejus usu bene habent[1].* »

Mais la question n'est pas de savoir si les animaux aiment le sel : en ce cas il n'y aurait aucun doute à avoir. Elle n'est pas davantage de chercher si le sel est nécessaire à la constitution de leurs organes : ainsi posée, elle est résolue; car nous avons vu que quelques parties du corps ne sauraient exister sans soude, et d'ailleurs les aliments contiennent toujours naturellement, comme nous l'avons également démontré, une certaine quantité de chlorure de sodium ainsi fournie aux organes qui en ont besoin. Il s'agit de décider s'il est bon, profitable, d'ajouter un excès de sel à la ration alimentaire; et évidemment les traditions peuvent résoudre catégoriquement le problème entendu dans ce sens.

Il y a bien des siècles que l'on donne le sel aux animaux malades pour les guérir de la gale et de beaucoup d'autres affections morbides. Les vieux auteurs romains sont d'accord pour indiquer cette pratique comme bien établie et très commune. « Le sel, dit Pline[2], entre dans les re-

(1) *Elem. phys.*, t. VI, p. 219.
(2) Liv. XXXI, ch. 45.

mèdes contre la lassitude pour donner de la chaleur, et dans les détersifs pour rendre la peau plus
fine et plus lisse. En liniment, il remédie à la gale
des moutons et des bœufs; quelquefois on le leur
fait lécher ; on le crache avec la salive sur les
yeux des bêtes de somme (*Sed quicumque sal
acopis additur ad excalfactiones : item smeg-
matis ad extenuandam cutem levandamque ;
pecorum quoque scabiem et boum illitus tol-
lit. Daturque lingendus, et oculis jumentorum
inspuitur*).» Trois cents ans avant Pline, Caton
l'ancien avait conseillé, en plusieurs endroits de
son ouvrage, *De re rustica* (LXX,LXXIII,XCVI),
l'emploi du sel dans le traitement des maladies du bœuf et du mouton ; il l'indique notamment comme efficace contre la gale de tous les
quadrupèdes [1] : « Lavez - les ensuite dans l'eau
de mer, ou, si vous n'en avez pas à proximité,
employez de l'eau tenant du sel en dissolution...
Ce même remède doit être employé contre la
gale de tous les quadrupèdes (*Deinde lavito
in mari ; si aquam marinam non habebis ,
facito aquam salsam , ea lavito... Eodem in
omnes quadrupedes utito, si scabræ erunt*). »

Mais ce n'est pas du simple usage du sel dans
la médecine vétérinaire que nous nous préoc-
cupons. Pouvons-nous fixer la date de son emploi général dans l'alimentation quotidienne

(2) XCVI.—Marcus Portius Cato, dit Major ou l'Ancien, naquit l'an 520 de Rome, 234 ans avant J.-C.

des animaux? Varron ne donne aucun renseignement à ce sujet. Caton[1] ne parle du sel mélangé aux aliments des bestiaux que dans le cas où il s'agit de substituer la paille au foin, ainsi que nous le verrons plus loin. Les géoponiques grecs, au moins dans l'abrégé qui nous est parvenu et qui a été rédigé par Cassianus Bassus sur les ordres de Constantin Porphyrogennète, traitent en plusieurs endroits de l'emploi thérapeutique du sel pour soigner les troupeaux de bœufs ou de moutons; mais ils ne parlent qu'une fois du sel ajouté à la ration alimentaire, encore est-ce pour dire que cet usage du sel peut prévenir les maladies des bestiaux. « De plus, disent-ils[2], le sel ajouté au fourrage est un bon moyen préservatif. *Quin et sal pabulo admixtus valde prodest.* Καὶ ἅλες δέ συμμιγνύμενοι ταῖς τροφαῖς σφόδρα ὠφελουσιν. » On doit donc croire que dans les trois premiers siècles de l'ère chrétienne on ne mélangeait qu'exceptionnellement le sel aux fourrages. Mais la coutume de donner du sel aux bestiaux a dû se répandre dès cette époque parmi les agriculteurs. En effet, Pline vante en ces termes les bons effets du sel[3] : « Les moutons, le gros bétail, les bêtes de somme y trouvent aussi

(1) LIV.
(2) Paxamus. *Geoponicorum* lib. XVII, cap. 14. Edition de Leipsig, 1781, par Nicolas Niclas, p. 1155.
(3) Liv. XXXI, chap. 41.

le stimulant le plus puissant, et lui doivent l'abondance de leur lait, le goût exquis de leur fromage (*Quin et pecudes armentaque et jumenta sale maxime sollicitantur ad pastum; multo largiore lacte, multoque gratiore etiam in caseo doti).* »

A côté de ces généralités un peu vagues qui se rapportent à tous les bestiaux, nous voyons Virgile indiquer l'emploi du sel pour l'assaisonnement des fourrages donnés aux chèvres ; et Columelle, qui naquit sous le règne d'Auguste ou de Tibère, en parle pour la ration alimentaire des bœufs et des brebis.

Virgile s'exprime ainsi[1] : « Si tu aimes mieux tirer du lait de tes troupeaux, va toi-même garnir leurs étables de cytise, de lotos et d'*herbes parsemées de sel.* Tes chèvres n'en auront que plus envie de boire ; leurs mamelles se tendront davantage, et leur lait retiendra quelque peu de la secrète saveur du sel.

> *At, cui lactis amor, cytisum lotosque frequentes*
> *Ipse manu salsasque ferat præsepibus herbas.*
> *Hinc et amant fluvios magis, ac magis ubera tendunt,*
> *Et salis occultum referent in lacte saporem.* »

Columelle recommande l'usage du sel dans le but d'entretenir la bonne santé des bœufs. « Au surplus, dit-il[2], ces remèdes ne sont pas les seuls qui les maintiennent dans un état sain : il y a

(1) *Géorgiques*, liv. III, vers 394 et suiv.
(2) *De re rustica*, liv. VI, chap. 111.

bien des gens qui mettent pour le même but du
sel dans leurs fourrages (*Neque hæc tantum
remedia salubritatem faciunt. Multi et largo
sale miscent pabula*). » On avait si bien constaté, du temps de Columelle, le plaisir avide
éprouvé par les animaux mangeant du sel qu'on
se servait, d'après cet auteur, de préparations
salées pour apprivoiser et dompter les bœufs.
« Ensuite, dit-il[1], on leur écartera les mâchoi-
res pour leur tirer la langue de la gueule,
et on leur frottera de sel tout le palais; après
quoi on leur fourrera dans la gueule des boules
de pâte d'une livre pesant, trempées dans de la
graisse fondue, bien salée... (*Post hæc, diduc-
tis malis, educito linguam, totumque eorum
palatum sale defricato, libralisque offas in
præsalsæ adipis liquamine in gulam demit-
tito*). » Palladius a répété cette recette dans son
traité *De re rustica*, publié à la fin du quatrième siècle[2].

Le passage de Columelle relatif aux brebis
est conçu dans ces termes[3] : « Il n'y a pas cependant de fourrages, ni même de pacages, si
agréables qu'ils puissent être, qui ne cessent à
la longue de plaire aux brebis, à moins que le
pâtre ne prévienne le dégoût qu'elles en prennent en leur donnant du sel. On met du sel

(1) *De re rustica*, liv. VI, chap. 2.
(2) Liv. IV, chap. 12.
(3) Liv. VII, chap. 3.

dans des auges de bois pendant l'été, afin qu'elles aillent le lécher au retour de la pâture, et qu'il serve comme d'assaisonnement à leur fourrage, pour exciter en elles une ardeur égale tant pour boire que pour paître (*Nec tamen ulla sunt tam blanda pabula, aut etiam pascua, quorum gratia non exolescat usu continuo, nisi pecudum fastidio pastor occurrerit præbito sale, quod velut ad pabuli condimentum, per æstatem canalibus ligneis impositum, cum a pastu redierint oves, lambunt, atque eo sapore cupidinem bibendi pascendique concipiunt*). » Palladius[1] dit aussi « qu'il faut provoquer l'appétit des brebis en saupoudrant de sel leur pâture et en en mêlant à leur breuvage. *Salis tamen crebra conspersio vel pascuis mista vel canalibus frequenter oblata debet pecoris levare fastidium.* »

Les idées que l'on a soutenues de nos jours sur l'utilité de l'emploi du sel en agriculture, pour l'entretien des bestiaux, remontent donc au moins à dix-huit siècles, et l'on doit certainement s'étonner qu'après une si longue expérience elles aient pu être combattues.

(1) Liv. XII, chap. 13.

CHAPITRE XI

Effets produits par l'emploi du sel dans l'alimentation.

Il ne peut nous suffire d'avoir démontré la nécessité de la présence du chlorure de sodium dans les aliments de l'homme et des principaux animaux domestiques; il nous faut encore chercher à résoudre un problème plus difficile, celui de la proportion de sel qui doit se trouver dans la ration alimentaire pour la production de l'effet utile maximum. Dans cette détermination nous nous occuperons peu du prix de revient des résultats obtenus; la question du prix de revient, liée directement à la question de l'impôt, ne peut être traitée qu'accessoirement et comme annexe de celle de l'utilité.

Des expériences assez nombreuses ont été faites sur les effets du sel; en général elles ont consisté à comparer deux lots d'animaux sous le rapport du poids et des produits accessoires à la production de la chair, tels que lait, laine, etc., l'un des lots recevant du sel, et l'autre n'ayant que le sel naturel des aliments. De nouvelles expériences sont probablement entreprises dans ce moment, selon le programme proposé par la *Société centrale d'agriculture*, pour la distribution des prix fondés à la fin de

20.

1847 par le ministre de l'agriculture. La Société centrale n'a pas pensé qu'il fût possible d'expérimenter, dans un délai de deux à trois ans, l'action du sel pour prévenir ou guérir certaines maladies, non plus que son influence sur la production du lait et de la laine; elle n'a appelé l'attention des agriculteurs que sur les moyens d'apprécier l'effet que peut produire le sel dans la conservation des forces musculaires, l'accroissement des jeunes animaux et l'engraissement des animaux adultes. Il nous semble qu'à ces questions il faut en joindre une relative à l'influence du sel sur l'acte de la génération et de la conservation des races, et une autre sur l'importance comparative de la mortalité chez les animaux qui sont soumis à un régime alimentaire salé et chez ceux qui ne prennent jamais de sel.

Nous essaierons de donner sur tous ces points l'état actuel de nos connaissances, en indiquant les faits acquis aussi bien que les *desiderata* de la science et de la pratique. Ce ne sont pas des opinions, plus ou moins fondées, émises par des savants ou par des praticiens plus ou moins illustres, que nous rapporterons. Les opinions personnelles sont respectables au point de vue politique; elles ne valent pas un fait au point de vue scientifique. Les faits prendront donc uniquement place dans le travail auquel nous allons nous livrer; à nos yeux, les faits qui, entre tous, ont la plus grande importance sont susceptibles d'évaluations numériques. Les conséquences que nous émettons sont d'ailleurs en général les résultats de nos propres calculs et appréciations ; nous avons pris les diverses expériences que nous avons pu rassembler pour les comparer entre elles et avec nos propres déterminations, et pour en tirer les conclusions qui nous ont paru justes, indépendamment des conclusions tirées par les auteurs de ces expériences.

I.—*Action du sel sur l'accroissement des jeunes animaux.*

Il n'a été fait jusqu'à présent d'expériences relatives à l'action exercée par l'usage du sel sur l'accroissement des jeunes animaux que pour la race bovine et la race ovine. Les premières sont dues à M. Boussingault[1], les autres à M. Lequin[2] ; nous allons en présenter un tableau complet, quoique succinct.

1°— Race bovine.

M. Boussingault a choisi dans ses étables de Béchelbronn (Bas-Rhin) six jeunes taureaux ayant à peu près le même âge et le même poids ; il les

(1) *Annales de chimie et de phys.*, 3e série, t. XIX, p. 117 ; t. XX, p. 113 ; t. XXII, p. 116.
(2) Brochure publiée à Neufchâteau en déc. 1847.

a répartis en deux lots qui ont été soumis au même régime alimentaire, à cette différence près que l'un a reçu du sel et que l'autre n'a eu que le sel naturellement contenu dans la ration alimentaire solide et dans l'eau des boissons.

L'expérience a duré du 1ᵉʳ octobre 1846 au 31 octobre 1847, c'est-à-dire durant 13 mois ou 395 jours.

Les taureaux étaient âgés de 7 à 10 mois à l'origine de l'expérimentation. Ils ont été pesés à plusieurs reprises, et on a tenu compte également du poids des fourrages et de l'eau consommés.

Le lot soumis au régime salé recevait par jour 102 grammes de sel, soit par tête 34 grammes.

Les résultats obtenus sont résumés dans le tableau suivant.

Tableau des accroissements successifs des deux lots.

	Lot soumis au régime salé.	
Dates des pesées.	Poids du lot.	Accroiss. p. jour pour 100 kil. de poids vivant initial.
1ᵉʳ octobre 1846....	434 k.	» gr.
13 novembre 1846..	480	241
11 mars 1847.....	618	263
31 juillet 1847....	813	288
1ᵉʳ octobre 1847....	873	277
31 octobre 1847....	950	301
Accroiss. total de poids vif..	516	
Id. p. 100 de poids initial.	118,8	

Lot soumis au régime non salé.

	Poids du lot.	Accroiss. p. jour pour 100 kil. de poids vivant initial.	Excès d'accroiss. diurne dû au sel.
1er octobre 1846.. .	407 kil.	» gr.	» gr.
13 novembre 1846..	452	251	—10
11 mars 1847. . . .	590	279	—16
31 juillet 1847. . .	724	257	+31
1er octobre 1847.. .	762	239	+38
31 octobre 1847. . .	855	276	+25
Accr. total de poids vif. .	452		
Id. p. 100 de poids init.	111.1		

Différence pour 100 de poids initial en faveur du lot soumis au régime salé : 7k.7.

On voit qu'en s'en rapportant à ces chiffres on ne peut pas mettre immédiatement en évidence l'influence, peu marquée, il est vrai, numériquement parlant, qu'exerce le sel sur l'accroissement des jeunes taureaux. Il faut, pour le rendre bien sensible par des chiffres, prolonger les expériences au moins six mois; à partir d'une telle durée, elle reste manifeste.

Mais en employant la méthode graphique, à laquelle on a recours trop rarement dans les recherches de cette nature, on arrive à mettre bien plus nettement en évidence le phénomène étudié; en outre, on a l'avantage d'embrasser toutes ses variations dans un seul coup d'œil.

Ainsi les courbes M N pour le lot recevant du sel et P Q pour le lot ne recevant pas de sel (*fig.* 1), construites en

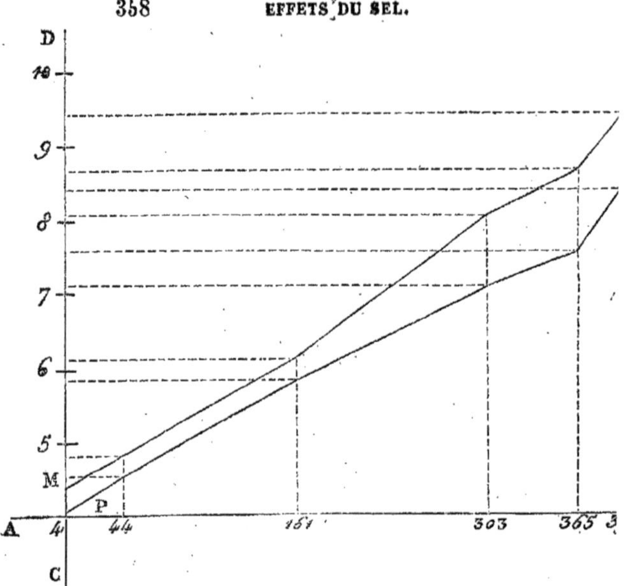

Fig. 1.

portant sur la droite A B des longueurs proportionnelles au temps, et sur la droite C D
des longueurs proportionnelles aux poids, et
en menant par les points ainsi obtenus des parallèles jusqu'à leurs rencontres respectives,
montrent clairement que la courbe M N des accroissements du lot soumis au régime salé s'é-
loigne dès l'origine, et de plus en plus, de celle
P Q des accroissements de l'autre lot placée au-
dessous.

L'intervention du sel dans l'alimentation ayant évidemment été favorable, cela est démontré désormais, à l'accroissement des jeunes taureaux, il reste à rechercher le prix du service rendu. La consommation des deux lots a été réduite en foin par M. Boussingault, pour la facilité des comparaisons ; elle s'est ainsi répartie :

	Foin consommé.	
	Lot soumis au régime salé.	Lot soumis au régime non salé.
	kil.	kil.
Pendant les 44 prem. jours..	591	569
— 117 jours suiv.. .	2,044	1,913
— 142 *id.* . . .	2,294	2,171
— 62 *id.* . . .	1,427	1,075
— 30 *id.* . . .	822	755
Consommation totale.	7,178	6,615

Les 7,178 kilogr. de foin consommés par le premier lot ont fourni 516 kilogr. de poids vif, soit 7^k.19 pour 100 kilogr. de foin.

Les 6,615 kilogr. de foin consommés par le deuxième lot ont servi à créer 452 kilogr. de poids vif, soit 6^k.84 de poids pour 100 kilogr. de foin.

Dans le cas de l'emploi du sel, il y a donc eu un excès de poids vif de 350 grammes produit par la consommation d'une même quantité de fourrage.

Il est vrai qu'à raison de 102 gr. de chlorure de sodium par jour, le lot soumis au régime

salé a consommé 40^k.290 de sel, soit 561 gr.
avec 100 kilogr. de foin.

Ainsi 561 gram. de sel fournissent 350 gram.
de poids vif, ou bien 100 kilogr. de sel produisent 62 kilogr. de chair.

Or le prix marchand du sel, impôt non compris, est en moyenne de 15 fr. les 100 kilogr.;
celui de la viande sur pied ne peut être évalué
à moins de 60 fr. les 100 kilogr., soit 37 fr. 20
pour 62 kilogr.; avec la réduction actuelle de
l'impôt à 10 fr. les 100 kilogr. de sel, il y a
donc bénéfice de 12 fr. 20 pour l'agriculteur à
employer le sel. Sous le régime de l'impôt à
30 fr. les 100 kilogr. de sel, il y avait perte de
7 fr. 60.

Il est juste d'ajouter que l'accroissement de
poids n'est pas le seul avantage que l'on retire
de l'emploi du sel dans l'alimentation des bestiaux, ainsi que nous serons bientôt conduit à
le démontrer.

2° — Race ovine.

Les expériences faites en 1847 par M. Lequin
sur l'accroissement des agnelles et des agneaux
des troupeaux de la ferme de Lahayevaux, canton de Neufchâteau (Vosges), ne sont pas à beaucoup près aussi démonstratives que celles de
M. Boussingault; cela peut provenir, ou bien
de ce qu'elles n'ont pas été prolongées assez
longtemps (145 jours seulement au lieu de 395),

ou bien de ce que l'influence du sel sur l'accroissement de la race ovine est plus faible que celle qui est exercée sur l'accroissement de la race bovine. Quoi qu'il en soit, nous résumerons brièvement les résultats obtenus par M. Lequin.

Cet agronome a fait trois expériences concernant l'accroissement des jeunes animaux de la race ovine; deux ont porté sur des agnelles et une sur des agneaux.

La *première expérience* a consisté à prendre deux lots composés chacun de 54 agnelles nourries généralement hors de l'étable, de telle sorte qu'il n'a pas été pris note des fourrages consommés. Le sel a été donné à discrétion au lot soumis au régime salé; il a été tenu compte, par deux pesées, de la quantité ingérée, qui s'est trouvée être de 25 gr. par tête tous les quinze jours.

Les poids successifs des deux lots d'agnelles ont été trouvés les suivants :

Dates des pesées.	Lot soumis au régime salé. kil.	Lot soumis au régime non salé. kil.
8 juillet 1847.. . .	1,480.5	1,500.0
9 août.	1,595.1	1,586.8
8 octobre.	1,633.5	1,649.5
1er décembre. . . .	1,668.8	1,622.7
Accroissement total.	188.3	122.7
Accroiss. p. 100 de poids initial. . .	12.745	8.135

Différence en faveur du lot soumis au régime salé : 4k.610.

21

De ces chiffres il résulte que l'accroissement définitif du premier lot soumis au régime salé a été plus considérable que celui du second lot, mais le phénomène ne s'est point décidé immédiatement; cela est rendu très sensible par la *fig.* 2, où l'on voit que la courbe A B C D, re-

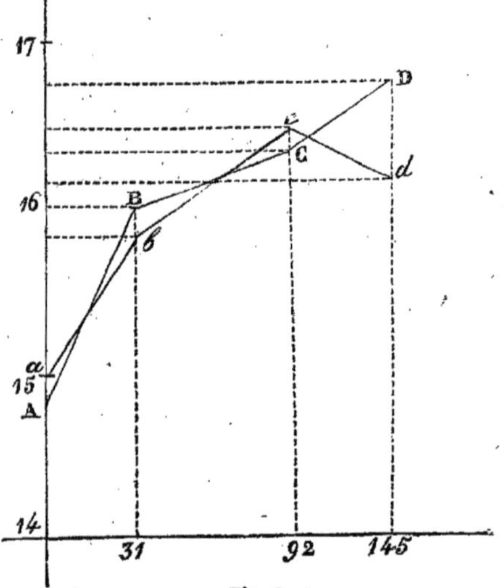

Fig. 2.

présentant les accroissements du premier lot, a d'abord oscillé autour de la courbe *a b c d*, représentant ceux du second lot.

La *seconde expérience* faite par M. Lequin sur deux lots de 12 agnelles du deuxième âge

chacun n'a duré que 53 jours, pendant lesquels
il n'y a eu que les deux pesées du commencement
et de la fin de l'expérimentation. En raison de
ces circonstances nous ne croyons pas qu'il soit
possible de tirer une conclusion très certaine
des chiffres obtenus :

Dates des pesées.	Lot soumis au régime salé. kil.	Lot soumis au régime non salé. kil.
8 octobre 1847 . . .	303.7	314.0
1er décembre	307.0	303.5

Quoiqu'il y ait eu diminution de poids dans
le lot qui n'a pas reçu de sel, on ne saurait rien
en conclure, attendu que des variations de poids
de quelques kilogr., à des intervalles de temps
peu éloignés, se présentent assez souvent sans
qu'on puisse les attribuer à telle circonstance
plutôt qu'à telle autre.

La *troisième expérience* de M. Lequin a été
faite sur deux lots, l'un de 19 agneaux auxquels
on a donné 25 gr. de sel par tête et par jour, et
l'autre de 18 agneaux qui n'ont pas reçu de sel.
Les pesées ont donné les résultats suivants :

Dates des pesées.	Lot soumis au régime salé. kil.	Lot soumis au régime non salé. kil.
8 juillet 1847	469.0	437.5
9 août	503.5	477.0
8 octobre	594.5	556.5
1er décembre	612.0	579.5
Accroisssem. totaux.	143.0	142.0
Accroiss. p. 100 de poids initial . . .	30,490	32,457

Différence pour 100 de poids initial en faveur du lot
soumis au régime non salé : 1k.957.

Cette expérience semble défavorable à l'emploi du sel dans l'élève des agneaux; cependant on ne saurait en conclure une conséquence aussi absolue à cause du poids initial relativement faible du lot qui n'a pas reçu de sel; cette faiblesse de poids a dû se regagner indépendamment de toute alimentation, et cette circonstance est de nature à avoir masqué les effets dus à l'emploi du sel. En représentant graphiquement les résultats de l'expérience, on constate (*fig.* 3)

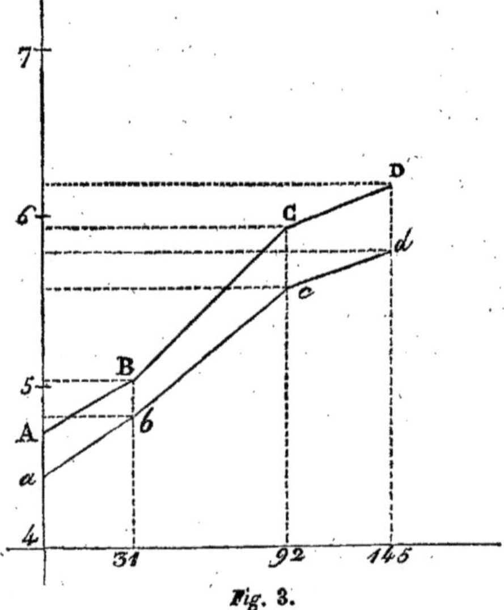

Fig. 3.

que les accroissements A B C D du lot au sel

et *a b c d* du lot qui n'a pas reçu de sel sont constamment restés sensiblement parallèles.

En résumé, il est prouvé que l'emploi du sel exerce une action favorable sur l'accroissement des jeunes taureaux et des agnelles; aucune action n'a été constatée sur l'accroissement des agneaux.

II.—Action du sel sur l'engraissement des bestiaux.

Si on envisage uniquement l'action que l'emploi du sel est susceptible d'exercer sur l'engraissement des bestiaux sous le point de vue de la plus ou moins grande quantité de chair obtenue dans le même temps à l'aide du même régime alimentaire, et si l'on rejette toutes les considérations tirées tant d'une meilleure qualité pour la chair que d'un état de santé plus satisfaisant pour les animaux, on ne peut avoir recours à des opinions plus ou moins généralement répandues, ni à des observations traditionnelles, pour apprécier les services rendus par la salaison des aliments. La question ne peut se résoudre qu'à l'aide de chiffres donnés par des pesées. Dès lors, le cercle des renseignements bons à consulter se restreint singulièrement, car il n'a été fait jusqu'à présent d'expériences directes que sur les moutons et les brebis.

Toutefois, si nous devons nous borner à traiter la question en ce qui concerne seulément la race ovine, nous pourrons entrer dans des développements suffisants pour la bien connaître, car les expériences ont été assez souvent répétées, surtout durant ces dernières années, par des observateurs différents habitant tantôt des localités voisines, tantôt des localités éloignées. Ces observateurs sont Mathieu de Dombasle, à Roville ; Farthmann, en Silésie ; M. Turck, directeur de l'Institut agricole de Sainte-Geneviève, près Nancy ; M. Daurier, à Nancy ; M. Husson, à Haussonville près Lunéville ; M. Lequin, à Lahayevaux, canton de Neufchâteau (Vosges) ; MM. Dailly, à Trappes (Seine-et-Oise). Nous allons analyser succinctement les recherches de ces six auteurs, en tenant compte autant que possible du sexe des animaux mis en expérimentation et du régime alimentaire auquel ils ont été soumis.

1° — Expérience de Mathieu de Dombasle [1].

Cette expérience a été invoquée par tous les partisans de la conservation de l'impôt du sel à 30 cent. le kilogr. contre la pensée de l'utilité du sel dans l'alimentation des bestiaux. Mathieu de Dombasle lui-même a partagé cette manière de voir en s'exprimant ainsi : « Je ne veux pas en conclure, contre l'opinion généralement admise, que le sel est inutile dans tous les cas ; mais je suis convaincu que l'on a souvent exa-

(1) *Annales de Roville*, 7ᵉ livraison, 1839, p. 157, 2ᵉ édition.

géré son utilité, ou du moins qu'on l'a trop généralisée. Je suis porté à croire que, si le sel favorise réellement l'engraissement dans quelques circonstances, c'est surtout pour les animaux que l'on tire des pays où il est d'un usage général de leur administrer cette substance, comme c'est le cas pour les moutons et les bêtes à cornes que l'on introduit en France de quelques cantons de l'Allemagne et de la Suisse. On conçoit que, lorsque des animaux ont été accoutumés, à tort ou à raison, à recevoir fréquemment des distributions de sel, cette habitude constitue pour eux un besoin auquel il peut être nécessaire de satisfaire pour les entretenir en bon état. »

On serait étonné de nous voir tirer des chiffres de Mathieu de Dombasle une conclusion diamétralement opposée, si nous n'insistions en quelques mots sur une double erreur commise par l'illustre agronome [1], erreur de calcul qui n'ac-

(1) A cette occasion, nous nous faisons un devoir de publier la lettre suivante, écrite à notre éditeur par le gendre de M. Mathieu de Dombasle, M. de Meixmoron-Dombasle :

« Monsieur, je m'empresse de répondre à la lettre que, par un bon sentiment dont je vous remercie sincèrement, vous m'avez fait l'honneur de m'adresser le 18.

« Il est bien vrai, et j'en ai regret sans pouvoir y porter remède, qu'il existe dans les tableaux, p. 157 et 158 du 7e volume des *Annales de Roville*, une faute typographique. La réimpression de 1839 est exactement conforme à la première édition de 1831.

« Cette erreur consiste, sur chaque tableau, en ce

quiert d'importance que par les conséquences déduites à tort de prémisses non vérifiées.

que la différence entre le poids exprimé d'un lot de moutons pesé à quatre semaines d'intervalle, au commenment et à la fin d'une expérience, n'est pas, comme elle devrait l'être, égale au chiffre porté dans la première colonne comme totale des augmentations de poids constatées à chaque pesée. Par exemple, pour le premier tableau ou premier lot, l'intitulé du tableau énonçant que ce lot pesait au commencement de l'expérience 246^k,125, et qu'il pesait à la fin de la quatrième semaine 288^k,625, il semble qu'on doive en conclure, ainsi que l'a fait M. Barral, que l'augmentation de poids, pendant ces quatre semaines, a été de 42^k,50. Mais en examinant ce tableau, dont l'intitulé n'exprime que quelques données générales, on trouve une colonne consacrée à présenter l'augmentation de poids constatée chaque semaine. Ces quatre augmentations, exprimées par des chiffres et réunies en un total, ne donnent qu'une augmentation totale de 40^k,75. M. Barral repousse ce chiffre et maintient l'exactitude de celui qu'il a présenté. Mais en supposant qu'il existe une erreur sur chaque tableau, ne peut-on pas dire que cette erreur existe dans l'une ou l'autre des énonciations du titre du tableau, plus vraisemblablement que dans les chiffres particls portés sur le tableau même ? Ces chiffres partiels sont là des expressions réelles et sérieuses[a] constatant une opération quatre fois renouvelée; ces chiffres partiels, résumés dans un chiffre total, sont les véritables éléments du rapprochement desquels doivent ressortir les résultats généraux.

« Ce que j'ai dit de ce premier tableau s'applique également au second, où une semblable erreur a été commise.

« Je n'étais pas encore à Roville lorsque ces expériences ont été faites; elles ont été dirigées et suivies

[a] Nous accepterions l'explication de M. Meixmoron-Dombasle si la colonne des chiffres partiels dont il s'agit contenait réellement les chiffres résultant directement de l'expérience, mais ils ne sont que les résultats de calculs, de *soustractions*, dont les éléments manquent. Au contraire, les chiffres généraux placés en tête des tableaux sont les données directes des pesées.

M. de Dombasle forma deux lots composés
de 8 moutons chacun, de même race et du même
âge. Ces deux lots, pesés avant l'expérience,
présentaient, à très peu de chose près, le même
poids. L'expérience dura quatre semaines, pendant lesquelles la consommation en fourrages,
pour chaque lot, fut exactement la même. Un
des deux lots seulement reçut du sel à la dose
totale de 420 gr. pour les quatre semaines,
soit 1^{gr}.9 par tête pour chaque jour.

par un élève, M. de Bruchard, homme sérieux et digne
de confiance. Peut-être en a-t-il conservé des notes que
je lui demanderais volontiers si je savais où il est. Mais
depuis quatorze ans que j'habite la Lorraine, je n'ai
jamais eu avec lui aucune relation. Probablement il n'é-
tait plus à Roville lorsque le 7ᵉ volume des *Annales* a
été imprimé en 1831. Pendant les vingt-cinq dernières
années de sa vie, M. de Dombasle ne pouvant ni lire ni
écrire a été obligé de s'en rapporter à des yeux étrangers pour tout ce qui était travail de bureau et correc-
tions d'imprimerie ; c'est ainsi qu'il s'est glissé dans ses
nombreux écrits quelques fautes d'impression du genre
de celle dont M. Barral veut, à tort, je crois, se faire
un argument contre lui.

« Sur cette question du sel comme sur toutes celles qui
sont du domaine de l'expérience, M. de Dombasle aimait
à invoquer les faits. Cet essai du sel dans l'alimentation
des bestiaux n'est pas le seul auquel il se soit livré ; et
dans le doute, jusqu'à sa sortie de Roville, il a toujours
entretenu du sel dans sa bergerie. Son opinion n'a jamais été exprimée d'une manière tranchante, et je suis
certain que, si les résultats matériels de l'expérience qui
nous occupe eussent été tels que veut les présenter
M. Barral, M. de Dombasle, auquel ils ne pouvaient
échapper, n'aurait pas hésité à les prendre au sérieux et
à chercher à les confirmer par de nouvelles expériences. »

Le lot qui a reçu du sel pesait, au commencement de l'expérience, 246^k.125, et à la fin de la quatrième semaine il a pesé 288^k.625. Il a consommé pendant ce temps 168 kilogr. de foin, 138 kilogr. de pommes de terre crues, 84 kilogr. de tourteaux de lin, tous ces aliments réduits en foin équivalant à 405^k.20; il a bu 195^{lit}.28 d'eau. L'augmentation de poids a donc été de 42^k.5; Mathieu de Dombasle n'a porté cette augmentation qu'à 40^k,75 : différence en moins 1^k.25.

Le lot qui n'a pas reçu de sel pesait, au commencement de l'expérience, 247^k.375, et à la fin de la quatrième semaine il a pesé 284^k.250. La consommation a été exactement la même que celle du premier lot. L'augmentation de poids a donc été seulement de 36^k.875; Mathieu de Dombasle a porté cette augmentation à 39 kilogr.: différence en plus 2^k.125.

Par suite de ces deux erreurs successives, la différence d'accroissement de poids en faveur du régime salé a été de 5^k.625 au lieu de 1^k.750, nombre donné par Mathieu de Dombasle et « qu'il regardait comme insignifiant dans une expérience de cette nature, attendu que l'on arriverait bien rarement à des résultats plus uniformes entre deux lots d'animaux que l'on traiterait entièrement de la même manière. » C'est ainsi que Mathieu de Dombasle concluait qu'il était extrêmement douteux que le sel eût

produit aucun effet dans son expérience comparative.

Quelles que soient les causes de ces erreurs,
il résulte de l'expérience rectifiée de Mathieu de
Dombasle que

Pour 100
de poids initial.

L'accroiss. du lot ayant du sel a été. .   17.27
Celui de l'autre lot. 14.91
____
Différence en faveur du régime salé.   2.36

Cet excès de poids a été obtenu par 170 gr.
de sel.

2° — Expériences de Farthmann.

Ne connaissant les expériences de M. Farthmann que d'après la publication succincte
qu'en a faite M. Demesmay[1], nous pensons ne
pouvoir mieux faire que de reproduire ici le
document donné par l'honorable promoteur de
la réduction de l'impôt du sel. Ce document,
dû à l'obligeance de M. Kauffmann, professeur
d'économie rurale à Bonn, est ainsi conçu ; nous
avons seulement fait la transformation des mesures prussiennes en mesures métriques :

« *Preuves que le sel augmente la chair et
la graisse des animaux.* — Moutons. — La
nourriture se composait de foin, paille, légumes, pommes de terre, pois et fèves, à peu près
$2^k.1$, et 14 gr. de sel par jour. L'augmentation

____

(1) *Moniteur universel* du 20 mai 1847.

de poids des animaux qui avaient reçu du sel,
comparativement aux autres auxquels on n'en
avait pas donné, s'est élevée, par tête, à 1ᵏ.725
dans l'espace de deux mois. (*Économie rurale*
de Sprengel, et feuille périodique de Forster,
IV, 215.)

« Le même résultat a été obtenu par *Farthmann*. Il forma six lots de 10 pièces pour être
engraissés; la nourriture pour tous, et par jour,
était 403 gr. de foin, 1401 gr. de paille, 1401
gr. de pommes de terre, à quoi on a ajouté plus
tard 584 gr. de fèves de marais.

Le lot		gr.	
N° 1 reçut par tête et par jour.		14.00	de sel gemme.
2.	—	14.00	de sel de bétail.
3.	—	7.00	de sel gemme.
4.	—	7.00	de sel de bétail.
5.	—	1.75	sel de *Glauber*[1].
6.	—	point de sel.	

« L'accroissement du poids, pour chaque mouton, en moyenne, a été, savoir :

« N° 1, 8ᵏ.266; n° 2, 7ᵏ.469; n° 3, 7ᵏ.902;
n° 4, 7ᵏ.799; n° 5, 7ᵏ.659; n° 6, 6ᵏ.118.

« Le sel s'est montré encore bienfaisant ici,
lorsqu'on employa pendant quelque temps des
pommes de terre qui avaient souffert du froid.
Tous les lots rétrogradèrent pour le poids, mais
aucun plus que le n° 6, dont quelques animaux
ont diminué de 400 à 900 gr. (Communication

(1) Sulfate de soude.

de l'*Union centrale de l'économie rurale de la Silésie*, 1845, II, 1846.)

« *Augmentation de la chair et de la laine.* — On délivra 3ᵏ.50 de sel par tête et par jour; en outre, on donna aux animaux 401 gr. de pommes de terre et 2,200 à 2,335 gr. de paille de seigle. Ceux qui avaient reçu du sel consommaient bien 3/8 de leur paille ; ceux qui en avaient été privés n'en consommaient même pas 1/3. Dans un laps de temps de 124 jours, ceux qui reçurent du sel présentaient un accroissement de poids de 5ᵏ.600, et les autres à peine de 1ᵏ.400, et, lors de la tonte, les premiers ont donné 789 gr. de laine de plus que les derniers. »

D'après cette dernière expérience 434 gr. de sel ont produit en 124 jours un excès d'accroissement du poids vif égal à 4ᵏ.200.

Ce fait justifierait le proverbe allemand : *Une livre de sel fait dix livres de graisse (Ein Pfund Salz macht zehn Pfund Schmaltz)*, mais à la condition qu'on remarquât que chaque tête de bétail nourrie avec l'aide du sel a consommé environ 11ᵏ.5 de paille de seigle de plus que les moutons engraissés sans sel.

3°—Expériences de M. Turck.

M. Turck a fait trois expériences sur le troupeau de l'institut agricole de Sainte-Geneviève, l'une en 1842, l'autre pendant l'hiver 1846-1847; elles sont favorables à l'emploi du sel en agriculture ; elles démontrent en outre que des variations dans le régime alimentaire et les doses du sel amènent aussi des variations dans les effets produits.

Première expérience. — « Pendant l'hiver de 1842, je fis prendre, dit M. Turck, 25 moutons antenois, de race croisée (anglo-mérinos), à peu près de la même taille et dans le même état de santé.

« J'en fis former 5 lots égaux en nombre ; après avoir pesé individuellement ces animaux, je les soumis au même régime alimentaire.

« Je fis peser soigneusement, chaque jour, la ration accordée, qui était, pour chaque bête, de 1 kilogr. de bon foin artificiel, 0k.5 de paille de froment, et 2k.5 de betteraves hachées.

« Un de ces lots ne reçut point de sel ; les autres en eurent en proportions différentes, afin de connaître la dose qu'il convenait de leur donner. »

L'expérience dura un mois et donna les résultats suivants :

	Accroissements de chaque lot. kil.	Accroissements par tête. kil.
1er lot, point de sel . .	14.0	2.8
2e — 24 gr. par tête.	16.5	3.5
3e — 12.	18.0	3.6
4e — 6.	21.5	4.3
5e — 3.	31.5	6.3

M. Turck conclut de ces résultats que la dose de sel la plus convenable à donner journellement aux bêtes ovines devrait être de 3 gr. par tête.

Deuxième expérience. — Le 8 décembre 1846, M. Turck fit choisir neuf antenois, toujours race croisée (anglo-mérinos) ; il en fit former 3 lots égaux en nombre, et la ration journalière et individuelle qu'il donna fut de 1 kilogr. de foin de trèfle, 0^k.5 de paille de froment, et 3 kilogr. de résidu de sa distillerie de pommes de terre.

L'expérience dura 30 jours. Les résultats obtenus furent les suivants :

	Poids initial.	Poids final.	Accroiss. de chaque lot.	Accr. par lot.	Accroiss. p. 100. de poids initial.
	kil.	kil.	kil.	kil.	
1er lot, point de sel.	128	141.0	13.0	4.33	10.16
2e — 5 gr. p. tête.	127	148.5	21.5	7.17	16.93
3e — 10.	130	153.5	23.5	7.83	18.08

D'après cette expérience, la dose de sel la plus favorable à l'engraissement a été de 10 gr. par jour et par tête.

Troisième expérience. — La ration journalière a consisté en 3 kilogr. de résidus de raffinerie et en foin de trèfle donné à discrétion ; on a recueilli les restes que l'on a retranchés de la quantité donnée pour avoir la consommation totale de chaque lot composé de trois têtes. L'expérience a commencé le 17 janvier 1847, duré 28 jours et donné les résultats suivants :

	Poids initial.	Poids final.	Accroissement de chaque lot.
	kil.	kil.	kil.
1er lot, point de sel.	123	125.3	2.3
2e — 3 gr. p. tête.	134	142.2	8.2
3e — 9	134	146.6	12.6
4e — 12.	131	139.4	8.4

	Accroiss. par tête.	Accroiss. p. 100 de poids initial.	Foin total consommé par chaque lot.
	kil.		kil.
1er lot, point de sel.	0.77	1.87	105.5
2e — 3 gr. p.tête.	2.73	6.12	132.5
3e — 9	4.20	9.40	146.0
4e — 12.	2.80	6.41	136.0

Les résultats de cette expérience concordent
avec ceux de la précédente , en ce que la dose
de sel la plus favorable a été de 9 gr. par jour
et par tête ; ils diffèrent de ceux de la première
dans laquelle la dose la plus favorable s'est trouvée être de 3 gr. seulement. Quand on considère combien les différences d'âges introduisent de variations dans l'accroissement , on ne
peut s'étonner des irrégularités partielles des
résultats de l'expérimentation , surtout en présence de ce fait constant d'une influence heureuse produite par l'emploi du sel.

4° — Expériences de M. Daurier[1].

Les expériences de M. Daurier, telles que
l'auteur les a présentées, ne paraissent pas fa-

(1) Brochure publiée à Nancy en 1847.

vorables à l'emploi du sel dans l'engraissement des moutons ; mais elles ont été faites avec un soin tout particulier, et nous pourrons facilement trouver les raisons qui ont conduit M. Daurier à des conséquences, selon nous, inexactes. Nous les analyserons d'abord sans rien changer à la méthode d'exposition de leur auteur.

M. Daurier a opéré comparativement sur 32 moutons adultes (3 ans) de race allemande avec sang mérinos, en bon état de santé, tous mâles et ayant à peu près le même poids. Il en a formé six lots A, B, C, D, E, F de 4 têtes chacun, et 4 lots I, K, L, M de 2 têtes chacun. Les lots A, B, C, K et M n'ont point reçu de sel ; le lot D a eu 2 gr. de sel par jour et par tête, le lot E 10 gr., les lots F, I et L à discrétion ; les 3 derniers ont consommé respectivement : F, 6^{gr}.3 ; I, 12^{gr}.92 ; et L, 5^{gr}.32 par jour et par tête.

L'expérience a duré 28 jours, du 17 décembre 1846 au 13 janvier 1847.

Les animaux, soumis au régime de la stabulation, ont fait très exactement deux repas chaque jour (8 h. 1/4 du matin et 3 h. 1/4 de l'après-midi). Le bétail a été litiéré avec de la paille qui avait préalablement séjourné 48 heures sous des chevaux, afin que le goût contracté par cette paille fût un obstacle à sa consommation, ce qui a parfaitement réussi.

Les six lots A, B, C, D, E, F n'ont pas consommé exactement la même ration, mais leur nourriture solide était uniformément composée d'environ :

	Par tête pour les 28 jours. kil.
Foin..	15.0
Tourteaux de colza.	2.9
Pommes de terre crues..	9.0
Avoine	11.2
Farine d'orge..	0.1
Féveroles entières.	4.5
Mélanges de tourteaux, de pommes de terre et d'avoine.. . .	0.3

Pour les lots I et K le régime était par tête et pour les 28 jours environ :

	kil.
Foin..	17.5
Tourteaux..	1.0
Pommes de terre..	5.7
Avoine	10.0
Farine..	0.1
Féveroles.	4.0

Les lots L et M ont reçu du foin de mauvaise qualité, connu sous le nom de *foin aigre*, sentant la poussière, quoique ayant une belle apparence et la couleur verte ; le régime ne différait pas sensiblement du précédent ; cependant la quantité de foin consommée a été un peu moindre.

Tous les lots ont reçu enfin une seule fois 12^{gr}.5 de sucre par tête ; le premier sentiment des moutons a été de reculer après être venus voir une substance dont ils ne connaissaient pas la forme et la couleur, mais bientôt il n'en resta plus dans les mangeoires.

Les pesées ont été faites chaque semaine et elles ont donné les résultats suivants :

Lots de 4 têtes (n'ayant pas reçu de sel).

	Poids initial.	2e pesée.	3e pesée.	4e pesée.	Poids final.	Aliments réduits en foin.	Eau des boissons.
	kil.	kil.	kil.	kil.	kil.	kil.	lit.
A...	186.1	187.0	190.5	195.9	196.2	204.9	159.8
B...	185.9	183.6	187.5	192.3	193.4	210.5	182.4
C...	185.3	183.4	186.8	192.5	192.1	203.5	173.4
Tot.	557.3	554.0	564.8	580.7	581.7	618.9	515.6

Accroissement moyen en 23 jours. { par tête. 1ᵏ46
{ p. 100 de poids initial. 4.20

Lots de 4 têtes (ayant reçu du sel).

	Sel p. jour.	Poids initial.	2e pesée.	3e pesée.
	gr.	kil.	kil.	kil.
D...	2	185.7	187.1	190.1
E...	10	186.4	186.7	190.7
F...	6.3	185.0	181.0	185.9
Totaux....		558.1	554.8	566.7

	4e pesée.	Poids final.	Alim. réduits en foin.	Eau des boissons.
	kil.	kil.	kil.	lit.
D....	196.4	195.3	206.1	174.8
E....	192.7	196.2	208.6	162.9
F....	191.0	190.3	206.1	169.9
Totaux..	580.1	581.8	620.8	507.6

Accroissement moyen en 28 jours. { par tête. 1ᵏ48
{ p. 100 de poids initial. 4.25

Lots de 2 têtes (n'ayant pas reçu de sel).

	Poids initial.	2e pesée.	3e pesée.	4e pesée.	Poids final.	Aliments réduits en foin.	Eau des boiss.
	kil.	kil.	kil.	kil.	kil.	kil.	lit.
K... .	80.9	80.5	82.5	83.0	84.2	91.1	80.0
M... .	83.1	82.1	82.0	84.3	87.0	92.1	58.9
Totaux.	164.0	162.6	164.5	167.3	171.2	183.2	138.9

Accroissement moyen en 28 jours. { par tête. . . . . : 1ᵏ80
{ p. 100 de poids initial. 4.39

Lots de 2 têtes (ayant reçu du sel).

	Sel par jour.	Poids initial.	2e pesée.	3e pesée.
	gr.	kil.	kil.	kil.
I.. . .	12.94	82.8	84.0	85.1
L.. . .	5.32	83.0	81.1	83.1
Totaux.		165.8	165.1	168.2

	4e pesée.	Poids final.	Aliments réd. en foin.	Eau des boissons.
	kil.	kil.	kil.	lit.
I.. . . .	88.3	87.0	97.5	100.6
L. . . .	85.5	84.3	90.3	71.3
Totaux..	173.8	171.3	187.8	171.9

Accroissement moyen en 28 jours. { par tête. 1ᵏ38
{ p. 100 de poids initial. 3.32

Il résulte des deux premiers tableaux que le
sel a produit un très léger accroissement de
poids dans les lots de 4 têtes, mais les deux derniers tableaux indiquent au contraire une moindre croissance dans le lot L de deux têtes qui a
reçu du sel. Or, M. Daurier[1] rapporte que« 7 mou-

(1) Page 78 de sa brochure.

tons ont été reconnus à l'abattoir pour être un peu *piqués*. Ce mot vulgaire, ajoute-t-il, employé par les éleveurs, signifie que l'animal est atteint d'un commencement de la maladie nommée *cachexie aqueuse*, ce qui se reconnaît sur l'animal vivant à la pâleur des gencives et de la conjonctive (*muqueuse de l'œil*), et, lorsqu'il est mort, à une teinte blafarde de la chair. Quand le mal est plus grave, on dit que l'animal est pourri ; la décoloration est plus grande, la laine n'adhère pas fortement au corps, la bête est sans vigueur, et les reins cèdent sous la pression de l'homme. De ces derniers caractères, rien de semblable n'existait chez les animaux dont il est question ; ils avaient seulement un commencement de cachexie que rien n'annonçait au début de l'expérience, et qui, sans doute, aurait fait plus de progrès sans l'alimentation sèche à laquelle ils ont été soumis. »

Les sept animaux *piqués* appartenaient : un à chacun des lots B, C, M (*non salés*), E, L (*salés*), et deux au lot F (*salé*). On voit ainsi que les lots ayant reçu du sel se trouvaient en désavantage par rapport à ceux qui n'en ont pas reçu. D'un autre côté, en examinant dans les tableaux de M. Daurier les poids successifs de ces sept animaux, on voit qu'ils ont définitivement très peu augmenté et que même quelques-uns ont diminué ; cette dernière circonstance s'est présentée tout particulièrement pour le mouton *piqué* du lot salé **L**, qui a présenté dans les cinq pesées les poids suivants : 1°, 40.3; 2°, 38.5; 3°, 39.0; 4°, 39.2; 5°, 38.7. Il est bien certain, d'après un tel fait, que les moutons *piqués* étaient atteints de maladie avant le commencement de l'expérimentation, et que s'il y avait des inégalités dans la gravité du mal, les moutons n'étaient pas assez nombreux et la durée des expériences (28 jours) n'était pas assez considérable pour les faire disparaître. Or, tout le monde admettra avec nous que ce n'est pas sur des animaux malades que l'expérience entreprise par M. Daurier devait porter pour donner des résultats devant *faire loi*, ou même susceptibles d'être comparés à ceux obtenus sur des animaux bien portants. En conséquence, personne ne s'étonnera de nous voir éliminer des tableaux de M. Daurier les moutons atteints de maladie.

Comme il y avait sept animaux piqués, trois parmi les lots n'ayant pas reçu de sel, quatre parmi ceux ayant reçu du sel, nous n'avons éliminé que trois de ces derniers et conservé le mouton piqué du lot **E**, qui était moins gravement atteint de la cachexie aqueuse. De cette façon le nombre de moutons sur lesquels a porté l'expérience de l'emploi du sel faite sérieusement se réduit de 32 à 26.

Toutes réductions faites, nous sommes arrivés aux résultats suivants :

	Poids initial.	2e pesée.	3e pesée.	4° pesée.
	kil.	kil.	kil.	kil.
13 moutons ne recevant pas de sel . . .	594.8	588.6	599.0	613.9
13 mout. recev. du sel.	587.6	585.7	599.5	616.4

	Poids final.	Aliments réduits en foin.	Eau des boissons.
	kil.	kil.	kil.
13 mout. ne rec. p. de sel.	619.2	652.6	536.0
13 mout. recevant du sel. .	616.2	660.4	558.8

	Régime non salé.	Régime salé.	Accroissem. en faveur du régime salé.
	kil.	kil.	kil.
Accr. moyen ⎰ par tête.. . . .	1.88	2.20	0.32
p. 28 jours. ⎱ p. 100 de p. init.	4.10	4.87	0.77

L'excès d'accroissement moyen de 320 gr. par tête a été obtenu à l'aide d'une consommation de 198 gr. de chlorure de sodium.

Ainsi l'avantage que procure l'emploi du sel dans l'engraissement des moutons est devenu manifeste, même dans les expériences de M. Daurier, et, qu'on le remarque, malgré cette circonstance toute contraire à la mise en évidence de l'action heureuse du chlorure de sodium, celle de la présence d'un mouton atteint de cachexie aqueuse resté parmi les moutons ayant reçu de ce condiment.

Pour se rendre compte du mode d'action exercée par le sel, il faut se servir des chiffres donnés par M. Daurier pour représenter les proportions des différentes parties des moutons trouvées à la boucherie ; ces proportions sont les suivantes :

	13 moutons au régime non salé.	13 moutons au régime salé.
	kil.	kil.
Peaux et toisons..	72.9	70.3
4 quartiers de viande. . .	305.6	303.4
Suif..	41 3	43.8
Fressure..	27.0	27.5
Issues.	172.4	171.2
Totaux déjà trouvés.	619.2	616.2

	Réduction en centièmes.		
	Rég. non salé.	Régime salé.	Différences.
Peaux et toisons . .	11.77	11.41	—0.26
4 quart. de viande.	49.35	49.23	—0.12
Suif.	6.67	7.11	+0.44
Fressure.	4.36	4.46	+0.10
Issues..	27.85	27.79	—0.06
Totaux. . . .	100.00	100.00	

On voit, si l'on osait conclure d'une seule expérience de ce genre, que le sel tendrait à augmenter le suif et la fressure par rapport aux autres parties des moutons.

5°.—Expériences de M. Husson[1].

M. Husson a fait deux expériences d'une durée de 56 jours chacune sur des moutons antenois ; elles ont différé en ce que, dans l'une, les animaux étaient nourris au pâturage, et en ce que, dans l'autre, ils étaient retenus à la bergerie.

Première expérience. — Les deux lots de cinq moutons chacun, nourris au pâturage, rece-

(1) Brochure de M. Daurier, p. 102 et suiv.

vaient en outre, le matin avant de sortir de la
bergerie, une ration de 625 gr. de regain de
foin, et le soir en rentrant de la paille à discrétion. Les pesées ont eu lieu tous les dix jours,
excepté la dernière qui a été faite après six jours.
Le lot soumis au régime salé a reçu d'abord, à
jeun, 60 gr. de sel tous les deux jours, et ensuite,
comme toute la ration n'était pas consommée,
30 gr. seulement.

M. Husson a obtenu les résultats suivants :

	5 moutons au rég. non salé.	5 moutons au rég. salé.
	kil.	kil.
Poids initial du 2 janvier 1847.	160.1	159.9
Pesée du 12 janvier.	160.3	159.9
— du 22 janvier.	164.1	167.7
— du 1er février.	163.2	166.9
— du 11 février.	159.5	163.7
— du 21 février.	163.6	165.3
— du 26 février.	161.2	160.0
Accroiss. par lot en 56 jonrs.	1.1	0.1

Il est évident que les variations de poids présentées par les deux lots sont de celles qu'on
observe dans le simple entretien des animaux ;
en d'autres termes, M. Husson n'a pas fait d'engraissement, et il eût été par trop étonnant qu'il
obtînt un accroissement de poids dû au sel,
alors qu'il ne pouvait y avoir aucun accroissement.

On voit par cet exemple combien il faut apporter de discernement dans les méthodes d'observation en vue des résultats qu'il s'agit de

mettre en évidence. Les soins de l'expérimentation la plus scrupuleuse ne sauraient suffire ;
la méthode doit surtout être calculée de manière
à faire découvrir la vérité, but de toutes les
recherches.

Deuxième expérience. — Les moutons ont
été retenus à la bergerie et soumis à l'engraissement.

$$\text{Chaq. lot recev.} \begin{cases} \text{le mat..} \begin{cases} \text{regain de foin. } 3.750 \\ \text{betteraves. . . } 1.250 \end{cases} \\ \text{le soir..} \begin{cases} \text{trèfle. . . . . . } 3.750 \\ \text{betteraves. . . } 1.250 \end{cases} \end{cases} 10\,\text{k.}$$

Ayant remarqué que les moutons ne consommaient pas la totalité de leur ration, M. Husson
la diminua progressivement, mais de manière à
ce que les animaux fussent suffisamment nourris
et cependant ne perdissent pas de leur poids. Il
crut devoir s'arrêter aux proportions suivantes :

$$\begin{matrix} \text{Regain. . . . . . } & 2.750 \\ \text{Trèfle.. . . . . . } & 2.750 \\ \text{Betteraves.. . . . } & 2.500 \end{matrix} \Big\} 8 \text{ kilogr.}$$

Les animaux mangeaient immédiatement environ les quatre cinquièmes de la ration de chaque repas ; le reste était mangé quelques heures
après. Le sel fut aussi diminué, parce que la
quantité de 60 gr. donnée n'était pas consommée. On la réduisit à 30 gr. distribués tous les
deux jours pour les 5 animaux du lot soumis à
l'action du sel.

M. Husson a obtenu les résultats suivants :

	5 moutons au régime non salé.	5 moutons au régime salé.
	kil.	kil.
Poids initial du 2 janv. 1847.	159.8	160.0
Pesée du 12 janvier.	161.0	164.3
— du 22 janvier.	167.3	167.3
— du 1er février.	167.5	169.7
— du 11 février.	171.6	170.6
— du 21 février.	179.4	176.4
— du 26 février.	186.4	188.3
Accroiss. par lot en 56 jours.	26.6	28.3
Accroiss. par tête.	5.32	5.66
Accr. p. 100 k. de poids init.	16.64	17.69
Accroissement par tête en faveur du sel.		0.340
Sel consommé par tête.		0.084

Dans cette expérience, il ne s'est manifesté un fort accroissement de poids qu'à partir de 30 jours ; cela démontre qu'il ne faut pas en ces matières s'en rapporter à une expérimentation trop courte.

D'autre part, quoiqu'il y ait eu un accroissement constant dans les lots, comme le poids du lot *salé* a été deux fois inférieur à celui du lot qui n'a pas reçu de sel, on ne peut pas affirmer positivement que l'excès de poids définitif soit dû à son influence.

Ainsi les expériences de M. Husson, tout en étant plutôt favorables que défavorables à l'emploi du sel en agriculture, ne sauraient démontrer quelle action exactement cette substance exerce sur l'engraissement des bestiaux.

6° — Expériences de M. Lequin [1].

M. Lequin a fait quatre expériences, dont
trois sur l'accroissement des brebis et une sur
celui des moutons. Elles se distinguent des précédentes en ce qu'elles ont eu une durée beaucoup plus grande et aussi en ce qu'elles ont
porté sur un nombre d'animaux beaucoup plus
considérable.

Tous les animaux avaient reçu de tout temps
une ration de sel qui leur était délivrée tous les
quinze jours ; à partir du 8 juillet 1847 et pendant les mois suivants le sel n'a plus été distribué qu'à la moitié de chacun des troupeaux
tous les quinze jours et à dose illimitée. Les
bêtes destinées à recevoir du sel n'étaient séparées des autres qu'au moment de la distribution, et pour le reste du temps elles étaient
toutes mélangées et vivaient par conséquent sur
les mêmes pâturages et couchaient au même
parc. En moyenne, chaque animal soumis à ce
régime salé mangeait 40 gr. de sel par quin-
zaine.

Pendant toute la durée des expériences, les
troupeaux n'ont été que fort rarement nourris à l'étable ; ils recevaient alors du foin haché
et mélangé de paille également hachée, des résidus de féculerie, des sons d'amidon et par-

(1) Brochure publiée à Nancy, en 1847.

fois une petite quantité de farines inférieures. Mais les quantités consommées n'ont pas été assez fortes pour qu'il en fût tenu compte.

Quant aux pâturages placés sur les friches, les jachères et les chaumes de céréales, ils ont été abondants et pris généralement dans des circonstances très favorables, puisque sur 120 jours il n'y a eu que 5 journées de pluies abondantes et 10 autres journées où les pluies ont eu une durée trop courte pour avoir aucune influence fâcheuse sur la qualité de la nourriture.

Les pâturages étaient sains et en général composés d'herbes de bonne nature, à l'exception de ceux fournis par une partie de la ferme d'Auvilley, de telle sorte qu'on a pu comparer l'action du sel dans le cas d'une bonne et dans celui d'une mauvaise nourriture.

1° *Expériences sur les brebis.* — Les expériences ont porté sur un troupeau d'Antenaises, un troupeau de brebis (Lahayevaux), un autre troupeau de brebis (Auvilley).

Voici d'abord les résultats obtenus avec les deux premiers troupeaux ; nous donnerons ensuite ceux fournis par les brebis d'Auvilley qui ont pris la majeure partie de leurs pâturages sur un pré non fauchable, établi sur un sol fongueux, humide, presque aquatique et revêtu d'herbes de mauvaise qualité, où les laiches dominaient.

22.

Antenaises.

	57 animaux soumis au rég. non salé. kil.	57 animaux soumis au régime salé. kil.
Poids initial du 8 juillet 1847.	1,858.0	1,921.3
Pesée du 9 août.	1,975.6	2,050.2
— du 8 octobre.	2,040.0	2,133.8
Accroiss. totaux en 92 jours.	182.0	212.5
Accr. p. 100 de poids initial.	9.79	11.06

Différence en faveur du lot ayant reçu du sel.　1.27

Brebis de Lahayevaux.

	76 brebis soumises au rég. non salé. kil.	76 brebis soumises au régime salé. kil.
Poids initial du 8 juillet 1847.	3,379.0	3,424.0
Pesée du 9 août.	3,298.0	3,372.6
— du 8 octobre.	3,370.0	3,502.0
Accroiss. totaux en 92 jours. .	—9.0	+78.0
Accr. p. 100 de poids initial.	—0.27	+2.28

Différence eu faveur du lot ayant reçu du sel.　+2.55

Ici l'on peut dire que la cessation de l'emploi du sel dans l'alimentation des brebis a donné lieu à une diminution dans le poids du troupeau, tandis que la continuation de son usage a produit une augmentation, ou bien n'a pas ralenti l'augmentation qui était en train de se produire naturellement.

Le même résultat a été obtenu dans l'expérience suivante faite sur les brebis de la ferme d'Auvilley.

Brebis d'Auvilley.

	59 brebis soumises au rég. non salé. kil.	55 brebis soumises au régime salé. kil.
Poids initial du 8 juillet 1847.	2,553.0	2,301.5
Pesée du 9 août.	2,641.0	2,505.6
— du 8 octobre.	2,454.0	2,439.0
Accroiss. totaux en 92 jours..	—99.0	+137.5
Accr. p. 100 de poids initial.	—3.88	+5.97
Différence en faveur du lot ayant reçu du sel. +9.85		

La diminution du poids des brebis qui n'ont pas reçu de sel a été dans cette dernière expérience beaucoup plus considérable que dans la précédente. Le troupeau d'Auvilley ayant été nourri sur des pâturages aquatiques et de mauvaise qualité, l'opinion, généralement accréditée, que le sel a d'autant plus d'effets utiles sur les animaux que ceux-ci sont soumis à une plus mauvaise alimentation, se trouve bien justifiée par les résultats obtenus par M. Lequin.

2° *Expérience sur les moutons.* — L'expérience faite sur deux lots, l'un de 16, l'autre de 13 moutons, a duré 145 jours ; elle a donné les résultats suivants :

	13 moutons soumis au rég. non salé. kil.	16 moutons soumis au régime salé. kil.
Poids initial du 8 juillet 1847.	449.0	565.5
Pesée du 9 août.	435.0	584.0
— du 8 octobre.	485.0	604.5
— du 1er décembre.. . . .	561.2	667.0
Accroiss. totaux en 145 jours..	112.2	101.5
Accr. p. 100 de poids initial..	+24.99	+17.95
Différence en faveur du lot ayant reçu du sel. —6.94		

Cette expérience semble donc prouver que l'emploi du sel n'est point favorable à l'engraissement des moutons. C'est un résultat analogue à celui qu'a déjà obtenu M. Lequin relativement à l'accroissement des agneaux.

Il serait curieux que dans la race ovine le sel fût favorable aux brebis et qu'il ne le fût pas aux moutons, du moins dans les mêmes circonstances. Il est donc désirable que de nouvelles expériences, où l'on aurait soin de distinguer les mâles et les femelles, soient tentées, afin de vérifier si M. Lequin n'est point tombé sur un cas tout particulier, ou bien si son observation doit être généralisée.

7°.—Expérience de MM. Dailly [1].

L'expérience de MM. Dailly a porté sur deux lots de 10 moutons chacun, tirés d'un même troupeau et mis à part à l'engrais dans la même écurie. Pendant toute sa durée, les râteliers et les mangeoires furent constamment, pour les deux lots, tenus garnis de la même espèce de nourriture. On prenait tous les jours soin de les remplir avant qu'ils ne fussent épuisés ; il était également porté chaque jour de l'eau dans les deux baquets placés dans chacun des parquets où étaient renfermés les deux lots. On tint note exacte des quantités d'eau et de nourriture em-

(1) *Mémoires de la Soc. d'agricult. de Seine-et-Oise,* 47° année.

ployées journellement à remplacer les consommations de la veille. L'un des lots reçut seul
par jour, pendant toute la durée de l'engraissement, 250 gr. de sel, soit 25 gr. par mouton,
qui lui étaient distribués mélangés à des résidus
de pomme de terre. L'expérience a duré 87
jours. MM. Dailly ont constaté les résultats suivants :

	10 moutons soumis au rég. non salé. kil.	10 moutons soumis au régime salé. kil.
Poids initial du 14 déc. 1846.	505.5	480.0
Pesée du 10 janvier 1847. . .	516.0	515.5
— du 10 février.	547.5	544.5
— du 10 mars.	581.5	564.5
Accroiss. totaux en 87 jours. .	76.0	84.5
Accr. p. 100 de poids initial..	15.03	17.60

Différence en faveur du lot ayant reçu du sel. +2.57

Cet excès de poids a été obtenu par 4ᵏ.53
de sel pris par 100 kilogr. de poids initial. La
nourriture des deux lots s'est ainsi répartie :

Lot soumis au régime non salé.

	kil.		kil.
1. Regain.. . . .	496.25	équival. à	495.25 foin.
2. Résidu.. . . .	3,606.00	—	1,031.00
3. Son.	10.50	—	15.00
4. Foin..	144.25	—	144.25
5. Menue paille..	256.85	—	192.00
6. Tourteau. . .	8.00	—	34.90
		Total	1,913.40

7. Eau. . . . . 256 litres.

Lot soumis au régime salé.

		kil.		kil.
1.	Regain.....	500.25	équival. à	500.25 foin.
2.	Résidu......	3,724.00	—	1,064.00
3.	Son.......	10.50	—	15.00
4.	Foin......	148.25	—	148.25
5.	Menue paille..	260.45	—	193.00
6.	Tourteau....	8.00	—	34.90
			Total.......	1,995.40
7.	Eau........	533 litres.		

Les deux lots, suivis chez le boucher, ont donné après l'abatage :

	Lot soumis au régime non salé.		Lot soumis au régime salé.	
	Pour la totalité du lot. kil.	Pour 100 de poids vivant.	Pour la totalité du lot. kil.	Pour 100 de poids vivant.
Chair nette.	276.25	47.51	271.75	48.14
Suif.....	28.25	4.86	28.80	5.10

Les moutons nourris au sel ont donc présenté sur les autres un avantage par 100 kilogr. de poids vivant :

kil.

de 0.59 de chair nette
et de 0.24 de suif.

Ils étaient donc, au moment de l'abatage, arrivés à un degré d'engraissement plus avancé, représenté, en produits utiles, par un poids de $0^k.83$ p. 100 de poids vivant, égal à environ le cinquième de la quantité de chlorure de sodium consommée.

Cherchons maintenant à évaluer numérique-

ment l'avantage pécuniaire qui peut ressortir
de l'emploi du sel, cet avantage étant celui que
l'on recherche plus particulièrement quand il
s'agit, non pas de l'entretien, mais bien de
l'engraissement des bestiaux.

Les deux lots, au commencement de l'engraissement, ont été estimés à 0ᶠ.548 le
kil., poids vivant. soit pour 985ᵏ.50. . 540ᶠ.05
A la fin de l'engraissement, ils ont été
vendus à 0ᶠ.732 le kil., poids vivant,
soit pour 1,146 kil. 838.87
Le produit de l'engraissement, représenté par un accroissement de poids de
160ᵏ.5, a donc été en argent. 298.82

Soit de 1ᶠ.862 par kil. de poids vivant ajouté.

En conséquence, MM. Dailly établissent de
la manière suivante le compte en argent des
deux lots :

*Lot ne recevant pas de sel avec sa nourriture
journalière.*

Doit.

Regain, 496ᵏ.25, à 8 c. le kil. . .	39ᶠ.70	
Résidu, 45ʰ.07, à 60 c. l'hectol.	27.04	
Son, 0ʰ.50, à 4 fr. l'hectol. . .	2.00	
Foin, 144ᵏ.25, à 06 c. le kil. .	8.65	
Menue paille, 51ʰ.37, à 16 c. l'h.	8.22	
Tourteau, 8 k, à 13 c. le kil.. .	1.04	
Nourrit. totale, 870 journ., à 0ᶠ.0995. .		86ᶠ.56
Soins et frais génér., 870 journ., à 13 c..		11.31
Total..		97.87
Bénéfice.		44.25
Total égal.		142.12

Avoir.

Chair et laine, 76 kilogr. à 1 fr. 87 c. . 142.12

Lot recevant du sel avec sa nourriture journalière.

DOIT.

Regain, 500k.25, à 08 c. le kil.   40.02
Résidu, 46h.55, à 60 c. l'hectol.   27.93
Son, 50 hectol., à 4 fr. l'hectol.   2.00
Foin, 148k.25, à 06 c. le kil.. .   8.89
Menue paille, 59h.09, à 16 c. l'h.   8.33
Tourteau, 8 kil., à 13 c. le kil..   1.04
Sel, 21k.75, à 45 c. le kil. . .   9.78
Nourrit. totale, 870 journ., à 0f.1126. . .   97f.96
Soins et frais génér.. 870 journ.. à 13 c..   11.31

              Total.. . . . .   109.27
              Bénéfice. 48.75

              Total égal. 158.02

      AVOIR.

Chair et laine, 84k.50, à 1 fr. 87 c. le k. , 158.02

Le compte du lot qui a reçu du sel présente ainsi sur le compte de l'autre lot un avantage total en argent de 4 fr. 50 c.;

Soit, par mouton, un avantage de 45 c.;

Soit, par 1,000 kilogr. de nourriture en foin consommée par ce lot, un avantage de 2 fr. 31 c.

Les droits établis sur le sel étaient de 30 c. le kilogr.

En supposant cette substance entièrement exonérée de l'impôt, on aurait pu faire, sur la dépense du lot au régime salé, une économie de 6 fr. 52 c.

L'avantage en argent présenté par le compte du lot qui a reçu du sel se serait alors élevé :

1. Pour le lot entier, à.. . . . .   11f.02
2. Par mouton, à 1.10
3. Par 1,000 kil. de nourriture évaluée en
      foin, consommée par ce lot, à.. . .   5.65

8° — Récapitulation.

Pour toute conclusion à opposer aux personnes qui, sans faire un examen approfondi de la
question , ont prétendu que les expériences
comparatives prouvaient l'inutilité de l'emploi
du sel dans l'engraissement des bestiaux, nous
placerons ici le tableau récapitulatif de *tous* les
résultats obtenus dans *toutes* les expériences
susceptibles d'être complétement exprimées en
nombres :

	Noms des auteurs des expériences.	Durée des expér. jours.	Accroissem. p. 100 de poids initial.		Différence en faveur des lots salés.
			des lots salés.	des lots non salés.	
1	Mathieu de Dombasle..	28	17.27	14,91	+2.36
2	M. Turck (2ᵉ expér.). .	30	16.93	10.16	+6.77
3	*Id.* . . . *id.*. . . .	30	18.08	10.16	+7.92
4	*Id.* . . (3ᵉ expér.). .	28	6.12	1.87	+4.25
5	*Id.* . . . *id.*. . . .	28	9.40	1.87	+7.53
6	*Id.* . . . *id.*. . . .	28	6.41	1.87	+4.54
7	M. Daurier (exp. rect.)	28	4.87	4.10	+0.77
8	M. Husson (1ʳᵉ expér.).	56	0.06	0.68	—0.62
9	*Id.* . . . (2ᵉ expér.).	56	17.69	16.64	+1.05
10	M. Lequin (antenaises).	92	11.06	9.79	+1.27
11	*Id.* (br. Lahayevaux).	92	2.28	—0.27	+2.55
12	*Id.* (Brebis d'Auvilley)	92	5.97	—3.88	+9.85
13	*Id.* (moutons).	145	17.95	24.99	—6.94
14	MM. Dailly.	87	17.60	15.03	+2.57

Ainsi, sur quatorze expériences comparatives faites sur la race ovine , une seulement,
n° 13, n'a pas donné des résultats favorables à
l'emploi du sel dans l'engraissement; trois n°ˢ, 7,
8 et 9, n'ont pas donné de résultat net soit

pour, soit contre ; dix, au contraire , ont montré que cet emploi produit un excès de poids
souvent très considérable.

III.— *Effet de l'emploi du sel sur la production du lait.*

C'est une opinion bien généralement répandue aujourd'hui que le sel ajouté à la ration
alimentaire des animaux exerce une influence
favorable sur la production du lait. Cette opinion date d'une époque reculée ; mais il est vrai
de dire que c'était surtout les brebis que les
anciens avaient en vue lorsqu'ils recomman-
daient l'usage du sel. La race ovine ayant, en
effet, besoin plus spécialement d'une nourriture
sèche, et une abondante production de lait
exigeant au contraire une alimentation aqueuse,
le sel corrige les défauts de cette dernière alimentation. Il ne faut donc pas s'étonner de
voir les anciens, et notamment Virgile[1], vanter
l'emploi du sel donné aux chèvres et aux brebis dans le but d'augmenter la quantité et d'a-
méliorer la qualité du lait ; mais on doit se tenir
en garde contre la généralisation d'un fait particulier à une race, et, par exemple, dire que le
sel n'est pas moins utile à l'abondance de la
production du lait pour les vaches que pour
es brebis et les chèvres, c'est peut-être al-

(1) Voir précédemment, p. 350.

ler au delà de la vérité, car le régime alimentaire n'est pas le même. Aussi M. Boussingault a-t-il rendu service en soumettant à l'expérience directe [1] la question de savoir si le sel ajouté à la ration des vaches exerce une influence sur la quantité de lait qu'elles produisent.

La vache sur laquelle ont été faites les observations de M. Boussingault était considérée comme bonne laitière. Le 1er mars 1847, elle a fait deux veaux et a été saillie le 21 mai. A partir du 29 avril, on l'a rationnée avec du foin de bonne qualité donné à discrétion, et jusqu'au 19 mai, c'est-à-dire durant 21 jours, elle n'a pas reçu de sel. Durant cette première série,

> Le foin consommé par jour a été 19^k.57.
> Le lait obtenu par jour a été 7^{lit}.90.
> 100 kil. de foin ont produit 40^{lit}.39 de lait.
> Le poids de la vache s'est maintenu à 493 kil.

A partir du 20 mai, à la ration de foin donnée à discrétion, on a ajouté par jour 60 grammes de sel, et l'expérience a duré jusqu'au 15 juin, c'est-à-dire pendant 27 jours. Cette seconde série a donné les résultats suivants :

> Foin consommé par jour, 19^k.85.
> Lait obtenu par jour, 7^{lit}.93.
> 100 kil. de foin ont produit 40^{lit}.04 de lait.
> Le poids de la vache, à la fin de l'expérience,
> était de 498 kilogr.

(1) *Ann. de chimie et de physique*, 3e série, t. XXII, p. 503.

Dans cette expérience, dit M. Boussingault, l'influence du sel a donc été nulle tant sur la production du lait que sur la consommation du fourrage.

Mais, d'un autre côté, M. Becquerel[1] rapporte le fait suivant : « Le lait des vaches soumises au régime salé est considéré, par les fruitiers chargés de la fabrication des fromages, comme de qualité supérieure. Il est plus gras et pèse 1 degré de plus au lactomètre. Cette appréciation est celle des nourrisseurs du Jura. »

Il est bien évident que dans l'expérience de M. Boussingault il eût fallu analyser le lait produit avant l'addition du sel à la ration de la vache laitière et ensuite après cette addition, pour que la conclusion donnée par l'habile chimiste et agronome pût être admise sans contestation.

On doit donc, selon nous, regarder comme encore indécise la question de savoir si le sel exerce une influence quelconque sur la production du lait. Et à cette occasion nous ne pouvons nous empêcher de remarquer combien il est important de ne rien négliger dans une expérience, et surtout de ne pas omettre des chiffres auxquels il est toujours nécessaire de s'en rapporter en dernier ressort. L'appréciation des nourrisseurs du Jura, rapportée par M. Becque-

____

(1) *Des engrais inorganiques en général, et du sel marin en particulier*, p. 239.

rel, ne peut être adoptée définitivement, parce qu'elle n'a pas le caractère précis d'une observation scientifique. L'expérience de M. Boussingault, excellente en ce sens qu'elle prouve que la quantité du lait produit n'a pas augmenté sous l'influence du sel, est tout à fait insuffisante pour décider la question de la supériorité de qualité admise dans la pratique du métier.

IV.— *Influence de l'emploi du sel sur la qualité de la chair.*

Il est difficile de ne pas rencontrer des contradictions nombreuses chaque fois que l'on cherche à apprécier une qualité qui dépend du goût et qui d'ailleurs ne peut pas être exprimée numériquement. On ne doit donc pas être étonné de voir des personnes regarder comme l'effet d'un préjugé la préférence que l'on donne toujours en boucherie aux moutons dits de *pré salé*, qu'on engraisse sur les côtes de la Charente-Inférieure et de la Basse-Normandie avec l'herbe d'excellente qualité des anciens marais salants de ces localités. Toutefois, comme il est impossible de ne pas reconnaître la supérieure qualité de la chair de ces animaux, on a prétendu qu'elle n'était point due à l'influence de l'emploi du sel, mais bien à celle d'une meilleure nourriture, de soins hygiéniques mieux entendus, du climat, de la science des éleveurs, etc.

Mais attendu que la bonne opinion que l'on a sur la qualité de la chair des moutons qui reçoivent du sel avec leur ration et qui n'ont pas seulement la portion de sel naturellement contenue dans les fourrages (nous avons vu que dans certaines localités cette portion se réduit à une quantité infiniment petite), attendu que cette bonne opinion se résume en définitive, non pas seulement pour le consommateur vulgaire, mais encore pour le boucher lui-même, à payer une plus-value constante de 10 cent. par kilogramme, nous persisterons à la regarder comme digne de quelque examen, malgré tout le scepticisme des contradicteurs. D'ailleurs l'expérience directe est déjà intervenue dans cette question. On a servi, sur la table de plus d'un agriculteur, à la fois du mouton nourri avec du sel et du mouton nourri sans sel, et toujours la préférence des personnes non prévenues a été donnée au premier.

Nous n'avons parlé que de la race ovine; mais la question ne change pas de solution lorsqu'on l'applique à la race bovine. M. Boussingault, en effet, termine par ces mots caractéristiques sa troisième Note relative à ses recherches faites comparativement sur le développement de deux lots de trois taureaux chacun pour déterminer l'action du régime salé : « Nul doute que, sur le marché, on eût obtenu un prix plus

avantageux des taureaux élevés sous l'influence
du sel[1]. »

V.— *Action du sel sur les facultés génératrices.*

L'acte de la génération, nous l'avons vu en
parlant de la constitution de la liqueur spermatique, entraîne une certaine dépense de soude
et de chlorure de sodium[2]. Il faut nécessairement en conclure que l'usage du sel doit exercer
de l'influence sur les facultés génératrices des
animaux. C'est là une opinion fort ancienne.
Plutarque, en effet, a placé dans les Symposia-
ques, à la dixième question, une dissertation
sur le sel où on lit les passages suivants assez
curieux pour que nous les rapportions ici dans
le vieux et cru langage d'Amyot[3] : « Florus
nous demanda un jour que nous soupions en
son logis, qui sont ceulx que lon appelle en commun proverbe, autour du sel et du cumin.
Apollophanes le grammairien, qui estoit en la
compagnie, solut la question tout sur le champ:
car ceulx, dit-il, qui nous sont si amis et si
familiers, qu'ils souppent de sel et de cumin,
sont désignez par ce commun proverbe.

« Mais nous demandions davantage, dont

(1) *Ann. de chimie et de physique*, 3ᵉ série, t. **XXII**,
p. 121.
(2) Voir précédemment, p. 96.
(3) T. VIII, p. 257.

procédoit que lon honoroit tant de sel, parce qu'Homère dit tout ouvertement,

> Il respandit du sel divin dessus[1].

Et Platon[2] dit que le corps du sel par les loix humaines est très sacré et sainct : et augmenta encore la doute, que les prebstres des Ægyptiens qui sont chastes, et vivent sainctement, s'abstiennent de tout sel, de sorte qu'ils ne mangent point de pain sallé, car s'il est sainct et divin, pourquoy l'avoient-ils en abomination? Florus doncq nous pria de laisser là les façons de faire des Ægyptiens, et de dire quelque chose des Grecs sur ce subject : et adoncq je dis, que les Ægyptiens mesmes n'estoient point en cela contraires aux Grecs, car la saincteté de chasteté défend l'usage de faire des enfants, le rire, et le boire vin, et plusieurs autres choses semblables, qui autrement sont choses bonnes et non point à rejetter : mais quand au sel, ceulx qui veulent mener une vie saincte et impollue s'en abstiennent, à l'adventure pour ce qu'il provoque par sa chaleur ceulx qui en usent à luxure, et à se mesler avec les femmes, ainsi comme quelques uns tiennent, et si est vraysemblable qu'ilz s'en abstiennent, comme d'une trop délicate viande : car lon peult dire, que c'est la saulse et l'assaisonnement de toutes les

(1) *Iliad.* IX, 214.
(2) Dans son *Timée.*

autres viandes. Et pourtant y en a il qui l'appellent *les grâces*, pour ce qu'il rend ce qui est nécessaire pour notre nourriture, doulx et agréable....

« En cest endroit ayant finy mon propos, Philinus prenant la parole : Et ce qui est generatif et a puissance d'engendrer, dit-il, ne te semble il pas estre divin, attendu que lon estime que Dieu est le principe et l'origine de toutes choses ? J'advouay qu'il estoit ainsi. Et l'on tient que le sel aide et sert beaucoup à la generation, comme toy mesme en as faict mention en parlant des prebstres Ægyptiens. Et ceulx qui nourrissent des chienes pour en faire race, quand il vient qu'elles ne devienent point chaudes, ils excitent et réveillent leur vertu generative qui est endormie, tant par autres viandes chaudes, que par leur faire manger des chairs salées et confittes en saumure : et les vaisseaux et navires où l'on mene du sel, produisent une multitude innumerable de souris, par ce que quelques uns tiennent que les femelles engrossissent sans la conjonction du masle, quand elles ont lesché du sel. Mais il est plus vraysemblable que la saleure imprime quelque demangeaison ès parties naturelles des animaux, et les provocque par ce moyen à se joindre le masle et la femelle, et s'assembler ensemble. C'est pourquoy, à mon avis, nous appellons la beauté d'une femme salée et assaisonnée de sel, qui n'est point fade ny morne, ains accompagnée de grâce vive et emouvante. Et c'est aussi pourquoy, à mon advis, les poètes appellent Vénus ἀλιγενῆ, c'est-à-dire, engendrée de la mer, et en faignent une fable qu'elle ait pris sa generation de la mer, donnans par cela couvertement à entendre la vertu generative du sel. »

Ailleurs, dans les *causes naturelles*, Plutarque, en réponse à cette question : « Pourquoi est-ce que les bergers baillent du sel à leurs moutons? » donne pour l'une des raisons[1] : « Il pourroit estre aussi qu'ils le font pour les rendre plus enclins et plus habiles à engendrer : car les masles et les femelles en deviennent plus chauds, et en appetent plus à s'assembler : car les chiennes mesmes deviennent plus tost chaudes, et conçoivent plus tost, quand elles ont mangé quelques salures, et les batteaux où l'on porte le sel, pour la mesme raison, produisent plus de souris, d'autant qu'elles se meslent plus souvent ensemble. »

Si Plutarque parlait ainsi à l'apogée de la civilisation romaine, Bernard Palissy tenait le même langage quatorze siècles plus tard, à l'époque de la Renaissance, en mettant dans la bouche de *Practique* ces mots significatifs[2] : « Le sel entretient l'amitié entre le masle et la

(1) Amyot, t. XIX, 227.
(2) *Discours admirables*, etc., éd. de M. Cap, p. 260.

femelle. Et si aide à la generation de toutes
choses animees et vegetatiues. »

Il est extrêmement intéressant de voir vérifier par l'expérience directe et comparative les
assertions d'une tradition aussi ancienne et aussi
constante. Voici ce qu'on lit à cet égard dans le
troisième Mémoire de M. Boussingault [1], sur
l'influence exercée par le sel sur le développement du bétail : « Si le sel ajouté à la ration a
eu un effet peu prononcé sur la croissance du
bétail, il paraît avoir exercé une action favorable sur l'aspect, sur les qualités des animaux.
Jusqu'à la fin de mars (au bout de cinq mois
d'expérience), les lots ne présentaient pas encore de différence bien marquée dans leur aspect ; ce fut dans le courant d'avril que cette
différence commença à devenir manifeste, même
pour un œil peu exercé. Il y avait alors six mois
que le lot soumis au régime non salé ne recevait pas de sel. Chez les animaux des deux lots,
le maniement indiquait bien une peau fine,
moelleuse, s'étirant et se détachant des côtes ;
mais le poil, terne et rebroussé sur les taureaux
ne recevant pas de sel avec leurs aliments, était
luisant et lisse sur les taureaux de l'autre lot.
A mesure que l'expérience se prolongeait, ces
caractères devenaient plus tranchés : ainsi, au
commencement d'octobre, le premier lot, après

(1) *Ann. de chimie et de physique*, 3e série, t. XXII,
p. 121.

avoir été privé de sel pendant une année, présentait un poil ébouriffé, laissant apercevoir çà et là des places où la peau se trouvait entièrement mise à nu. Les taureaux du *lot recevant du sel* conservaient au contraire l'aspect des animaux de l'étable ; leur vivacité et les *fréquents indices du besoin de saillir qu'ils manifestaient* contrastaient *avec l'allure lente et la froideur de tempérament* qu'on remarquait chez le *lot ne recevant pas de sel.* »

Il est bon de rapprocher de cette expérience toute spéciale faite par M. Boussingault la grande expérience pratique, expérience comparative aussi, faite par les éleveurs suisses, français et espagnols. Nous cédons la parole à M. Jullien, auteur d'un intéressant travail sur l'impôt du sel : « La chaîne du Jura, dit-il[1], sert de ligne de démarcation entre la Franche-Comté et les cantons suisses de Neufchâtel et de Vaud ; elle est couverte de pâturages succulents et embaumés, où paissent les milliers de vaches dont le lait abondant et savoureux est converti en fromages de Gruyère ou de Mont-d'Or....

« Sur le versant helvétique, la vache aux mamelles fécondes, à la corne lisse, au pelage brillant, indices d'une santé vigoureuse, déploie cette allure dégagée, ces formes sveltes, cet air de santé qui en fait là meilleure et la plus belle vache du monde.

(1) *Le sel*, impôt,—réduction,—régie, p. 51.

« Sur le versant français, au contraire, le pelage d'un fauve sale et toujours couvert de fiente, la corne terne, l'œil vitreux, les formes disgracieuses, étiolées, tout révèle chez la vache indigène le rachitisme et l'abandon de la misère.

« A quoi tient cet état d'infériorité de la vache indigène? A quoi tient surtout la *stérilité relative* qui force l'agriculteur français à emprunter chaque année à la Suisse, moyennant une redevance de 50 fr. par tête, les 4 à 5,000 vaches qui paissent pendant les quatre mois d'été les pâturages du Jura français? Cela tient un peu sans doute à la distribution des étables, au pansage journalier, aux soins hygiéniques, si négligés par nos agriculteurs, et arrivés au contraire en Suisse à l'état de science. Mais cela tient surtout à ce que le kilogramme de sel, qui coûte en France, impôt compris, 50 c. [1], ne coûte en Suisse que de 19 c. à 22 c. et demi; cela tient enfin à ce qu'une distribution régulière de 150 grammes de sel relève chaque jour la nourriture de la vache suisse, tandis que la vache indigène en est à peu près entièrement privée.

« Les mêmes causes produisent sur les deux versants des Pyrénées des effets parfaitement identiques. En Espagne, on donne du sel à dis-

(1) Avant la réduction à 10 cent. par kilogr., votée par l'Assemblée nationale constituante à la fin de 1848.

crétion ; hommes et bestiaux, tout s'en ressent ;
ils sont vigoureux, énergiques. Sur le versant
français, où l'on n'en donne pas, les races sont
abâtardies. »

Ainsi donc l'analyse chimique des fluides de
l'organisme, les expériences comparatives dues
à l'un des hommes les plus compétents dans ces
sortes de recherches, la pratique comparée des
éleveurs de trois nations s'accordent ici avec
là tradition la plus ancienne et la plus continue
transmise par les auteurs les plus justement
célèbres pour établir l'influence exercée par
l'addition du sel à la ration alimentaire des
animaux domestiques sur leurs facultés génératrices.

VI.— *Action du sel sur la peau et la production de la laine.*

Nos recherches ont prouvé que le chlorure
de sodium en venant s'effleurir à travers les
pores de la peau joue dans le phénomène si
important de la transpiration cutanée un rôle
auquel on n'avait guère fait attention jusqu'à
présent. Il est ainsi devenu bien manifeste pour
nous que l'absence d'une quantité suffisante de
sel dans la ration alimentaire était une très
mauvaise condition hygiénique. Quant à la
question de savoir si l'addition d'une dose plus
ou moins forte de sel aux aliments produirait
une peau de meilleure qualité ou d'un plus

grand poids, et de même donnerait naissance, dans la race ovine, à une laine plus abondante et préférée dans l'industrie, il est impossible de la résoudre sans avoir recours à une pratique comparative et prolongée. Nous ne connaissons aucune observation, aucune expérience que nous puissions invoquer relativement à la production des peaux destinées à la tannerie. Sur ce point, la question nous semble entièrement neuve. Mais pour ce qui concerne la production de la laine, on s'en est occupé bien des fois sans qu'on puisse cependant affirmer que le problème soit résolu. En interrogeant les faits, on constate, en effet, qu'aucune observation ne remplit les deux conditions que nous avons posées pour mener à la découverte de la vérité, pratique comparative, pratique prolongée.

Si nous consultons les anciens auteurs et les opinions émises par les agronomes de divers pays, nous reconnaissons que les nombreuses assertions qu'on rencontre sur ce sujet ne reposent aucunement sur des expériences comparatives, directes, pour lesquelles on puisse citer un chiffre, une date, souvent même un nom offrant quelque garantie d'une observation judicieuse. D'un autre côté, le petit nombre d'expériences entreprises dans ces derniers temps sur ce sujet n'ont jamais duré plus de quelques semaines ; elles sont, par conséquent, insuffisantes en elles-mêmes, et les résultats qu'elles présentent ont trop peu de netteté pour suppléer au vague des assertions traditionnelles.

Les annotateurs des œuvres de Plutarque ont prétendu , mais sans s'appuyer sur des expériences, que les laines des moutons qui usent du sel sont beaucoup plus belles et meilleures que celles des moutons qui en sont privés. De nos jours, un certain nombre d'écrivains belges, anglais et allemands, parmi lesquels le plus illustre est John Sainclair, ont allégué que la consommation du sel par les moutons rendait leur laine plus longue et plus soyeuse[1]. La même opinion se trouve émise par les agents consultés dans l'enquête faite en France sur la question du sel ; on y lit en effet que la supériorité des laines d'Espagne sur les nôtres tient à ce que dans ce pays on distribue aux moutons une ration de chlorure de sodium plus considérable que chez nous[2]. Tels sont les seuls renseignements connus sur la question et qui puissent prétendre reposer sur une longue observation non comparative.

Quant aux observations comparatives, mais non prolongées, on ne possède que celles de

(1) Opinions des hommes politiques, des savants, des agronomes et des agriculteurs sur l'utilité du sel pour les plantes et pour les animaux, publiées par M. Demesmay, p. 53.

(2) *Ibid.*, p. 55.

M. Turck et de M. Daurier. M. Turck, ayant
cru remarquer que les mèches de la laine des
moutons soumis au sel dans sa première expérience étaient plus longues que celles des moutons ne recevant pas de sel, a fait prendre des
mèches sur tous les moutons de sa seconde expérience ; ces mèches ont été soumises à l'appréciation de la commission du congrès central d'agriculture en 1847, qui par l'organe de M. Hardoin,
son rapporteur, en a donné l'avis suivant : « La
commission a pu constater que l'emploi du sel à
la dose de 9 à 12 grammes par jour et par tête,
pendant 42 jours, avait activé la croissance de
la laine et amélioré sa qualité.

« Elle a cru voir aussi que des portions de
laine prises sur des animaux qui avaient été ma-
ladifs pendant une partie de l'année s'étaient
améliorées. »

Les expériences de M. Daurier ont conduit
cet agronome à cette conséquence qu'il est impossible de reconnaître en l'espace de 28 jours
aucune action utile de la part du sel sur la qualité et la longueur de la laine. En effet d'abord
les poids des peaux enlainées se sont trouvés
être les suivants :

	16 moutons soumis au régime salé.	16 moutons ne recevant pas de sel.
	kil.	kil.
Poids total des peaux enlainées..........	87.8	89.2
P. 100 de poids vivant.	11.66	11.85

D'un autre côté, la hauteur moyenne de la mèche de laine en millimètres a été

	Régime salé.	Régime non salé.
	mill.	mill.
	57.4	59.4

Si on supprime parmi les moutons recevant du sel les quatre moutons qui se sont trouvés être *piqués* à la boucherie, et parmi les autres moutons les trois qui étaient affectés de la même maladie, on obtient pour la hauteur moyenne de la mèche de la laine :

	mill.	mill.
	59.2	59.0

c'est-à-dire une hauteur moyenne identique.

En résumé, nous conclurons que la question de l'utilité de l'emploi agricole du sel en ce qui concerne la production de la laine reste tout entière à résoudre.

VII. — *Emploi du sel comme moyen curatif et hygiénique.*

1°—Médecine vétérinaire.

L'emploi du sel, comme moyen curatif à dose plus ou moins forte, ne saurait rentrer dans les considérations STATIQUES que nous avons particulièrement en vue. Dès qu'une maladie s'est déclarée, les lois de la vie ont reçu une atteinte plus ou moins profonde, et toutes les équations chimiques et physiologiques sont nécessairement

altérées. Nous devons donc nous contenter de
dire que la médecine vétérinaire fait du sel un
usage qui remonte à son origine , sans donner
aucune des formules de son emploi , puisque,
aussi bien, nous ne pourrions point affirmer que
des guérisons ont été dues au chlorure de sodium plutôt qu'aux autres substances employées
eu même temps, ou bien encore à la résistance
vitale des animaux malades. Nous rappellerons
d'ailleurs que nous voulons discuter uniquement des faits et non pas des assertions vagues
ou des opinions empiriques. Or, le seul fait
bien positif, c'est que le chlorure de sodium est un laxatif, et que, comme tel, il peut
être employé dans des lavements. C'est ainsi que
M. de Gasparin [1] conseille son emploi contre le
charbon dans la race ovine. Si l'on ajoute à cela
les bons résultats que l'on obtient de l'eau salée
pour bassiner les plaies et contre les maladies
de la peau, on a à peu près tout ce qui ne peut
être mis en doute relativement à l'emploi du sel
comme moyen curatif.

2°—Effets hygiéniques généraux.

Quant à l'usage du sel comme moyen pré-
ventif et hygiénique , il rentre complétement
dans notre sujet ; mais il est difficile de trouver des faits bien constatés qui démontrent nettement son degré d'influence. Afin de ne pas répé-

(1) *Des maladies contagieuses des bêtes à laine*, p. 102.

ter les assertions que l'on rencontre dans les pu-
blications nombreuses auxquelles a donné lieu la
question du sel, nous nous bornerons, pour ce
qui concerne les généralités, à une citation em-
pruntée à l'un des plus ardents partisans de l'u-
sage du sel pour les bestiaux, et nous donnerons
ensuite les quelques faits bien positifs provenant
d'expériences comparatives qui sont parvenues
à notre connaissance.

Les effets hygiéniques généraux attribués à
l'emploi habituel du chlorure de sodium sont
ainsi résumés par M. Fawtier, ancien élève de
Roville[1] :

« Le sel, administré régulièrement à nos bestiaux, les affranchit d'une foule d'affections qui
résultent de digestions mal faites, surtout dans
les années où les fourrages sont de mauvaise
qualité. Les coliques et les maladies d'intestins
sont alors moins fréquentes ; les maladies ver-
mineuses, principalement chez les ruminants,
beaucoup plus rares et moins graves ; les porcs
sont affranchis de la ladrerie, et la pourriture,
ce fléau de nos bêtes à laine, est exceptionnelle
dans les troupeaux suffisamment fournis de sel,
et inconnue dans ceux qui paissent l'herbe salée
des rives de nos mers ou de nos prés salés de
l'intérieur. »

Dès qu'il est constaté que le sel rend les bestiaux plus vigoureux, on doit nécessairement en

(1) Brochure distribuée aux Chambres en 1845.

conclure que son usage doit exercer une heureuse influence sur leur santé. Cette remarque a été faite, il y a bien longtemps, par Virgile La Bastide dans les termes suivants[1] :

« Il est certain qu'un fréquent usage du sel, rendant les bestiaux plus vigoureux, les préserverait de plusieurs incommodités qui les font périr lorsqu'ils sont faibles, au lieu qu'ils n'en ressentiraient pas, le plus souvent, la moindre impression s'ils étaient vigoureux.

«On a un exemple évident de ce que je dis dans les hommes. Un homme vigoureux ne reçoit pas la moindre impression dans un mauvais air, dans un brouillard ; et cependant une personne faible prend au même endroit un mal mortel : d'où je crois pouvoir conclure que les mortalités qui arrivent aux troupeaux dans nos montagnes, sans excepter même le *gamer*, ne seraient point à craindre pour eux, si on leur donnait du sel, comme on fait en Savoie. »

Virgile La Bastide appuie cette dernière conclusion sur un rapprochement qui équivaut à une expérience directe comparative et que nous devons rapporter : « C'est d'un assez grand pâturage, appelé le *Contract*, dont j'entends parler. Ce pâturage est sur les limites des terroirs de Beaucaire et de Bellegarde, et est commun à tous les deux ; ce pâturage, qui est encore au

(1) *Mémoires des savants étrangers de l'Académie des sciences*, t. I, p. 19 ; 1750.

bord du marais, d'un côté, et au pied de la montagne, de l'autre, est si bas, qu'il est quelquefois couvert d'eau aussi bien que le marais. Ce
qu'il y a de particulier dans ce pâturage du
Contract, c'est que, quoiqu'il produise beaucoup d'herbe, il ne peut servir qu'à nourrir des
bœufs ou des chevaux ; si l'on y fait paître des
moutons, ils y gament ordinairement : c'est un
fait.

« Autre fait. Les troupeaux des bêtes à laine
paissent généralement dans tous les autres endroits des marais qui ne sont pas au pied de la
montagne, sans craindre de gamer ; bien plus,
au printemps, les brebis entrent dans l'eau jusqu'à mi-côte et plus, pour aller manger le ro-
seau, sans qu'il y ait d'exemple qu'aucun troupeau ait été gamé pour cela ; d'où vient cette
différence ?

« Les habitants du pays, les plus entendus
disent que cela vient de ce que les terres des
marais sont salées, et que celle du Contract ne
l'est point. Il y a grande apparence qu'ils ont
raison, puisque le fait de la salure des marais et
de la douceur du Contract est certain. Je laisse
à présent la liberté de juger si j'ai avancé en
l'air que le sel est un préservatif assuré contre
le *gamer*. »

Un autre fait important sur lequel s'appuie
le même auteur, pour recommander l'usage du
sel dans l'alimentation du bétail, est celui des

nombreux et beaux troupeaux à laine élevés
dans la Crau , « quartier du terroir de la ville
d'Arles en Provence » où on donne du sel
aux bestiaux supérieurs en santé et en beauté à
tous ceux du Languedoc, dernier pays dans lequel le fourrage est pourtant d'aussi belle apparence au moins. « Un fait connu en Languedoc et ailleurs servira encore à la preuve de
notre proposition, ajoute-t-il; ce fait est que les
troupeaux qui usent du sel , dans ce pays-là ,
sont aussi différents de ceux du même pays qui
n'en usent pas , que le sont le commun des
troupeaux du Languedoc et de la Provence
d'avec ceux de la Crau. »

On sait que les marais de la Camargue ,
dont il est ici question, n'ont rien perdu
de leur réputation ; encore de nos jours, on
attribue à la nature saline du sol et des
plantes l'existence des nombreux et magni-
fiques troupeaux de bêtes à laine qui y vivent sans contracter la cachexie aqueuse. La
même observation s'applique aussi à la vallée
marécageuse, mais salée de la Seille (Moselle) ,
où les bestiaux prospèrent d'une manière remarquable malgré l'humidité du terrain.

3°—Phthisie pulmonaire.

Une opinion assez répandue est aussi celle
qui attribue au sel une influence préservatrice
contre la phthisie tuberculeuse, à tel point que

beaucoup de praticiens distingués, soit parmi
les anciens, soit parmi les modernes, entre autres Gilchrist[1], Frédéric Hoffman[2], Salvadori
et Thomas Beddoës[3], Laënnec[3], et récemment
M. Amédée Latour[4], ont conseillé l'emploi du
sel comme traitement thérapeutique de cette
grave maladie.

Nous avons vu[5], en parlant du chlorure
de sodium naturellement compris dans les
boissons, que cette substance se trouve en
proportion très considérable dans les eaux minérales dont quelques-unes sont si fréquemment
ordonnées dans la tuberculisation pulmonaire.
Enfin on sait que la pommelière ou phthisie tuberculeuse ravage les vacheries de Paris où se
joint à tout défaut d'air et d'exercice, à l'absence du fourrage sec, une alimentation aqueuse
et farineuse privée de chlorure de sodium.
De l'ensemble de ces observations il résulte déjà
une présomption favorable à l'emploi hygiénique du sel. Le fait suivant, que nous emprun-
tons à M. Amédée Latour, nous semble en être

(1) *Utilité des voyages sur mer pour la cure des différentes maladies, et notamment de la consomption,* par
Ebenaher Gilchrist, Londres, Paris, 1770, in-12.

(2) Frédéric Hoffmann, *Opera,* t. VI, p. 112. *Dissert.
de salicea marbosorum generatione in corpore humano.*

(3) Dictionn. de médecine en 15 vol., art. *Phthisie,*
par M. Roche.

(4) *Du traitement de la phthisie pulmonaire,* broch.
in-8, 1840.

(5) Voir précédemment, p. 184.

une curieuse affirmation digne au moins d'être
rapportée à titre de renseignement, quoique
ayant un caractère peu scientifique. « Par une
belle matinée du mois de mai 1837, appelé auprès d'un malade à Neuilly, je suivais pédestre-
ment la belle avenue qui conduit à cette char-
mante petite ville; vers le milieu de la route et
non loin de la porte Maillot, un spectacle singulier fixa ma curiosité. Une immense cariole,
toute remplie de singes, était là arrêtée, et le
conducteur, profitant d'un lieu et d'un soleil
favorables, faisait prendre le repas du matin à
ses nombreux voyageurs. C'était cette troupe
de singes funambules et acrobates que tout Paris
a vus se livrant sur les places aux exercices les
plus divertissants. La vue de leur déjeuner était
un spectacle fort amusant, et je ne pus résister
au plaisir de le contempler quelques instants.
— Comment, demandai-je au cornac, faites-
vous pour conserver longtemps vos singes? Ils
meurent presque tous au bout de peu de temps,
vos pertes doivent être fréquentes.—Non, monsieur, me répondit-il, car je connais un moyen
de les guérir aussitôt qu'ils sont malades.

« Cette réponse excita vivement ma curiosité,
car je savais que c'est à la tuberculisation pulmonaire que succombent presque tous les singes
de nos ménageries.

— Et ce moyen quel est-il?

— Vous allez le voir. Voici le doyen de la

troupe ; il est avec moi depuis cinq ans, et vous voyez qu'il ne s'en porte pas plus mal. En voici un tout jeune qui tousse depuis quelques jours ; je vais lui donner son déjeuner.

« Prenant alors une carotte, cet homme la coupa par le milieu, en trempa les deux fragments dans une petite tasse remplie d'un liquide incolore, la donna au singe, qui la mangea avec empressement.

— Qu'est-ce donc que ce liquide ?

— C'est le remède contre la toux des singes, qui m'a été donné par le capitaine de long cours à qui j'achète mes singes au Havre. C'est de l'eau fortement salée. Aussitôt qu'un de mes singes tousse, je trempe ses aliments dans cette eau salée, et ce moyen m'a toujours réussi.

« J'examinai avec soin le liquide, je le dégustai, et je ne pus y reconnaître autre chose qu'une forte solution de sel marin. Le cornac m'assura énergiquement qu'en effet ce n'était que cela. »

Nous savons bien qu'en pareille matière une affirmation passe rarement sans être suivie d'une négation, et nous pensons qu'on ne doit pas s'en étonner, attendu cette tendance générale à ne pas considérer les choses d'une manière relative, mais bien d'une manière absolue. Lorsqu'il s'agit de guérir à l'aide d'un remède, quel qu'il soit, il est bien rare que tous les faits soient affirmatifs ; il faut nécessairement comp-

ter le pour et le contre et prendre des rapports.

4°—Influence du régime salé sur les épizooties.

De ce que des troupeaux soumis à une alimentation salée n'avaient pas échappé aux atteintes
d'une épizootie, on a conclu que l'emploi du sel
n'était d'aucune utilité à cet égard, comme si la
question n'était pas toujours de savoir si l'épizootie n'aurait pas frappé plus mortellement les
bestiaux privés de chlorure de sodium. C'est ici
surtout que des expériences comparatives sont
nécessaires pour ne laisser aucun doute dans
l'esprit de personne.

On s'accorde généralement sur ce point que
les ravages des épizooties sont moins considérables partout où on ajoute du sel à la ration
des animaux domestiques, mais on ne peut invoquer que bien peu de faits précis, bien peu
de chiffres qu'il soit impossible de réfuter.
Nous ne connaissons guère que l'expérience numérique et comparative suivante publiée par
M. Demesmay, en ces termes[1] :

« Le bailly *Ueberacker* a fait les essais suivants :

Il sépara de son troupeau de brebis mis à
paître sur un terrain bas, pendant trois ans,
chaque fois dix brebis auxquelles il ne donna

(1) *Documents nouveaux sur l'emploi du sel,* p. 14.

pas de sel , tandis que le reste de ce troupeau en recevait.

« Dans la première année , des dix animaux mis à l'essai , il en périt cinq de la pourriture et de l'hydropisie de poitrine, tandis que , sur 420 formant le troupeau, il n'en périt que 4.

« Pendant la deuxième année , il en périt sept ; le reste du troupeau, au nombre de 364, n'en perdit que 5. Les trois restant des dix moururent plus tard par la dyssenterie, tandis que le troupeau, par cette même maladie, n'en perdit que 21.

« Dans la troisième année , qui fut humide, les dix brebis séparées périrent, par suite de la maladie appelée en Allemagne *Egel-und-Lungen-Wurm-Kranckeit* (*Traité de la Société agronomique de Vienne*, 1832). »

Il est regrettable que pour la troisième année on n'ait pas indiqué, dans cette expérience, la proportion de la mortalité, mais le fait général n'en est pas moins démonstratif, et il est bien certain que lorsque la nourriture que l'on administre aux bestiaux est très aqueuse, il est essentiel d'en corriger les effets au moyen d'une certaine dose de sel.

Lorsque l'alimentation est sèche et consiste surtout en fourrages de bonne qualité, contenant déjà dans leur composition intime une proportion assez forte de chlorure de sodium, l'usage du sel n'est plus aussi impérieux, mais il importe encore d'en faire consommer aux bestiaux, quoiqu'en moindre quantité, car il est bien rare qu'on rencontre des foins et des eaux potables suffisamment salés par eux-mêmes, et que d'un autre côté on puisse se passer d'avoir recours à des pommes de terre, des turneps, des navets, des betteraves, des topinambours, de l'avoine, des tourteaux, toutes substances qui ne contiennent guère de chlorure de sodium.

C'est dans le but de préserver le bétail des maladies épizootiques qui ont régné de 1834 à 1847, que le gouvernement belge, au commencement de 1845, a exempté du droit d'accise le sel destiné à l'agriculture. Toutefois l'emploi du sel n'a pas eu un effet absolument préservatif. M. Boussingault n'a pu garantir ses étables de l'épizootie de 1847, et M. Daurier a également vu périr beaucoup de bétail en Lorraine et chez lui-même, malgré l'usage du sel. Les ravages de la maladie eussent-ils été plus considérables si on ne se fût pas servi de sel, c'est ce que l'expérience n'a pas démontré.

5°.— Emploi du sulfate de soude.

L'usage s'est répandu en Alsace et en Allemagne, notamment dans le Würtemberg, et il existe aussi en Amérique, de remplacer, pour les bêtes à laine et les chevaux, une portion de la dose de sel marin par du sel de Glauber (sulfate de soude). En admettant que la

soude dans ces deux sels soit plus particulièrement utile, on comprend cette substitution dans
une certaine mesure. Toutefois , il faut remarquer que le sulfate de soude est un purgatif assez énergique, et que par conséquent il pourrait
être dangereux de l'employer dans le cas d'une
alimentation un peu débilitante, tandis qu'avec
une nourriture échauffante il peut être très favorable au maintien du corps dans un bon état
de santé.

Les renseignements les plus importants que
l'on possède sur la substitution partielle du sulfate de soude au chlorure de sodium ont été
donnés par M. Boussingault. « Pour suppléer
en partie au sel marin, dit cet agronome[1], nous
donnons de temps à autre une quantité de sel
de Glauber qui répond à environ 17 gr. par tête
et par jour. L'usage du sulfate de soude pour les
bêtes à laine et les chevaux est déjà fort répandu
en Alsace et de l'autre côté du Rhin. Les éleveurs
s'accordent à reconnaitre à ce sel une action très
avantageuse sur la santé des animaux.

« Dans le Wurtemberg, on en donne généralement deux fois par semaine :

Aux chevaux, matin et soir, chaque fois. 47 gr.
Aux bêtes à cornes. 31
Aux moutons. 24
Aux porcs.. . . . . 16[2]

(1) *Economie rurale*, t. II, p. 542.
(2) Renseignement communiqué à M. Boussingault
par M. Schattenmann.

« C'est surtout dans la saison chaude que le sel marin est favorable. Dans les steppes de la zone équatoriale, on considère comme parfaitement avéré que le bétail ne peut pas vivre sans sel : c'est du moins ce qu'affirment tous les éleveurs des *Llanos*[1]. Quand un troupeau prospère dans une steppe, on peut être assuré qu'il y existe un *salado*, c'est-à-dire un endroit où suinte de l'eau salée[2]. Dans les savannes, dont le sol ne produit pas de substances salines, l'éleveur en distribue régulièrement aux animaux, qui ne manquent pas de se rassembler tous les jours à la même heure au lieu de la distribution. Sur le plateau de la *Nueva-Granada*, on remplace le sel marin qu'on donne au bétail par le sulfate de soude. Près de la ville de Tunja se trouve l'eau minérale de

(1) M. de Humboldt donne sur les Llanos ou steppes du nouveau continent les renseignements suivants (*Voyage aux régions equinoxiales*, t. VI, p. 73) : « Des hommes nus jusqu'à la ceinture et armés d'une lance parcourent à cheval les savannes pour inspecter les animaux, ramener ceux qui s'éloignent trop des pâturages de la ferme, marquer d'un fer chaud tout ce qui n'a point encore la marque du propriétaire. Les hommes de couleur que l'on désigne sous le nom de *Peones Llaneros* sont en partie libres ou affranchis, en partie des esclaves. Il n'existe pas de race plus constamment exposée aux feux dévorants du soleil des tropiques. Ils se nourrissent de viandes séchées à l'air et faiblement salées. Les chevaux même en mangent quelquefois... »

(2) Ce témoignage vérifie ce que nous avons dit précédemment (p. 346) de l'usage du sel pour les animaux dans les contrées encore sauvages de l'Amérique.

Paypa. C'est une source chaude, d'une abondance extrême, et qui se déverse sur le terrain
environnant ; par une évaporation spontanée,
le sol se couvre d'effervescences de sel de Glauber, que les Indiens sont constamment occupés
à recueillir pour le vendre ensuite aux proprié-
taires de troupeaux. Ce sulfate de soude n'a pas
d'autre débouché, et cependant il s'en fait un
commerce considérable. Il a été assez curieux
pour moi de retrouver sur les bords du Rhin
une application de sulfate de soude que j'avais
déjà observée sur les plateaux des Andes. »

VIII.—*Influence du sel sur la quotité de la consommation des aliments et des boissons.*

Il est maintenant une question relative à l'influence exercée par l'emploi du sel sur la quotité de la consommation des aliments et des boissons dont nous devons dire quelques mots. Elle
intéresse l'agriculture sous trois points de vue
principaux, à cause de l'action hygiénique d'une
augmentation des aliments ou boissons, en vertu
de l'accroissement de dépense qui peut en résulter, en vertu enfin de l'effet produit sur l'engraissement plus ou moins rapide des animaux ou bien sur le rendement des engrais.
Toutes ces parties du problème sont susceptibles
d'être résolues par la voie directe. Les expériences faites jusqu'à présent sur ce sujet sont,

il est vrai, peu nombreuses, mais on va voir que
bien qu'elles ne présentent point toutes , pour
diverses causes, des résultats parfaitement con-
cordants , on peut cependant en tirer des conséquences certaines.

1°—Aliments solides.

Les seuls auteurs, parmi tous ceux que nous
avons cités, qui aient pesé ou mesuré, dans des
expériences comparatives, à la fois les aliments
et l'eau des boissons, sont : Mathieu de Dombasle,
MM. Boussingault, Daurier et Dailly. Mais nous
rejetterons d'abord l'expérience de Mathieu de
Dombasle qui a donné aux deux lots de mouton,
recevant, ou ne recevant pas de sel, la même
quantité d'aliments solides et qui, relativement
à l'eau des boissons, s'exprime ainsi [1] : « On croit
généralement qu'en administrant du sel aux
animaux on les détermine à boire plus abondamment ; mais on remarquera qu'ici la différence est bien peu considérable, puisqu'elle n'est
que d'environ 8 litres d'eau sur 200 litres consommés par chaque lot. » Or, en recourant aux
deux tableaux que donne Mathieu de Dombasle,
pour représenter la consommation , on trouve
que le lot recevant du sel a bu 195$^{lit.}$ 28 , et le
lot sans le sel 203$^{lit.}$ 30, c'est-à-dire que l'excès
d'eau de 8 litres est attribué au lot sans sel, fait
en contradiction avec la phrase que nous ve-

(1) *Annales de Roville*, t. VII, p. 160.

nons de citer et avec les résultats de quelques-
unes des expériences dont nous allons parler.

M. Boussingault, dans son expérience sur
l'accroissement de deux lots de trois taureaux
chacun, est arrivé, quant au foin consommé,
aux résultats suivants :

	Foin total consommé en 13 mois.	Chair produite par 100 kil. de foin consommé.
Lot ayant du sel.	7,178 kil.	7^{k}19
Lot n'ayant pas de sel. .	6,615	6.84
Accroiss. en faveur du lot ayant du sel.	563	0.35

Ainsi, l'emploi du sel augmente la consommation des fourrages par de jeunes animaux de
la race bovine; mais l'accroissement de dépense
qui en résulte est compensé par l'accroissement
de poids vivant.

Les résultats auxquels sont arrivés M. Daurier et MM. Dailly, sur l'engraissement des
moutons, ne sont pas moins significatifs ; ils se
résument ainsi pour un mouton moyen en un
jour moyen :

Expérience de M. Daurier.

	Foin consommé.	Chair produite par 100 kil. de foin consommé.
Mouton moy. ayant du sel.	1^{k}82	4^{k}33
Id. n'ayant pas de sel.. .	1.79	3.74
Accroiss. en faveur du sel.	0.03	0.59

Expérience de MM. Dailly.

Mouton moy. ayant du sel.	2.30	4.24
Id. n'ayant pas de sel . .	2.20	3.97
Accroiss. en faveur du sel.	0.10	0.27

Ainsi donc, sous l'influence du sel, il y a plus de fourrages consommés et plus de chair produite, toutes proportions gardées.

2°—Eau des boissons.

Il semble tellement évident pour tout le monde que l'on boit davantage quand on a mangé des aliments salés, qu'en vérité, poser cette question, c'est la résoudre. Cependant il y a eu contestation, et nous devons insister en peu de mots. Nous rappellerons d'abord que nos expériences sur la statique chimique du mouton ont établi le fait de l'augmentation des boissons journalières par l'introduction du sel dans la ration alimentaire. Nous mentionnerons ensuite les observations des agronomes que nous venons de citer relativement à la consommation des aliments solides.

Dans son expérience sur la race bovine, M. Boussingault n'a tenu compte des boissons que pendant les deux premières périodes de ses observations; il a obtenu les chiffres suivants :

	Quantité moy. d'eau bue en 24 heures par le lot		Différence.
	ayant du sel. lit.	n'ayant pas de sel. lit.	lit.
Pend. les 24 prem. jours.	41.16	32.86	8.30
— 117 jours suiv. .	54.00	31.00	23.00

Sur la race ovine, M. Daurier et MM. Dailly ont obtenu les résultats suivants :

	Quantité moy. d'eau bue en 24 heures par mouton du lot.		Différ.
	ayant du sel.	n'ayant pas de sel.	
	lit.	lit.	lit.
Exp. de M. Daurier, durée 28 j.	1.53	1.47	0.06
Exp. de MM. Dailly, durée 87 j.	0.61	0.30	0.31

L'expérience de MM. Dailly est surtout significative ; on y reconnaît que l'emploi du sel a doublé la quantité d'eau consommée, quoique la ration des boissons soit restée bien inférieure à celle de l'expérience de M. Daurier. On doit être frappé en effet des différences considérables que présentent les rations des boissons dans les deux observations, mais on se les explique parfaitement par les différences des régimes auxquels les animaux ont été soumis [1]. Les aliments solides contenant plus ou moins d'eau ou bien encore exigeant une salivation plus ou moins abondante, il en résulte que le corps, pour rester dans son état statique normal, a besoin de doses de boissons variables avec les aliments mêmes ; mais il n'en est pas moins démontré que l'usage du sel détermine les animaux à boire plus abondamment.

(1) *Voir* ces régimes, p. 378 et 395.

IX. — *Influence du régime salé sur la quotité
et la nature des évacuations.*

La question que nous voulons traiter dans ce
paragraphe n'a encore été abordée par aucun
des écrivains ou des observateurs qui se sont
occupés de l'action du sel dans l'économie animale. Cependant elle est peut-être celle qui peut
jeter le plus de jour sur cette action. On sait, en
effet, que d'une part les excréments se composent de la portion des aliments qui n'est pas entrée
dans le torrent de la circulation et qui n'a été
d'aucune utilité dans l'accomplissement des fonctions vitales, et que d'autre part les urines contiennent la matière organique morte qui, par
suite de la mutation des tissus, est devenue impropre à la vie et doit être rejetée de l'économie. Il résulte de là que si le sel produit une
assimilation plus complète des aliments, comme
on l'a supposé, la matière sèche des excréments
devrait être moindre quand on absorbe plus de
sel, et que d'un autre côté, si le sel facilite la
mutation des tissus vivants, la matière organique des urines doit être augmentée par le fait
d'un régime alimentaire plus salé. Examinons
successivement ces deux problèmes que nos expériences sur la statique chimique de l'homme
et sur celle du mouton pouvaient seules permettre de résoudre.

1°.—Influence sur l'évacuation des excréments.

Nous rappellerons d'abord qu'il résulte de toutes nos déterminations que la quantité de chlorure de sodium qui sort avec les excréments est une fraction extrêmement petite de la quantité de sel ingérée, de telle sorte que presque tout ce sel entre dans la circulation.

Ce fait important, au point de vue de la statique chimique des animaux, démontre d'abord que l'action exercée par ce condiment doit se produire bien plutôt dans la mutation des tissus que dans l'acte de l'assimilation des aliments par les voies digestives.

Et, en effet, nous allons voir que la constance (à 3 ou 4 centièmes près) du rapport qui existe, pour chaque espèce d'animaux, entre la matière sèche des excréments et celle du bol alimentaire, constance que nous avons déjà signalée en parlant des excréments des bêtes à cornes, mais que nous allons voir se généraliser d'une manière remarquable, n'est point altérée par l'introduction du sel dans la nourriture de l'homme ou des bestiaux.

Le tableau suivant, où nous indiquons, en regard des rapports entre la matière sèche des excréments et celle des aliments, la quantité de sel ingérée dans les cas où la détermination en a été faite, rend évident le phénomène que nous signalons :

Races.	N. d'ordre des expér.	Sel ingéré chaq. jour. gr.	Rapports entre la mat. sèche des excrém. et celle des aliments.	Rapports moyens.
Humaine.	I....	12.91	$\dfrac{35.3}{756.4} = 0.047$	
	II...	5.33	$\dfrac{20.6}{543.6} = 0.038$	
	III...	3.13	$\dfrac{21.6}{327.1} = 0.066$	0.043 [1]
	IV...	6.58	$\dfrac{32.9}{108.6} = 0.046$	
	V...	8.65	$\dfrac{9.4}{602.2} = 0.016$	
Chevaline.	I...	»	$\dfrac{3,525.0}{8,392.2} = 0.420$	
	II...	»	$\dfrac{3,135.0}{10,614.9} = 0.295$	» [2]
Bovine.	I...	»	$\dfrac{3,998}{10,763} = 0.371$	
	II...	»	$\dfrac{1,220}{3,200} = 0.381$	
	III...	»	$\dfrac{5,136}{13,219} = 0.388$	0.376 [3]
	IV...	»	$\dfrac{3,878}{10,675} = 0.363$	
	V...	»	$\dfrac{3,999.7}{10,535.1} = 0.379$	

(1) *Voir* les détails des expériences, p. 246 à 267.

(2) Les deux nombres des expériences détaillées p. 299 à 302 sont trop différents pour que nous prenions une moyenne ; la différence s'explique parce que dans l'expérience I les excréments ont été évalués sans être bien séparés des urines.

(3) *Voir*, pour les quatre premières déterminations, p. 165, et pour la cinquième, p. 306 à 308.

$$\text{Ovine..}\begin{cases} \text{I. . . } 13.39 & \dfrac{318.2}{670.1} = 0.474 \\[2ex] \text{II. . . } 1.61 & \dfrac{349.8}{806.8} = 0.434 \\[2ex] \text{III.. . } 9.96 & \dfrac{423.1}{865.8} = 0.489 \end{cases} 0.466\ [1]$$

On reconnaît qu'il y a des différences énormes
entre les rapports de la matière sèche des excréments et des aliments lorsque l'on passe d'une
race à l'autre ; dans la race humaine il est tiré
le meilleur parti possible des aliments; la race
chevaline vient probablement ensuite, puis la
race bovine ; enfin la race ovine en rend une
plus forte portion à l'état d'excréments. De 4
p. $^o/_o$ chez l'homme, la portion des aliments
non assimilée s'élève à environ 30 chez le cheval, 38 chez le bœuf, 47 chez le mouton. Mais
quant aux différences que, dans chaque race,
on observe, lorsqu'il y a plus ou moins de sel
ingéré, elles sont de l'ordre de celles qu'on remarque en tout état des choses, et par conséquent on ne saurait, quant à présent du moins,
en tenir aucun compte. On doit se borner à
l'énoncé du principe suivant :

Il y a pour chaque race d'animaux un rapport constant entre la matière sèche des excréments et celle des aliments, de telle sorte que
quand on augmente le bol alimentaire, les excréments secs croissent dans le même rapport. Si

(1) *Voir* p. 309 à 315.

l'usage du sel permet de faire ingérer une plus
forte ration alimentaire, il ne change pas d'une
manière sensible la proportion qui existe entre
la partie de cette ration qui est absorbée par les
organes digestifs et celle qui est évacuée par les
excréments.

2°—Influence sur l'évacuation des urines.

Il résulte des faits précédemment exposés que
le sel a pour effet d'augmenter la quantité d'eau
des boissons, et qu'en outre il est presque entièrement sécrété par les reins et sort en dissolution dans l'urine. Il semble tout naturel d'en
conclure qu'un des effets du sel doit être d'accroître la quantité d'eau des urines, mais on ne
saurait dire *à priori* si cette quantité d'eau sera
augmentée dans le même rapport que celle du
bol alimentaire, et si en outre le résultat produit consistera uniquement à *étendre* l'urine
ou bien à augmenter aussi le rendement journalier des autres matières excrétées, le chlorure
de sodium déduit.

Quant à la première question portant sur la
valeur du rapport de l'eau des urines à celle des
aliments, elle se complique des circonstances
extérieures de température et d'état hygrométrique de l'air atmosphérique, circonstances qui
entraînent par la peau et par les poumons une plus
ou moins grande quantité d'eau et agissent in-
versement sur la sécrétion urinaire. Aussi les ex-

périences qui peuvent la résoudre doivent nécessairement être faites sur les mêmes individus et dans des circonstances identiques autant que possible. Nous voyons par exemple que, dans les deux expériences que nous avons faites sur notre alimentation, la quantité absolue de l'eau des urines a été plus grande quand nous prenions plus de sel, mais que son rapport à l'eau du bol alimentaire a été moindre, parce que l'une des expériences s'est faite en hiver et l'autre en été. Cela est rendu évident par les chiffres suivants :

Expériences.	Sel ingéré.	Eau des urines.	Eau totale ingérée et formée par la digestion des aliments.	Rapports de ces quantités.
I. Hiver.	12.91	1,071.4	2,465.6	0.434
II. Été. .	5.33	978.0	2,174.5	0.452

Mais il n'en est plus ainsi quand les circonstances de température et d'état hygrométrique restent les mêmes durant les expériences que l'on veut comparer. Nos recherches sur l'alimentation du mouton prouvent en effet que, par suite de l'emploi du sel, l'eau des urines rendues quotidiennement augmente non-seulement en valeur absolue, mais encore comparativement à la totalité de l'eau ingérée et de celle formée par la digestion des aliments, que l'on donne l'eau des boissons à discrétion comme cela a eu lieu dans les expériences II et III, ou bien qu'on rationne cette eau comme dans l'ex-

périence I. Cette influence est indiquée par les
chiffres suivants :

Expér.	Sel ingéré.	Eau des urines.	Eau totale ingérée et formée par la digestion des aliments.	Rapports de l'eau des urines à l'eau aliment.
	gr.	gr.		
I....	13.37	672.63	1,356.83	0.422
II...	1.61	419.10	1,606.29	0.261
III...	9.96	830.52	2,239.56	0.378

Un des effets du sel étant d'accroître, quoique
dans une faible mesure, la ration alimentaire
solide, on ne pourrait pas conclure de l'augmentation des matières fixes rendues par les
voies urinaires une activité plus considérable
des mutations des tissus, si les expériences n'é-
taient point dirigées de manière à empêcher
l'effet produit d'être masqué. Or, par une
circonstance heureuse dans nos deux expériences faites sur le mouton sous l'influence
du sel, la partie solide des aliments était pour
l'une plus considérable et pour l'autre moins
forte que dans l'expérience où il n'y avait pas
de sel ajouté à la ration, et cependant, dans les
deux premiers cas, les urines ont rejeté hors de
l'économie une plus grande quantité de matériaux que dans le troisième. Le même résultat
a été obtenu dans les deux expériences que nous
avons faites sur nous ; la dose de matière solide
des urines a été plus forte par l'alimentation la
plus salée ; mais, comme la température extérieure n'était pas la même et qu'il y eut alimen-

tation plus abondante dans la première expérience que dans la seconde, le fait n'est pas aussi démonstratif. Quoi qu'il en soit, voici les nombres qui donnent la mesure de cette influence exercée par le chlorure de sodium sur le rendement des urines en matériaux solides :

Expériences.		*Cl Na* ingéré. gr.	Matière organique des aliments. gr.
Homme. .	I.	12.91	717.13
	II.	5.33	520.24
Mouton. .	I.	13.39	620.94
	II.	1.61	761.81
	III.. . . .	9.96	809.75

		Rendement des urines.		
		Cl Na. gr.	Autres sels. gr.	Mat. organ. gr.
Homme. .	I. . .	8.22	6.31	37.04
	II.. .	6.19	5.22	33.55
Mouton. .	I. . .	11.86	16.91	23.23
	II.. .	3.02	15.54	17.09
	III. .	12.01	18.06	20.41

On reconnaît d'une manière manifeste que, indépendamment de la masse plus ou moins grande des aliments solides absorbés, le chlorure de sodium a pour effet direct incontestable de faire sortir de l'économie animale, par les voies urinaires, une plus forte proportion de matériaux solides de nature organique, et que conséquemment il facilite la mutation des tissus et l'évacuation de la matière devenue impropre à l'entretien de la vie.

Mais l'influence du sel se précise encore davantage quand on examine la composition même de la matière organique des urines et qu'on ne se borne pas à comparer simplement la totalité des doses rejetées quotidiennement.

Voici d'abord qu'elle a été, dans les trois expériences faites sur le mouton, la composition des urines :

	I.	II.	III.
Eau.	916.97	921.59	942.71
Mat. organ. sèche.	37.19	37.58	23.17
Chlore	11.19	3.25	7.81
Sels minéraux. . .	34.65	37.58	26.31
	1,000.00	1,000.00	1,000.00

Quant à la matière organique sèche, elle avait la composition élémentaire suivante :

	I.	II.	III.
Carbone..	53.53	62.51	60.93
Hydrogène	7.31	6.35	7.13
Azote.	24.51	9.83	17.47
Oxygène..	14.65	11.31	14.47
	100.00	100.00	100.00

Le fait très remarquable qui se présente ici consiste dans la plus forte proportion d'azote que contiennent les urines I et III correspondantes au régime alimentaire salé. Ce fait est non moins sensible quand on compare les quantités d'azote rendues journellement par les urines dans les trois cas. On obtient :

	I.	II.	III.
Azote rendu par les urines en un jour.	5.69	1.68	3.55

On voit donc que l'emploi du chlorure de sodium dans l'alimentation a eu pour effet d'augmenter très notablement la quantité d'azote évacuée journellement par les urines.

Cette augmentation d'azote correspondait à une plus forte proportion d'urée et d'acide urique dans la matière organique sèche des urines, ainsi que le démontre le tableau suivant donnant la composition de cette matière pour nos trois expériences :

	I.	II.	III.
Urée.	40.57	16.60	29.54
Acide urique. . . .	4.18	1.92	6.34
Acide hippurique. .	11.13	10.60	12.10
Ammoniaque. . . .	3.98	0.70	0.71
Mat. extract. soluble dans l'alcool. . .	24.28	33.97	36.90
Id. insol. d. l'alcool.	15.86	36.21	14.41
	100.00	100.00	100.00
Urée rendue p. jour moyen.	gr. 9.42	gr. 2.84	gr. 6.03

Il n'est pas douteux pour nous que la physiologie et l'agriculture tireront un jour un parti important du fait que nous signalons pour la première fois. On savait déjà que le mode d'alimentation exerçait une influence marquée sur le rendement qualitatif et quantitatif des urines; mais cette connaissance était restée vague et indéterminée; dorénavant, le phénomène sera probablement étudié avec une plus grande attention.

X.— *Effets du sel sur la conservation des forces musculaires.*

Les causes qui déterminent la grandeur des forces musculaires de chaque individu sont tellement multipliées, tellement variées qu'il serait fort difficile de les énumérer toutes ; elles se modifient en outre d'une telle façon les unes par les autres qu'on ne saurait, quant à présent du moins, les classer, même d'une manière générale, par ordre d'importance. On comprend alors qu'on hésite à examiner le rôle que peut jouer un régime salé dans un phénomène aussi complexe. Cependant la question a été soulevée par la *Société centrale d'agriculture*, et nous devons l'examiner au moins dans le but de rechercher comment il serait possible de la résoudre.

Les faits que nous avons rapportés dans le paragraphe précédent relativement à l'influence exercée par le sel sur le rendement des urines en matériaux solides et en azote acquièrent un grand intérêt quand on passe en revue les idées que l'on possède aujourd'hui sur la production des forces musculaires. « Tous les mouvements spontanés ou involontaires, dit M. Liebig[1], tous les effets mécaniques de l'économie dépendent

(1) *Chimie organique appliquée à la physiologie animale*, p. 225 et 250.

d'un changement particulier dans la forme et dans la composition de certaines parties vivantes, dont l'accroissement et le décroissement se trouvent en connexion intime avec la quantité de force consommée par ces mouvements. Une conséquence immédiate de la production d'un effet mécanique, c'est qu'une partie de la substance musculaire perd ses propriétés vitales et se dé-tache de l'organe . . . . . . La somme de force mécanique produite, pour un temps donné, dans l'organisme animal, est égale à la somme de force nécessaire, pour le même intervalle, à la production des mouvements spontanés et des mouvements involontaires, c'est-à-dire que toute la force employée par le cœur, les intestins, etc., pour leurs mouvements, est perdue pour les mouvements volontaires.

« La quantité de substance alimentaire azotée, indispensable pour rétablir l'équilibre entre la consommation et la réparation des pertes, est en raison directe de la quantité des tissus transmutés.

« La quantité de partie organisée qui quitte l'état de vie est, pour des températures égales, en raison directe des effets mécaniques produits dans le même temps.

« *La quantité des tissus transmutés dans un temps donné peut se mesurer par la proportion d'azote contenue dans l'urine.*

« *La somme des effets mécaniques*, produits

à la même température par deux individus, *est proportionnelle à la quantité d'azote contenue dans leur urine*, n'importe que la force mécanique ait servi aux mouvements spontanés ou aux mouvements involontaires, qu'elle ait été consommée par les membres ou par le cœur et les intestins. »

Ajoutons à ces généralités que tout animal rendant chaque jour à l'atmosphère une portion plus ou moins forte de l'azote des aliments, à l'exception du cas d'inanition où il en emprunterait au contraire à l'air extérieur d'après les recherches de MM. Regnault et Reizet, il en résulte que la dépense d'une plus ou moins grande quantité d'effets mécaniques doit diminuer la fraction de l'azote alimentaire qui ne sort pas par les urines et les excréments.

L'effet direct de l'emploi du chlorure de sodium dans l'alimentation étant de faire rendre par les urines une plus grande quantité d'azote, on voit qu'en admettant comme vrais les principes émis par M. Liebig, l'action la plus importante du sel serait d'augmenter fortement la somme des effets mécaniques, ou, pour employer un langage plus mathématique, la quantité d'action journalière que peuvent dépenser les animaux. Une pareille conséquence aurait besoin, nous nous hâtons de le dire, d'être vérifiée par des expériences directes et numériques, car il est tout à fait insuffisant d'invoquer

à son appui l'état de santé plus florissant et
l'espèce de surabondance d'activité que nous
avons remarqués, après beaucoup d'autres observateurs, chez les animaux soumis à une alimentation salée. Toutes les expériences sur la
force musculaire sont, il est vrai, fort délicates
à effectuer de manière à avoir des nombres bien
comparables entre eux. Cependant l'excellent
ouvrage de M. l'ingénieur des ponts et chaussées
Courtois[1] nous semble de nature à aplanir les
difficultés de ce genre de recherches.

Il résulte, en effet, du travail de M. Courtois,
que le moteur de masse M qui marche libre et
sans charge, avec la vitesse constante V par seconde, pendant un temps T exprimé en secon-
des, dépense une quantité d'action égale à
$1/2\,M\,V^2\,T$, et que $V^2\,T$ est un nombre constant
pour chaque individu, c'est-à-dire que la quantité d'action qui répond à la fatigue journalière,
à la fatigue qui est facilement réparée par les
repas du jour et le repos de la nuit, sans qu'il y
ait eu altération dans la santé ni affaiblissement
dans la constitution, demeure constante. En outre la vitesse du moteur qui produit son travail
maximum est la moitié de celle qu'il prend lorsqu'il marche libre et sans charge pendant le
même temps. En conséquence, si on mesure la
vitesse que prend un moteur libre et sans

(1) *Traité des moteurs*, 1re partie : Moteurs animés,
in-8°, 1846.

charge et qu'on note le temps pendant lequel
il marche chaque jour sans éprouver d'excès
de fatigue, ou bien qu'on le fasse travailler au
maximum en mesurant également le temps et
la vitesse, on aura, dans le produit $V^2 T$, la mesure de la quantité d'action dépensée. Alors en
comparant le nombre ainsi obtenu dans différentes circonstances, on pourra se rendre
compte de l'effet de ces circonstances. L'action
du sel, si tant est que le sel exerce une action,
sera ainsi exprimée sans dynamomètre, sans
autre instrument qu'une montre pour marquer
le temps, sans autre mesure que celle du che-
min parcouru chaque jour. Réduite à ces termes, la solution d'une des questions les plus
importantes pour la comptabilité agricole pourra
être donnée par tout cultivateur ayant quelque
peu d'habitude des observations.

Quant à présent, les connaissances que l'on
possède sur ce sujet se bornent à des chiffres
généraux moyens pour chaque espèce; ces chiffres sont les suivants :

	En moyenne.		Produits spécifiq.
	m.	h	
Homme.	$V = 1.65$	$T = 8$	$V^2T = 71,400$
Cheval.	$V = 2.00$	$T = 10$	$V^2T = 144,000$
Bœuf.	$V = 1.66$	$T = 8$	$V^2T = 79,400$

On voit que le temps pendant lequel peut
marcher libre et sans charge un moteur animé
varie en raison inverse du carré de la vitesse

qu'il possède ; mais cette vitesse et ce temps sont eux-mêmes compris entre des limites qu'on ne saurait dépasser.

Ainsi, pour *l'homme*, la plus grande vitesse est de 13^m par seconde, et elle correspond à la plus petite durée de sa marche journalière (7' 44") ; la plus grande durée de la marche est de 18 heures, et elle correspond à la plus petite vitesse (1^m.10 par seconde). Pour le *cheval*, la plus grande vitesse est de 15^m (pendant 10' 40"), et la plus grande durée de la marche est de 18 heures (avec une vitesse de 1^m.49).

En comparant les produits spécifiques des différents individus dans différentes circonstances, on aura la mesure de leurs forces musculaires respectives indépendamment de leurs masses. Si on voulait avoir la quantité d'action réellement disponible, il faudrait multiplier V ^{2}T par la moitié de la masse :

$$\frac{M}{2} = \frac{P}{2g}$$

P étant le poids et $g=9.81$ étant l'action de la pesanteur ; mais les nombres obtenus alors ne seraient plus comparables, puisque la quantité d'action dépend de la masse.

Le but que nous voulions atteindre dans ces indications étant de donner un moyen facile de résoudre la question de l'influence possible du

sel sur la conservation des forces musculaires,
nous n'avions en aucune façon à nous préoccuper du genre de travail à effectuer et de sa nature dans chaque cas. Quant à présenter des
résultats déjà obtenus, nous n'en connaissons
aucun. Quelque jour, si nous ne sommes de-
vancé dans ce genre de recherches, nous tâcherons de résoudre la question par nous-
même. Qu'on nous pardonne cependant d'avoir
parlé d'un problème pour n'en donner que l'é-
noncé ; nous croyons avoir beaucoup simplifié
les moyens de solution qu'on eût peut-être
cherchés très loin.

XI.—*Influence du sel sur la consommation des fourrages
de mauvaise qualité.*

On est maintenant d'accord sur l'utilité que
présente le sel en faisant accepter aux bestiaux
des fourrages avariés ou de qualité inférieure.
Cet emploi du sel remonte d'ailleurs à une haute
antiquité. Caton[1] conseille de saler les pailles
afin de pouvoir les administrer aux bœufs en
guise de foin (*Cum stramenta condes, quæ
herbosissima erunt, in tecto condito, et sale
spargito : deinde ea pro fœno dato*). Le plaisir
éprouvé par les bestiaux à sentir la saveur du
sel leur fait oublier la difficulté qu'ils rencontrent à digérer des aliments chargés de ligneux

(1) *De Re rustica*, LIV : Bubus pabulum.

comme les pailles, ou bien le dégoût que leur
inspireraient des fourrages de trop mauvaise
qualité. Ce dernier fait a été constaté par M.
Boussingault dans ses expériences sur l'accroissement comparé de jeunes taureaux élevés avec
ou sans sel. « Dans le cours de nos expériences,
dit ce savant et habile observateur [1], il est arrivé qu'un jour le regain distribué s'est trouvé
de très mauvaise qualité; aussi n'a-t-il été
mangé qu'avec une extrême répugnance par les
60 têtes de bétail renfermées dans l'étable ;
toutes en ont laissé dans les crèches; les animaux du lot qui recevait du sel en forte proportion ont seuls consommé leurs rations en
totalité ; j'ai cru devoir rapporter ce fait, parce
que c'est une nouvelle preuve à ajouter à celles
que l'on possède déjà sur l'utile intervention
du sel lorsqu'il s'agit de faire consommer des
fourrages avariés. »

Il ne serait nullement avantageux que le sel
fît manger aux bestiaux des fourrages de mauvaise qualité, si le régime alimentaire devait
leur être défavorable, si, par exemple, il devait
en résulter des accidents, ou si les animaux deve-

____

(1) *Ann. de chimie et de physique*, 3ᵉ série, t. XIX,
p. 122. Du reste, les 60 bêtes de bétail recevaient ainsi
du sel, mais en moins forte proportion, et M. Boussingault a constaté que l'unique affection intestinale qui,
durant plus d'un an, ait frappé son étable, a précisément atteint l'un des trois animaux qui ne participaient
pas à la distribution quotidienne du sel.

naient incapables d'engraisser avec un pareil
régime. Il paraît bien prouvé que, sous l'influence du sel, de mauvais fourrages produisent
dans l'alimentation un effet qui rehausse leurs
qualités. Cela résulte notamment de la troisième
expérience de M. Turck[1], où du trèfle de mauvaise qualité a donné lieu, grâce au sel, à un
accroissement de poids comparable à celui obtenu des meilleurs fourrages. Le même résultat
est rendu également manifeste par l'expérience
exécutée par M. Husson[2] sur les brebis nourries avec du mauvais foin d'Auvilley, expérience
dans laquelle les brebis qui n'ont pas reçu de
sel ont diminué de poids, tandis que les autres
ont trouvé dans le sel un excitant tel qu'elles
ont pu continuer à s'engraisser. Nous savons
d'ailleurs par un cultivateur de Sarralbe (Moselle) qu'en 1846 plusieurs de ses confrères du
canton se sont servis, pour la nourriture de
leurs porcs, de pommes de terre fortement atteintes de la maladie de l'année; il est arrivé
que les porcs dont la nourriture était salée ont
été bien conservés, qu'ils ont même profité,
tandis que ceux nourris sans sel ont dépéri.

Tous ces faits s'accordent pour mettre en
évidence ce principe, vrai pour la physiologie
de l'homme aussi bien que pour celle des animaux, que la nourriture doit être d'autant

(1) *Voir* précédemment, p. 375.
(2) *Voir* précédemment, p. 389 et suiv.

plus salée qu'elle est de plus mauvaise qualité.

Toutefois, il est évident que l'emploi le plus judicieux que l'on puisse faire du sel n'est pas de mettre à profit l'appétence des animaux pour cette substance, afin de les engager à accepter des fourrages avariés. L'avarie des fourrages peut causer des désastres que rien ne saurait réparer, et il est bien préférable de se servir du sel pour empêcher les fourrages de se détériorer, comme on s'en sert dans la salaison des viandes ou des poissons pour empêcher leur putréfaction, comme on s'en sert aussi dans la fabrication du tabac pour empêcher qu'il s'y développe une fermentation putride. Cet emploi rationnel du chlorure de sodium a été reconnu produire d'excellents effets par plusieurs agronomes, notamment par M. Schattenmann[1] qui s'est exprimé en ces termes : « Il arrive fréquemment, dans les grandes exploitations agricoles, que les fourrages qui sont engrangés en grands tas moisissent ou rougissent par suite de la fermentation qui s'y développe. Réfléchissant aux causes de cette fermentation et aux moyens de la modérer, j'ai fait répandre à la main sur le fourrage, au moment du déchargement, 200 grammes de sel commun par quintal métrique de fourrage. L'emploi de cette substance utile au bétail a parfaitement réussi, car depuis 15

(1) *Nécessité d'une réduction de l'impôt du sel,* brochure de M. Demesmay, p. 32.

ans que je l'applique à des masses de fourrages, je n'y ai pas trouvé trace d'altération. Je suis maintenant sans inquiétude lorsque, par un temps pluvieux, je rentre quelques voitures de fourrages humides, parce qu'une longue expérience m'a prouvé que le sel neutralise les effets nuisibles de l'humidité. »

XII.—*Emploi du sel pour la domestication des animaux.*

Nous avons déjà cité[1] l'usage que dans les premiers siècles de l'ère chrétienne on faisait, au rapport de Columelle, de préparations salées pour apprivoiser et dompter les bœufs. L'un des adversaires les plus énergiques de l'emploi général du sel en agriculture convient en ces termes de l'utilité que peut présenter le chlorure de sodium pour cet objet : « Parmi les moyens employés par l'homme pour réduire les animaux en domesticité, dit M. Baudement[2] ; l'un des plus puissants est de flatter leur goût en leur procurant des aliments que la nature ne leur fournit pas ou ne leur fournit qu'avec mesure. L'homme excite ainsi en eux une reconnaissance proportionnée à leur appétence, il développe même d'une manière artificielle

(1) *Voir* précédemment, p. 351.
(2) *Journal d'Agriculture pratique*, 2ᵉ série, t. VI, p. 123.

des besoins nouveaux que lui seul pourra désormais satisfaire. C'est dans ce but que les anciens ont dû d'abord employer le sel comme
moyen de captation, trouvant ainsi le double
avantage de contenter le goût des animaux
qu'ils voulaient soumettre et de le contenter à
bon marché. C'est ainsi qu'on en use encore en
Amérique, au rapport de M. Roulin, pour attirer les grands troupeaux vers les lieux où on
veut les visiter.... Par l'emploi du sel, l'homme
pourra encore aujourd'hui imposer à ses animaux des habitudes nouvelles, les rappeler à la
docilité, les provoquer à la stabulation. »

Nous évitons toujours dans les sciences de
nous appuyer sur des opinions personnelles,
nous pensons que les faits seuls sont démonstra-
tifs. Cependant, en cette occasion, nous avons
pu dévier de nos principes, car M. Baudement
ayant un parti pris contre l'emploi agricole du
sel, l'aveu qu'il fait ici de son utilité pour la
domestication des animaux est une preuve de l'é-
vidence incontestable de cette utilité.

XIII. — *Mode d'emploi du sel dans l'alimentation
des bestiaux.*

Comment doit-on employer le sel que l'on des-
tine à la ration alimentaire des bestiaux? C'est
une question diversement résolue, mais qui n'a,
selon nous, d'importance que dans les localités

où cette substance est rare et d'un prix élevé.
« Il faut suspendre dans les étables, lit-on dans
les recettes hygiéniques du *Dictionnaire économique* de de La Marre[1], un sac dans lequel
il y ait du sel. Quand les bêtes y auront goûté,
elles ne manqueront pas d'aller le lécher toutes
les unes après les autres en entrant, leur instinct leur en marquant l'utilité. Il n'en faudra
pas plus de 7 ou 8 livres par an : ce qui n'est
pas une grande dépense dans le pays même où
le sel est le plus cher ; d'ailleurs, on perdra
bien davantage si la mortalité se met dans le
troupeau. »

Faire lécher le sel aux bestiaux, telle est
aussi la recommandation que fait aux agriculteurs un homme de génie qui, quoique placé
sur un trône, ne s'en occupait pas moins avec
une vive sollicitude de toutes les questions pratiques ; pendant une tournée qu'il fit en 1779
dans un district de ses États, Frédéric-le-Grand
eut avec un M. Fromme, bailli de Fehrbellin
(Brandenburg), la conversation suivante[2] :

« LE ROI. .... Il n'y a pas de maladies épizootiques dans votre canton ?

« FROMME. Non sire.

« LE ROI. Y en a-t-il eu ?

« FROMME. Oui, sire.

(1) T. I, p. 291, col. 2, 1767.
(2) *Histoire de Frédéric-le-Grand*, par M. Camille
Paganel, 2ᵉ édition, t. II, p. 218.

« Le Roi. Faites manger à vos bestiaux beaucoup de sel gemme, et le mal ne reviendra pas.

« Fromme. C'est ce que je fais. Mais le sel
commun est presque aussi bon.

« Le Roi. N'en croyez rien. Il ne faut pas
piler le sel gemme, mais le mettre à portée du
bétail pour qu'il le lèche.

« Fromme. Je n'y manquerai point. »

Par la pierre de sel laissée à la disposition du
bétail, on ne saurait lui faire prendre une proportion un peu forte de cette substance ; dans
les cas où cela est nécessaire, il faut assaisonner les aliments avec une dissolution contenant
la dose de sel qu'on veut faire ingérer.

XIV.—Résumé des effets du sel.

Nous avons pensé qu'il ne serait pas sans intérêt de résumer en quelques lignes, et question
par question, l'état actuel de nos connaissances sur les effets attribués à l'emploi du chlorure
de sodium dans l'alimentation.

I.—Le sel a produit un *accroissement* un peu
plus rapide chez des taureaux et des agnelles ;
mais on n'a encore rien constaté d'analogue
chez d'autres animaux.

II. — Il n'a été fait d'expériences relatives à
l'engraissement que sur la race ovine, et dans
le plus grand nombre de cas le sel a exercé un
effet favorable nettement caractérisé.

III.—Le sel n'augmente pas la production du *lait de la vache ;* on dit, mais des expériences bien certaines n'ont pas été faites, qu'il en augmente le *degré aréométrique.*

IV. — Il donne une chair de *meilleure qualité.*

V. — Il exerce une action bien déterminée sur la puissance *génératrice* qu'il augmente, et il doit en conséquence avoir une influence que des expériences seront appelées à vérifier sur la conservation des races.

VI.— Rien ne prouve encore qu'il agisse sur la qualité des *peaux* et sur la production de la *laine.*

VII. — Le chlorure de sodium est un laxatif. Comme tel, il peut être utilement employé dans la médecine vétérinaire.

VIII. — Il prévient et atténue les effets des épizooties de la race ovine.

IX. — Il augmente beaucoup la quantité des boissons et dans un moindre rapport celle des aliments solides.

X. — Les excréments contiennent moins de sel qu'il n'y en a naturellement dans les aliments ingérés ; cette substance n'exerce d'ailleurs, dans l'état normal des animaux, aucune influence sur la matière sèche des évacuations alvines qui, pour chaque race, reste dans un rapport constant avec la matière sèche des aliments.

26

XI. — Il sort une petite quantité de sel par la sueur.

XII. — Le sel ingéré ne sort pas immédiatement de l'organisme ; mais, au bout d'un temps suffisamment long, on trouve que les urines ont évacué la très grande partie du chlorure de sodium alimentaire.

XIII. — L'ingestion du sel dans les aliments augmente l'eau des urines ; elle augmente aussi la matière sèche que celles-ci renferment.

XIV.— La portion de matière organique sèche qui sort en plus par les urines, quand on prend du sel, est constituée principalement par de l'azote qui semble s'être fixé sur la substance urinaire pour la transformer en une quantité proportionnelle d'urée, d'acide urique et d'ammoniaque.

XV. — *En doublant ou même triplant l'azote des urines, le sel doit doubler ou tripler la valeur des engrais provenant des évacuations urinaires des bestiaux.*

XVI.— L'emploi du sel diminue le rapport de la perspiration aux évacuations.

XVII.— Le sel, à dose moyenne, agit comme un tonique et un diurétique.

XVIII.—Il est naturel de conclure de ces faits que le sel facilite la mutation des tissus animaux et exerce une action favorable sur la conservation des forces musculaires et l'accomplissement des principales fonctions de l'organisme.

CHAPITRE XII.

Doses de sel nécessaires aux animaux.

I.—*Solution théorique et générale de la question.*

Nous croyons avoir démontré complétement la nécessité de l'usage du sel pour les animaux domestiques aussi bien que pour l'homme. A moins de n'avoir aucune notion sur la valeur des combinaisons chimiques et de se figurer que les réactions des humeurs de l'organisme peuvent être impunément entravées ou suspendues, on ne niera plus désormais cette nécessité.

C'est une vérité, du reste, tout à fait acquise aujourd'hui, et les adversaires de l'emploi du sel dans l'élève des bestiaux se sont retranchés, en dernier ressort, derrière les vues prévoyantes de la Providence qui a placé du chlorure de sodium dans presque toutes les substances alimentaires. Nous avons rapporté avec soin les proportions de sel qui y ont été effectivement trouvées par l'analyse chimique, et nous avons calculé les quantités qui peuvent ainsi, *ipso facto*, entrer quotidiennement dans l'organisme en même temps que la ration de l'homme, du cheval, du bœuf, du porc et du mouton.

On sait d'ailleurs que dans certaines localités et avec certains régimes il arrive que ces
proportions naturelles de chlorure de sódium
manquent complétement, et en général on ne
fait aucune difficulté à admettre que dans ces
cas particuliers une addition de sel aux aliments
doive suppléer à l'absence de cette substance.

C'est l'opinion qu'a récemment soutenue
M. Chevreul avec la haute autorité qui s'attache à sa science, dans les discussions qui ont
eu lieu dans le sein de la Société centrale d'agriculture sur l'emploi agricole du sel; elle ne
semble plus pouvoir être contestée par personne.

La question que nous voulons poser en terminant notre long travail est celle de savoir si
les proportions de chlorure de sodium contenues
naturellement dans les rations alimentaires sont
suffisantes pour que la mutation des tissus des
animaux s'effectue dans les meilleures conditions.
L'étude attentive que nous avons faite relativement à l'existence et au dosage du chlorure de
sodium dans tous les organes des différents animaux va nous servir à résoudre immédiatement, et avec toute l'approximation qu'il est possible de désirer dans l'état actuel de la science,
cette question importante pour la pratique agricole.

Une première solution consisterait évidemment à admettre que l'homme et les principaux
animaux ont, à poids égaux, besoin de la même

quantité de chlorure de sodium pour l'entretien de la vie. Comme on connaît la quantité de sel nécessaire à l'homme, un calcul bien simple fournirait celle qu'il faut donner à chaque animal domestique.

Mais on commettrait ainsi une erreur consistant à admettre que tout animal contient dans les organes la même proportion de sel, et que par conséquent il en exige la même quantité pour subvenir à la mutation de ses tissus. Or, nous avons vu qu'il n'en est point ainsi, et nous avons même déterminé la quantité de sels de soude contenus dans 100 kilogr. du poids vivant de chaque espèce. Admettons donc qu'il soit nécessaire que tout animal prenne dans sa nourriture une quantité de chlorure de sodium proportionnelle à la quantité de sels de soude de son organisme, et nous arriverons à résoudre le problème posé.

En effet, appelons,

a, la ration de chlorure de sodium nécessaire à 100 kilogr. du poids vivant dans l'homme ;

h, la quantité de chlorure de sodium contenue dans 100 kilogr. de poids vivant chez l'homme, nombre égal à $0^k.2680$[1] ;

k, cette même donnée pour l'animal dont nous voulons calculer la ration saline ;

p, le poids de cet animal ;

r, la quantité de chlorure de sodium natu-

____

(1) *Voir* précédemment, p. 215.

rellement comprise dans la ration alimentaire ;

x, la ration saline cherchée.

Nous aurons, en vertu de la proportionnalité admise,

$$x = \frac{a\,k\,p}{100\,h} - r.$$

Comme nous avons, dans le cours de notre travail, déterminé chacune des quantités h, k, p, r, pour la race humaine, la race chevaline, la race bovine, la race porcine et la race ovine, nous n'avons plus qu'à appliquer cette formule après avoir toutefois déterminé la valeur de a, c'est-à-dire de la quantité de sel consommée chaque jour et par 100 kilogr. de poids vivant chez la race humaine.

Au lieu de prendre pour h, k et r les quantités de chlorure de sodium contenues naturellement dans la ration alimentaire et l'animal lui-même, on pourrait prendre, ce qui serait plus exact, la quantité de chlorure de sodium équivalente à tous les sels alcalins de l'organisme ou des aliments. On ne doit, en effet, considérer l'addition du sel commun aux aliments que comme destinée à combler le déficit laissé en sels de soude et de potasse par la nature dans les aliments des animaux. Mais malheureusement, dans l'état actuel de la science, on ne connaît pas suffisamment la dose et la nature des sels alcalins de chaque substance, et nous

avons dû renoncer à traiter la question d'après
cette manière de voir, en nous bornant simplement aux déterminations de chlore qui, dans les
analyses des chimistes, offrent plus de garanties
d'exactitude.

II.—*Dose de sel nécessaire à l'homme.*

Nulle question n'a été plus agitée que celle
de la consommation du sel dans la race humaine,
et il semble, au premier abord, qu'il ne devrait y
avoir aucune difficulté à poser le chiffre dont
nous avons besoin pour nos déterminations.
Mais s'il est impossible de dépasser dans la préparation des aliments certaine limite de salaison
au delà de laquelle ils seraient nécessairement
repoussés, si d'un autre côté rien n'est plus aisé
que de connaître par quelques pesées la quantité moyenne de sel que reçoit, pour n'être ni
fade ni trop salée, la ration alimentaire de
l'homme dans des habitudes données, on ne
saurait cependant se défendre d'une certaine
perplexité lorsqu'on veut fixer la dose convenable au régime statique moyen de l'espèce. Nous
allons examiner comment il est possible d'arriver à une détermination suffisamment exacte.

La plupart des nombreux renseignements qui
ont été cités à ce sujet doivent leur origine au
désir de connaître la consommation totale des
populations, afin d'étudier les effets généraux

d'augmentation ou de diminution amenés dans
cette consommation par les divers changements
du régime de l'impôt. En divisant le chiffre total de la consommation par celui de la population, on obtient alors la quantité de sel consommée par une tête fictive de cette population.
Un tel nombre spécifique suffisant au point de
vue fiscal ou législatif n'a aucune espèce de si-
gnification au point de vue physiologique.

Si l'on admettait que la consommation totale
de chaque pays fût bien exactement celle de la
race humaine, on pourrait arriver à un nombre
spécifique physiologiquement parlant, en divisant cette consommation par le poids moyen
de la population. Mais, le plus souvent, les chiffres donnés pour représenter la quantité de sel
consommée par tête dans divers pays ont été
calculés sans qu'on ait pris soin de défalquer
le sel employé par l'agriculture, soit même par
l'industrie manufacturière.

Nous allons du reste passer en revue tous les
renseignements qui peuvent être invoqués pour
élucider la question.

1°. — Résultats d'expériences directes.

Nous rappellerons d'abord les cinq expériences que nous avons faites sur l'alimentation d'un
adulte, d'un vieillard, d'une femme et d'un enfant, expériences dans lesquelles la quantité de
sel consommée a été dosée avec soin. Le régime

alimentaire suivi était certainement supérieur à
celui de la masse de la population, et comme
on peut dire (nous verrons la démonstration de
ce fait) que la consommation du sel est en
raison inverse de l'aisance, il faut regarder
comme un *minimum* le chiffre moyen qui résulte de ces expériences. Ce chiffre est de 16^{gr}.9
par jour ou 6^k.169 par an pour 100 kilogr. de
poids vivant, ou bien pour un adulte 10^{gr}.1
par jour, soit 3^k.7 par an.

Clément Désormes[1], qui était à la tête d'un
grand établissement industriel, estimait la consommation par ouvrier au plus à 5 kilogr. par
an, 13^{gr}.7 par jour.

M. Talabot[2], dans une position semblable, la
fixe à 6^k.05 par an, 16^{gr}.6 par jour, soit 27^{gr}.7
pour 100 de poids vivant.

Dans ces évaluations, il s'agit d'ouvriers de
l'industrie dont la nourriture est plus substan-
tielle que celle de l'ouvrier des campagnes; d'a-
près des expériences faites[3] par M. le maréchal
Bugeaud et par M. de Meouilles, membre du con-
seil général des Basses-Alpes, qui a nourri vingt
ouvriers agricoles pendant plusieurs années con-
sécutives, la consommation, dans ce dernier cas,
est de 12^k.75 par tête, 34^{gr}.9 par jour, soit
59^{gr}.7 p. 100 de poids vivant.

(1) Rapport de M. Gay-Lussac (19 juin 1846).
(2) *Ibid.*
(3) *Impôt—réduction—régie*, par M. Jullien, p. 58.

La ration saline du soldat en campagne est, en France, de 16 gr. par jour, soit 5ᵏ.84 par an.

2ᵉ. — Antiquité.

Caton[1], 200 ans avant J.-C., détermine la ration habituelle du sel de la manière suivante : « Un boisseau de sel suffira aux besoins de chaque consommateur (*salis unicuique in anno modium satis est*). » Or, le boisseau romain équivaut à 8ˡⁱᵗ.632. La densité du chlorure de sodium est de 2.125, mais à cause des nombreux pores que forment les grains du sel marchand, ce nombre doit être beaucoup réduit ; nous avons trouvé, par des pesées directes, que le litre de sel blanc pèse 988 gr., et celui de sel gris 1ᵏ.038 ; M. Jullien, employé de l'administration et auteur d'un travail important sur la question du sel, que nous avons déjà cité plusieurs fois, estime le poids du litre de sel à 900 gr. seulement.

En conséquence, la consommation par tête et par année était comprise, chez les Romains, d'après l'évaluation de Caton, entre 7 et 9 kilogr., soit 19 à 25 gr. par jour et par tête, soit encore 31 à 41 par jour pour 100 kilogr. de poids vivant.

Vauban[2] évalue la consommation du sel à un minot par an pour quatorze personnes, ce

(1) *De Re rusticâ*, LVIII.
(2) *Dîme royale*, publiée en 1708.

qui revient, par tête, à $3^k.57$. Cet illustre observateur commet une erreur en disant que le riche consomme plus de sel que le pauvre.

Necker[1] nous a transmis des renseignements curieux sur la consommation du sel comparée à son prix de revient dans les diverses provinces de la France en 1785; ils ont été réunis dans le tableau suivant par Clément Désormes[2]:

Population des provinces et genre d'impôt[3].	Consommation totale.	Prix du quintal métr.	Consommation par tête.
	hommes.	quint. métr.	fr.	kil.
Grandes gabelles.	8,300,000	380,000	124	4.58
Petites gabelles..	4,600,000	270,200	66	5.87
Pays de salines. .	1,960,000	133,280	42	6.80
Pays de quart bouillon. . . .	585,000	52,650	28	9.00
Prov. franches. .	4,730,000	436,510	16	9.23
pays rédimés. . .	4,625,000	460,851	10	9.96
Total. . .	24,800,000	1,733,491		6.69

(1) *Administration des finances de France*, t. II, p. 12.

(2) Brochure publiée en 1834, *De l'influence du bas prix du sel sur la consommation*.

(3) A cette époque, on était sous le régime fiscal organisé par Colbert (*Édits de* 1664, 1668, 1680). La catégorie des provinces de *grandes gabelles* ou du *grand parti* comprenait l'Ile-de-France, l'Orléanais, le Maine, l'Anjou, la Touraine, le Berry, la Picardie, la Champagne, le Perche et la plus grande partie de la Normandie ; la distribution moyenne et forcée était de $4^k.58$ par tête d'habitant de tout sexe et de tout âge, et le prix du kilogramme était de $1^f.240$. Quelques districts, au milieu de ces pays, jouissaient toutefois d'anciennes franchises et avaient du sel à des conditions modérées.

Les pays de *petites gabelles* étaient le Mâconnais, le

Sous le régime de la gabelle la fraude était
énorme ; il est constaté qu'il y avait, communé-

Lyonnais, le Forez et Beaujolais, le Bugey, la Bresse, le
pays de Dombes, le Dauphiné, le Languedoc, la Provence, le Roussillon, le Rouergue, le Gévaudan et une
partie de l'Auvergne. La distribution moyenne était
de 5k.87 par tête, et le prix du kilogramme était de
0f.66.

Par *pays de salines*, on entendait la portion du
royaume approvisionnée du sel que fournissaient les
salines de Franche-Comté, de Lorraine, des Trois-Évê-
chés, et cette étendue de territoire comprenait, outre
ces trois provinces, le Rethelois, le duché de Bar et
une partie de l'Alsace et du Clermontois. La consommation était arbitrée à 6k.80 par tête. le prix du kilogr.
étant fixé à 0f.42.

La catégorie appelée *pays de quart bouillon* comprenait une partie considérable de la Basse-Normandie qui
était approvisionnée par des sauneries particulières où
l'on faisait *bouillir* un sable imprégné d'eaux salines [a].
Le *quart* de cette fabrication devait être versé gratui-
tement dans les greniers du roi. Ce versement s'opéra
d'abord en nature, mais le bénéfice réservé au roi avait
fini par être converti en un droit équivalent. La distribution était arbitrée à 12 kilogr. par tête au-dessus de
8 ans, le prix du kilogr. était de 0f.28.

La catégorie des *provinces franches* devait sa préro-
gative au voisinage des marais salants et à la difficulté
d'empêcher une contrebande qu'un prix trop élevé eût
rendue plus active et plus étendue. Le prix du kilogr.
y variait de 4 à 18 centimes. Ces provinces étaient la
Bretagne, l'Artois, la Flandre, le Hainaut, le Calaisis,
le Boulonnais, les principautés d'Arles, de Sédan, de
Raucourt, le Nebousan, le Béarn, la Basse-Navarre, le
pays de Soule et de Labourd, les îles d'Oléron et de Ré,
une partie de l'Aunis, de la Saintonge et du Poitou.

Lorsque furent apaisés les troubles si graves occa-
sionnés dans quelques provinces de la France par les

(a) Des laveries de sel existent encore dans les départements des
Côtes-du-Nord et de la Manche. (Voir plus loin.)

ment, 4,500 saisies dans l'intérieur des maisons, plus de 10,000 sur les routes et lieux de

édits de 1541 et 1542, aggravant les charges de la gabelle afin de subvenir aux folles dépenses de François Ier, et notamment à celles des fêtes du mariage de Jeanne d'Albret, à Châtellerault, fêtes que le peuple flétrit du nom de *noces salées*, les États des provinces qui en avaient été le théâtre proposèrent de se racheter de la gabelle moyennant 400,000 livres, et il n'exista plus dans ces pays que d'anciens droits de *quart* et *demi-quart*, *quint* et *demi-quint*. Un peu plus tard, le gouvernement, pressé par les besoins que suscitaient les préparatifs des guerres d'Italie et d'Allemagne, racheta ce dernier impôt moyennant 1,194,000 livres. Les pays ainsi déclarés exempts de la gabelle à perpétuité furent connus depuis sous le nom de *provinces rédimées*. La valeur courante du sel y varia dès lors de 12 à 24 centimes le kilogr. Ces pays étaient le Poitou, la Saintonge, l'Aunis, l'Angoumois, la Gascogne, le Périgord, la Haute et Basse-Marche, le Limousin et les autres provinces de Guienne, les comtés de Foix, Bigorre et Comminge.

On donnait le nom de *francs salés* aux distributions de sel faites de la part du roi à quelques privilégiés. Elles étaient ou gratuites ou à un prix inférieur au tarif général. Elles s'élevaient à environ 7,500 quintaux métriques et se trouvaient comprises dans les consommations des pays de grandes et de petites gabelles. Pendant longtemps certains seigneurs n'attendirent pas cette distribution, à laquelle semblait cependant attaché un caractère honorifique. Ils faisaient des prélèvements en nature pendant le transport des sels sur la Charente, la Sèvre niortaise, la Bontonne et d'autres rivières. Colbert avait essayé plusieurs fois de réprimer ce genre de déprédation, ou du moins d'en réduire le taux.

Ces renseignements, que nous avons puisés dans le *Dict. encyclop. de l'hist. de France*, donnent une idée suffisamment exacte de la gabelle. Pour flétrir ces débauches économiques de la monarchie absolue, où l'odieux le dispute à l'absurde, nous ne pouvons mieux faire que

passage ; 300 condamnations aux galères pour
crime de contrebande de sel. Les femmes et les

de transcrire un passage des *Remontrances* du parlement
de Rouen (5 août 1763) : « La ferme des gabelles présente le spectacle le plus révoltant. Chaque paroisse
est obligée de lever une quantité de sel relative au
nombre de ses habitants ; elle y satisfait. Le traitant,
qui a lui-même déterminé cette quantité, n'a plus d'intérêt légitime à exercer. Cependant, si les collecteurs
ou syndics épargnent dans la répartition un indigent
qui peut à peine se procurer du pain, cet indigent
épargné est exposé aux poursuites les plus rigoureuses ;
il est contraint, avec la dernière dureté, à lever un
prétendu supplément de sel, qu'il ne peut payer qu'aux
dépens du premier nécessaire, et dont sa communauté
s'est d'avance chargée pour lui. »

L'établissement de l'impôt du sel remonte à la plus
haute antiquité. D'après Pline [a], Ancus Martius, quatrième roi de Rome, fit distribuer au peuple, en pur
don, 6,000 boisseaux de sel (48,000 kilogr. environ), et
ouvrit les premières salines. Démétrius, roi de Syrie,
en l'an du monde 3852, remit aux Juifs l'impôt du sel [b].
Tribut des empereurs romains dans les Gaules, l'impôt
du sel survécut à leur domination, tout en étant souvent
modifié. Des lettres royales, datées du 16 janvier 1099,
portent défense au sénéchal de Carcassone de souffrir
la vente des sels ne provenant pas des salines royales de
cette ville, et d'en prohiber l'importation. Une ordonnance de saint Louis, en 1246, fait mention de l'impôt
du sel. Une ordonnance royale du 25 septembre 1315
donne commission pour la recherche des accaparements
de sel, et on voit, d'après une ordonnance du 25 février
1318, que le montant de la taxe était de 4 deniers par
livre. Suivant l'opiniou la plus générale, Philippe VI, cou-
pable déjà d'une double altération des monnaies, régla
l'administration de cet odieux impôt par une ordon-

[a] Ancus Marcius rex salis modios sex mille in congiario dedit po-
pulo, et salinas primus instituit. Lib. XXXI, cap. 41,

[b] Et nunc absolvo vos et omnes judæos à tributis, et *pretia salis
indulgeo*, et coronas remitto, et tertias seminis. Liber I, *Machabæorum*,
caput X, 29.

enfants n'étaient pas épargnés, et le nombre des
prisonniers variait de 1,700 à 1,800. Le tableau

nance du 20 mars 1343, en inventant les *gabeliers* pour
garder les greniers de sel, et en taxant chaque famille
à une certaine quantité de sel qu'elle devait nécessairement tirer de ces greniers. Le roi Jean (1360) augmente la taxe ; Charles V, par l'article 9 de son ordonnance du 19 juillet 1367, la réduisit de moitié ; mais
Louis XI, François Ier (1er juin 1541, avril 1542),
ne firent que rendre plus considérable l'impôt du sel,
plus vexatoire le mode de son prélèvement sous pré-
texte de le réformer. Henri II escompta l'avenir en
permettant à plusieurs provinces de se racheter de la
gabelle. Sous Henri IV, Sully diminua d'un quart le
droit sur les sels, tout en s'arrangeant de manière à ce
que le bail de la ferme se renouvelât toujours au
même prix. Mais le tarif de la gabelle fut bien vite et
successivement augmenté par Louis XIII, et, sous
Louis XIV, Colbert eut bien l'intention de réduire la
taxe en organisant l'administration fiscale dont nous
venons de décrire les principales divisions ; mais les
fastueuses et incessantes dépenses du grand roi ne per-
mirent pas qu'on allégeât le peuple. La gabelle fut enfin
supprimée par la loi du 10 mai 1790.

L'Empire restaura l'impôt du sel et le rangea parmi
les droits réunis dont la perception fut organisée
en 1806. Les principaux actes législatifs ou règlements
généraux qui, jusqu'à la fin de 1848, concernèrent le
régime des sels, sont : la loi du 24 avril 1806, le décret
du 11 juin de la même année, la loi du 17 juin 1840,
et les ordonnances des 7 mars et 26 juin 1841.

L'art. 12 de la loi de 1840 disposait que des règlements d'administration détermineraient les conditions
dans lesquelles les exploitations agricoles ou manufac-
turières pourraient obtenir d'employer le sel en franchise, ou du moins avec modération de droit. L'exécu-
tion de cette disposition a été retardée jusqu'au 26 février 1846, époque à laquelle a paru une ordonnance
réduisant, de 30 à 5 centimes, le droit du sel destiné à
l'alimentation des bestiaux, après dénaturation préa-

précédent, ne pouvant tenir compte des quantités de sel consommées en fraude, ne donne conséquemment que des chiffres plus ou moins approchés de la vérité.

Nous passons maintenant à l'examen des documents contemporains, qui du reste ne laissent pas non plus que de présenter une certaine inexactitude.

3º.—Angleterre.

En 1821, la consommation du sel dans la Grande-Bretagne, pour l'usage domestique et les salaisons, était ainsi évaluée [1] :

	Habitants.	Consommation totale. kil.	Consom. p. tête. kil.
Angleterre et Pays de Galles [2].. ..	11,978,875	49,477,900	4.12
Écosse [3].	2,033,456	8,604,600	4.30
	14,012,331	58,082,500	4.15

Dans cette même année il y avait 185,000 kilogr. de sel employés pour l'engraissement des bestiaux avec un droit de 12f.50 le quintal métrique.

M. Jullien [4] calcule de la manière suivante la

lable. Nous verrons plus loin qu'il n'a pour ainsi dire pas été fait usage de cette modération de droit tardive.

(1) *Statistical illustration of the British empire*, 1825, p. 83.

(2) Droit de 75 fr. le quintal métrique.

(3) Droit de 30 fr. le quint. métr.

(4) *Impôt—réduction—régie*, p. 55, in-8º, 1847.

consommation du sel en Angleterre sous le régime actuel et en absence de tout impôt; il n'y
comprend pas le sel employé par les fabrica-
tions, ni celui contenu dans l'eau salée que
consomment les habitants des côtes, mais il
n'en a pas défalqué le sel consommé par l'agriculture :

	Kilogr.
Production des mines de Norwich.	550,000,000
Product. des mines de Nampwich et des comtés de Worcester, Stafford, Norfolk, Kent1	188,124,935
Importat. d'Espagne et de Portugal.	87,500,000
Total	825,624,935
Exportation.	435,037,035
Consommation totale pour une population de 26,800,000	390,587,900

Consommation par tête, 14^k.57.

(1) La plupart des auteurs qui se sont occupés de
la question du sel ont négligé cette production aussi
bien que l'importation.—M. Jullien ne porte la population de la Grande-Bretagne en 1845 qu'à 24 millions;
elle était de 26,800,000, Écosse, Irlande, pays de
Galles et îles compris. — C'est à des erreurs portant
tantôt sur la production ou la consommation, tantôt
sur la population, qu'il faut attribuer les différences qui
existent entre les chiffres adoptés par divers auteurs,
erreurs regrettables qui ont fait dire à M. de Lamartine,
lors de la discussion de la question du sel à l'ancienne
Chambre des députés : « Les prestidigitateurs font leurs
tours avec des gobelets, les statisticiens font les leurs
avec des chiffres. » — Nous n'avons accepté aucun calcul sans en vérifier les bases et le refaire nous-même;
aussi nos résultats diffèrent pour la plupart de ceux qui
ont pris place, un peu à l'aventure, même dans les
documents officiels.

Ce chiffre qui diffère considérablement, il
est vrai, de celui qui a été admis par M. Talabot et par M. Gay-Lussac, mais qui est d'accord avec celui des statisticiens étrangers les
plus renommés, de M. de Reden notamment,
rapproché de celui qui représentait la consommation individuelle de l'Angleterre en 1821,
démontre ou bien qu'il est fait un grand emploi du sel dans l'agriculture, ou bien que la
consommation humaine a beaucoup augmenté;
il est probable que ces deux faits se sont présentés en même temps, avec prédominence du
premier.

4°. — Prusse.

Pour apprécier le taux de la consommation
du sel dans les nombreux États de l'Allemagne,
on est obligé de s'en rapporter souvent aux
évaluations plus ou moins hasardées des statisticiens, et dès lors on ne doit pas être étonné
des différences que présentent les chiffres donnés par les auteurs. Nous n'avons de relevé
officiel et exact que pour la Prusse; les quelques
chiffres que nous donnerons pour les autres États
allemands ne devront être acceptés qu'avec une
grande réserve.

Le tableau suivant présente la consommation du sel en Prusse de 1829 à 1845, c'est-à-
dire pendant une période de 17 années; le sel
employé par la grande industrie, pour engrais

ou par les bestiaux, ne s'y trouve pas compris.
Les chiffres que nous donnons d'après les publi-
cations de la Direction générale des impôts, que
nous avons trouvées dans les divers ouvrages de
M. Dieterici [1], sont donc très peu supérieurs à
la consommation humaine.

Années.	Population [2] d'après les recensements trisannuels.	Consommation totale.	Consommat. par tête.	
		kil.	kil.	
1829.. .	»	99,311,862	7.871	
1830.. .	»	101,053,591	7.918	
1831.. .	12,932,140	102,058,034	7.892	
1832.. .	»	101,855,145	7.781	Moyenne des 9 prem. années = 7k.650.
1833.. .	»	101,623,997	7.672	
1834.. .	13,402,993	102,107,312	7.618	
1835.. .	»	103,238,775	7.277	
1836.. .	»	103,056,270	7.235	
1837.. .	13,983,070	105,933,690	7.575	
1838.. .	»	112,232,620	7.848	
1839.. .	»	113,774,755	7.783	
1840.. .	14,934,340	115,319,420	7.788	
1841.. .	»	116,726,446	7.727	Moy. des 8 dern. ann. = 7k.834.
1842.. .	»	111,846,952	7.321	
1843.. .	15,447,440	127,662,119	8.264	
1844.. .	»	122,838,883	7.864	
1845.. .	»	127,543,065	8.077	

Accroiss. de la seconde période sur la première : 0k.184.

Afin d'établir la consommation individuelle
pour les années dont la population n'était pas

(1) *Statistische Uebersicht der wichtigsten Gegen-
stande des Verkehrs und Verbrauchs im deutschen
Zollverein*, 1838 ; *erste Fortsetzung*, 1842 ; *zweite*,
1844 ; *dritte*, 1848.

(2) Non compris Neufchâtel et les petits enclaves
placés au milieu d'autres États allemands.

donnée par un recensement direct, nous avons augmenté la population de l'année venant immédiatement après un recensement du tiers, et la suivante des deux tiers de l'accroissement de population d'un recensement à l'autre.

On voit que pendant ce long espace de temps la consommation humaine du sel a suivi une progression un peu plus forte que la population. Il faut donc admettre que dans un pays où le prix du kilogramme de sel est compris entre 22 et 28 centimes, une consommation individuelle moyenne de 7^{kil}.8 n'est pas encore arrivée à son maximum.

Mais tout accroissement dans la consommation du sel ne peut être qu'excessivement long à se manifester, et on ne saurait le mettre en évidence qu'en comparant un grand nombre d'années. On le conçoit facilement, car un changement de cette nature dans les habitudes des populations ne peut se produire par entraînement enthousiaste ou par mode capricieuse.

La consommation des huit provinces de Prusse présente d'ailleurs des différences qui méritent d'attirer l'attention, parce qu'elles sont de nature à expliquer certains faits encore obscurs ; ces différences sont accusées par le tableau suivant calculé pour la moyenne des trois années 1843-44-45 :

		Consommation par tête.
1. Prov. de Prusse	rég. de Kœnigsberg.	9k076
	régence de Dantzig.	10.239
2. Duché de Posen.		9.724
3. Poméranie.		7.813
4. Silésie.		8.936
5. Brandenburg.	Berlin.	6.364
	régence de Postdam. .	6.738
	régence de Francfort..	7.673
6. Province de Saxe.		6.223
7. Westphalie..		7.626
8. Province du Rhin..		8.048

On reconnaît par ces chiffres que les populations de grandes villes comme Berlin, ou de contrées très industrielles comme la province de Saxe, consomment moins de sel que les populations de contrées agricoles comme la province de Prusse et le duché de Posen. Ce résultat est d'accord avec ceux de la statistique de la consommation saline en France et aussi avec les expériences faites par nous, par M. Talabot, par le maréchal Bugeaud et par M. de Meouilles.

5°.—Divers États allemands.

Nous n'avons pas entre les mains de documents suffisamment exacts pour pouvoir calculer nous-même la consommation humaine moyenne dans les États allemands autres que la Prusse. Mais M. Dieterici et M. de Reden, c'est-à-dire les deux autorités les plus compétentes en fait de statistique germanique, estiment qu'elle est comprise entre 7kil.5 et 8kil.

27.

6°.—Belgique.

La Belgique ne possède aucune mine de sel gemme et il n'y existe point de marais salants ; il en résulte qu'en consultant les registres de douanes qui fournissent les montants des importations et des exportations, on peut arriver à fixer avec une grande exactitude la consommation *totale* annuelle de ce pays. Toutefois il y a, pour les années antérieures à 1846, une certaine incertitude dans la fixation de la consommation *individuelle*, parce qu'il n'y a pas eu de recensement officiel de la population belge de 1829 à 1845. Le recensement effectué en 1846 a donné pour la population à la fin de cette année 4,337,196 habitants. En admettant, avec les statisticiens les plus distingués, pour les années antérieures, le chiffre rond de 4 millions, on arrive au tableau suivant rédigé d'après les documents officiels. Il n'entre en Belgique que du sel brut payant un droit d'accise[1] de 18 fr. les 100 kilogrammes ; le sel raffiné serait assujetti au droit exorbitant de 33^f.92 ; au contraire, à l'exportation on restitue au sel raffiné les droits d'accise au taux de 18^f.75 les 100 kilogr. ; il en résulte que le raffinage du sel est en Belgique la base d'une industrie de quelque importance.

(1) Ce droit produit un revenu annuel moyen de 4,500,000 fr.

Tableau de l'industrie saline en Belgique.

Années.	Importations.	Exportations.	Consommation totale annuelle.	Cons. hum., industrielle et agricole par tête de populat.
	kil.	kil.	kil.	kil.
1840	26,096,617	603,078	25,633,539	6.4
1841	32,837,458	685,443	32,152,015	8.0
1842	29,740,721	485,444	29,255,278	7.3
1843	26,073,409	583,499	25.489,910	6.1
1844	31,973,542	1,295,842	30,677,700	7.7
1845	34,968,777	1,067,320	33,901,457	8.5
1846	32,032,473	924,532	31,107,941	7.1
1847	?	?	29,860,000	6.4
			Moyenne.	7.25

7°. — France.

On connaît exactement en France les recettes
faites par le trésor, d'après l'impôt de 30 centimes qui jusqu'à la fin de 1848 a pesé sur le
kilogramme de sel livré à la consommation ; il
semble par conséquent très facile d'en conclure
le montant général de cette consommation et
par suite le taux de la consommation individuelle pour chaque année. Cependant on a
prétendu qu'on ne saurait ainsi arriver à des
chiffres exacts, 1° à cause du boni de déchet
de 3 pour 100 accordé aux sels livrés par les
salines du Midi; 2° à cause du boni de déchet
de 5 pour 100 accordé aux sels des salines de
l'Est et de l'Ouest; 3° enfin à cause de la
fraude, des sophistications, des exemptions de
toute espèce provenant des importations sur les
frontières, des enlèvements sur les marais et

en cours de chargement ou de transport et de déchargement, des avaries simulées, des soustractions de sels livrés en franchise aux fabriques de soude, à la pêche, à la troque des mélanges de substances étrangères, etc., toutes exemptions plus ou moins illégitimes qui feraient échapper à la taxe 10 pour 100 de la consommation annuelle, d'après les évaluations de M. le ministre du commerce lui-même[1]. Il résulterait de là qu'on devrait augmenter de 14 pour 100 la consommation accusée par les recettes du fisc, afin d'avoir la consommation réelle de la France, tant pour l'assaisonnement des aliments de l'homme que pour d'autres besoins tels que ceux de l'agriculture et de quelques industries peu importantes qui n'ont point la franchise de l'impôt. Mais d'un côté si d'après les tableaux qui vont suivre, et que nous avons dressés : 1° pour le sel acquittant la taxe, d'après les comptes définitifs des finances; 2° pour le sel de fabrication française annuellement exporté, d'après les états des douanes; 3° pour la production des marais salants, des laveries de sable, des mines de sel gemme et des sources salées, d'après les comptes rendus annuels des ingénieurs des mines publiés depuis 1833; si on calcule, disons-nous, la quantité de sel restant disponible pour l'industrie soudière qui jouit

(1) Voir le livre de M. Jullien, *Impôt— réduction —régie*, p. 57.

de l'exemption de la taxe, on obtient les résultats suivants pour l'ensemble des quatorze années de 1833 à 1846, pour lesquelles on a des renseignements complets :

		Réduct. en centièm.
Sel total taxé de 1833 à 1846 ou consommat. humaine. .	kil. 3,051,100,000	57.9
Sel total exporté.	1,312,500,000	24.9
Sel jouiss. de l'immunité de la taxe, ou consom. industr.	901,140,000	17.2
Total égal au sel produit.	5,264,500,000	100.0

Or, si l'on augmentait de 14 pour 100 le sel soumis à la taxe, on verrait qu'il faut défalquer du sel livré à l'industrie soudière 427,154,000 kilogr., et il ne lui resterait que 473,986,000 kilogr., c'est-à-dire, pour la moyenne annuelle, 33,856,000 kilogr., nombre très inférieur à la réalité, car en 1831 l'industrie soudière consommait 30 millions de kilogrammes et en 1845 55 millions [1], ce qui donne pour la période comprise entre ces deux années une moyenne annuelle de 43 millions de kilogrammes environ.

En défalquant de la quantité totale de sel non soumise à la taxe :

	901,140,000 kil.
Le sel fourni en franchise à l'industrie soudière. . . .	602,000,000
Il reste. . .	299,140,000

(1) Rapport de M. Gay-Lussac à la Chambre des pairs (19 juin 1846).

qui représentent la quantité de sel (21,730,000 kilogr. par an) échappant à l'impôt, d'une manière ou de l'autre ; c'est 9.80 pour 100 du sel payant la taxe. Cette proportion nous semble être l'expression assez exacte de la consommation saline que font diverses industries qui n'ont pas, officiellement du moins, l'immunité de la taxe ; c'est, en outre, à peu de chose près, le chiffre de 10 p. 100 admis par le ministre des finances pour représenter le sel échappant à l'impôt. Il en résulte conséquemment que la consommation saline, calculée d'après les recettes annuelles du trésor, indique une limite supérieure assez rapprochée de la consommation humaine en France.

Ces éclaircissements donnés, le tableau suivant fera connaître la consommation saline de la France pour une longue série d'années. Nous rappellerons seulement que sur le continent la taxe était de 0^f.30 le kil., en Corse 0^f.075 et dans le pays de Gex 0^f.28 ; mais nous négligerons les différences qui affecteraient les chiffres de la consommation si on tenait compte des variations de taxe ; ces différences porteraient sur les décimales du troisième ordre.

Pour établir la consommation individuelle pour les années dont la population n'était pas donnée par un recensement direct, nous avons partagé en cinq parties égales l'accroissement de chaque période quinquennale et augmenté de cette quote part les populations des années intermédiaires.

	Recettes		
Années.	de l'administration des douanes sur les sels de la Méditerranée et de l'Océan.	de l'administration des contrib. indir. sur les sels de l'Est, des Basses-Pyrénées et des Landes.	totales.
	fr.	fr.	fr.
1821.. .	52,536,535	6,049,804	58,586,339
1822... .	52,851,847	6,179,444	59,031,291
1823.. .	53,916,622	6,255,292	60,171,914
1824.. .	52,762,758	6,934,772	59,697,530
1825.. .	53,950,432	6,918,422	60,868,854
1826.. .	53,692,953	6,710,781	60,403,734
1827.. .	54,375,812	6,734,172	61,109,984
1828.. .	54,243,020	6,877,061	61,120,081
1829.. .	54,164,517	7,490,052	61,654,569
1830.. .	51,317,082	7,360,465	58,677,547
1831.. .	55,876,669	7,440,805	63,317,474
1832.. .	53,857,945	6,576,971	60,434,916
1833.. .	54,975,860	6,991,482	61,967,342
1834.. .	53,515,559	7,562,499	61,078,058
1835.. .	54,759,422	7,356,689	62,116,111
1836.. .	54,992,697	7,383,072	62,382,769
1837.. .	57,155,587	7,074,391	64,229,978
1838.. .	54,742,540	7,933,051	62,675,591
1839.. .	56,224,405	8,333,992	64,558,397
1840.. .	56,517,625	8,404,265	64,921,890
1841.. .	56,206,614	8,822,002	65,028,616
1842.. .	59,417,100	9,583,707	69,000,807
1843.. .	58,427,704	10,597,292	69,024,996
1844.. .	56,691,153	12,688,758	69,379,911
1845.. .	58,092,285	12,589,257	70,681,542
1846[1]. .	54,962,149	13,310,776	68,272,925
1847.. .	56,891,000	13,460,000	70,351,000
1848.. .	51,145,000	12,201,000	63,346,000

(1) Dans les chiffres de cette année (1846) ne sont pas compris ceux qui concernent la petite quantité de sel qui a été délarée destinée à la consommation des bestiaux, et dont nous parlerons plus loin.

Années.	Consommation humaine totale annuelle calculée d'après les recettes du Trésor.	Consommation individuelle par année.	
	kil.	kil.	
1821. . .	195,288,000	6.41	
1822. . .	196,771,000	6.40	
1823. . .	200,573,000	6.46	
1824. . .	198,992,000	6.36	
1825. . .	202,896,000	6.42	
1826. . .	201,346,000	6.37	
1827. . .	203,700,000	6.36	Moyenne des 14 prem. années : = 6ᵏ.326.
1828. . .	203,734,000	6.34	
1829. . .	205,515,000	6.37	
1830. . .	195,592,000	6.03	
1831. . .	211,058,000	6.48	
1832. . .	201,450,000	6.15	
1833. . .	206,568,000	6.27	
1834. . .	203,594,000	6.14	
1835. . .	207,054,000	6.21	
1836. . .	207,943,000	6.20	
1837. . .	214,100,000	6.36	
1838. . .	208,920,000	6.18	
1839. . .	215,195,000	6.33	
1840. . .	216,406,000	6.35	
1841. . .	216,762,000	6.33	Moyenne des 14 dern. années : = 6ᵏ.397.
1842. . .	230,003,000	6.67	
1843. . .	230,083,000	6.63	
1844. . .	231,266,000	6.61	
1845. . .	235,605,000	6.70	
1846. . .	227,576,000	6.42	
1847. . .	234,503,000	6.62	
1848. . .	211,153,000	5.95	

Accroissement de la seconde période
sur la première : 0ᵏ.071.

On voit que la consommation humaine du sel
a suivi en France, comme en Prusse, une progression un peu plus forte que la population ; le
prix plus élevé du sel en France a seulement
rendu l'accroissement moins sensible.

Les détails suivants présentent la production du sel donné par les marais salants, les laveries de sel, les mines de sel gemme et les sources salées, pendant les quatorze années pour lesquelles les documents officiels donnent des renseignements complets. Peu de contrées offrent, pour l'exploitation du sel, des circonstances plus favorables que celles qui existent en France. Les eaux de la mer, introduites dans de vastes réservoirs pratiqués sur les basses plages qui bordent les côtes de l'Océan et de la Méditerranée, laissent déposer, par évaporation, des masses considérables de sel. On extrait aussi du sel de la mer par la lixiviation des sables sur lesquels l'eau a séjourné.

Quatorze départements renfermaient en 1846 des marais salants et des laveries de sel ; ce sont les suivants :

	Nombre des marais exploités.	Surface des marais. hectares.	Ouvriers employés.
Aude.	8	1,055	530
Bouches-du-Rhône. . .	12	?	800
Charente-Inférieure . .	7	10,579	5,318
Corse.	1	717	20
Gard..	8	9,500	2,290
Gironde.	2	332	250
Hérault.	7	693	2,040
Ille-et-Vilaine.	1	2	8
Loire-Inférieure. . . .	6	1,680	1,690
Morbihan.	13	112	?
Var.	1	?	400
Vendée..	1	2,069	1,400
Totaux. . . .	67	26,729	14,746

	Laveries de sel exploitées.	Laveries non exploitées.	Ouvriers employés.
Côtes-du-Nord.. . . .	150	»	130
Manche..	95	179	300
Totaux.. . .	245	179	430

Le salaire moyen de la journée de travail de chaque ouvrier employé dans les marais ou dans les laveries est de 1f.72, et le nombre moyen des journées pendant lesquelles les ouvriers sont occupés est de 73 seulement. Les laveries et les marais salants produisent le sel soumis à la surveillance de la douane.

Les départements de l'Est qui, en raison de leur position géographique, sont les moins à portée de recevoir le sel des marais salants, renferment dans leur propre sol des gîtes inépuisables de sel gemme dont l'existence est annoncée par de nombreuses sources salées qui, le plus souvent, forment la base même de l'exploitation du sel; le sel gemme n'est directement exploité que dans les départements de la Meurthe et de la Haute-Saône.

	Sources salées exploitées.	Sources salées non exploit.	Ouvriers employés.
Basses-Alpes.	2	»	»
Aude..	»	1	»
Ariége	»	2	»
Calvados..	4	7	16
Doubs.	1	»	15
Jura.	2	»	72
Moselle.	3	»	97
Meurthe.	1	»	»
Basses-Pyrénées	8	1	114
Totaux. . . .	19	11	314

	Mines exploitées.	Surface concédée. hect.	Ouvriers employés.
Meurthe.	1	1,981	186
Haute-Saône.	1	688	40
Totaux.	2	2,669	226

Le salaire moyen de la journée de travail de chaque ouvrier employé à l'exploitation des mines et sources salées est de 1f.70, et le nombre moyen des journées occupées est de 365 ; c'est que, dans le cas actuel, l'exploitation a lieu durant toute l'année sans aucune intermittence. L'impôt sur le sel produit par ces salines est prélevé par l'administration des contributions indirectes, et l'importance de la production toujours croissante est indiquée dans le tableau précédent pour les années écoulées de 1821 à 1848.

Tableau complet de l'industrie saline en France.

Années.	Production des marais salants laveries usines et sources salées. kil.	Exportation de sel indigène. kil.	Différence ou consommation intér. totale, humaine et industrielle. kil.
1833. . .	413,243,000	99,151,000	314,092,000
1834. . .	403,129,000	121,830,000	281,299,000
1835. . .	443,534,000	84,265,000	359,269,000
1836. . .	418,390,000	91,204,000	327,186,000
1837. . .	329,973,000	93,330,000	236,643,000
1838. . .	343,125,000	130,000,000	213,125,000
1839. . .	356,807,000	113,330,000	243,477,000
1840. . .	395,401,000	120,000,000	275,401,000
1841. . .	297,307,000	116,670,000	180,637,000
1842. . .	407,729,000	94,339,000	313,390,000
1843. . .	377,856,000	93,097,000	284,759,000
1844. . .	378,545,000	51,840,000	326,705,000
1845. . .	338,550,000	76,746,000	261,804,000
1846. . .	360,940,000	27,048,000	333,892,000
1847. . .	?	44,422,000	?
1848. . .	?	83,863,000	?

On voit que l'industrie saline n'a fait en
France aucun progrès pendant les quatorze dernières années, et que si depuis 1842 la consommation annuelle a augmenté, ce résultat, en
l'absence de toute importation et en présence
d'une production indigène stagnante, n'a pu se
manifester qu'au détriment de l'exportation qui
effectivement a subi une diminution considérable. On sait d'ailleurs que l'effet direct des lois
votées par l'Assemblée constituante à la fin de
1848 a été d'amener une importation considérable des sels étrangers[1].

(1) La production saline de l'Europe, d'après les
chiffres donnés par M. de Reden[a] et d'après ceux que
l'on trouve dans les *Documents sur le commerce extérieur*, publiés par le ministère de l'agriculture et du commerce, peut s'établir ainsi pour une année moyenne.

		kil.
Angleterre		740,000,000
France		360,000,000

		kil.	
Autriche {	Gallicie	68,800,000	
	Hongrie	108,100,000	217,900,000
	Styrie	20,800,000	
	Dalmatie, Istrie	20,200,000	
Prusse (21 salines)			93,700,000
Aut. États allemands {	Bavière (7 salines)	39,300,000	
	Wurtemberg (6 *id.*)	14,700,000	
	Bade (2 *id.*)	14,000,000	
	Hanovre (14 *id.*)	13,900,000	
	Brunswick (4 *id.*)	3,510,000	93,810,000
	Royaume de Saxe	440,000	
	Saxe-Meningen (3 *id.*)	7,020,000	
	Saxe-Gotha (2 *id.*)	940,000	

A reporter. . 1,505,410,000

(a) *Handels-und Gewerbs-Geographie und Statistik*, 1843.

Nous pouvons vérifier pour la France ce que
nous avons déjà vu établi pour la Prusse, à savoir que dans les grandes villes où sont agglo-
mérées des populations industrielles, la consommation du sel est notablement moindre que

	Report. .	1,505,410,000	
Autres États allemands.	Saxe-Weimar (1 *id.*)..	5,150,000	
	Hesse-Electorale (3 *id.*)	7,720,000	
	Hesse-Darmstadt (6 *id.*)	8,890,000	
	Schwartzb.-Rudolstadt	2,570,000	
	Leppe-Detmoldt. . . .	560,000	29,140,000
	Waldeck	230,000	
	Mecklemburg.	2,340,000	
	Holstein-Laoenburg. .	1,680,000	
	Nassau, Oldenbourg, Luxembourg.. . . .	0	
Russie et Pologne russe			255.850,000
Suisse.			1,170,000
Pays-Bas, Belgique, Suède, Norwège. . .			0
Portugal..			188,000,000
Espagne..			376,000,000
Italie.	Naples et Sicile.. . .	163,800,000	
	Sardaigne..	42,120,000	
	États de l'Égl.,Toscane	8,670,000	218,670,000
	Parme..	3,040,000	
	Malte..	1,040,000	
Grèce.			18,720,000
Turquie..			19,470,000
L'EUROPE entière. . .			2,612,430,000

Cette production représente une valeur d'environ
550 millions de francs.

L'exportation européenne étant de 150,000,000 kil.
environ, on doit évaluer la consommation à 2,450 millions, ce qui correspond à 10 kilogr. par tête de population pour tous les usages alimentaires, agricoles et
industriels.

Les États-Unis produisent annuellement 173,628,000
kilogr. de sel.

parmi les autres populations. En effet, selon le rapport de M. Gay-Lussac à la Chambre des pairs[1], il résulte d'un relevé fait pour douze années, de 1834 à 1845, par l'administration, que la consommation moyenne dans Paris a été de 4^k.99.

D'un autre côté, d'après les renseignements donnés dans les deux derniers *Annuaires du Bureau des longitudes*, on a pour cette même consommation : .

	Consommation totale de Paris.	Population.	Consommation individuelle moyenne.
	kil.		kil.
1846..	5,268,013	945,721	5.57
1847..	5,211,925	959,766	5.43

8°.— Conclusion relative à la dose du sel nécessaire à la race humaine.

Tous les renseignements que nous venons de passer en revue conduisent aux chiffres suivants pour représenter la consommation humaine en chlorure de sodium :

1°.— *Consommation annuelle d'un adulte.*

	kil.
Ouvriers industriels, d'après Clément Désormes.	5.00
Ibid., d'après M. Talabot..	6.05
Ouvriers agricoles, d'après MM. Bugeaud et de Meouilles.	12.75
Personnes dans l'aisance, d'après nos expériences.	3.70
Ouvriers de la campagne près de Rome, d'après Caton..	7 à 9

(1) 19 juin 1846.

2ᵇ. — *Consommation annuelle par tête moyenne évaluée sur l'ensemble de la population.*

	Minimum. kil.	Maximum. kil.
En Prusse	6.36	10.24
En France	4.99	6.70

Ces derniers chiffres vont nous permettre une détermination assez facile des deux limites en plus ou en moins de la quantité de sel réellement nécessaire à l'entretien de 100 kilogr. de la race humaine, eu égard au régime alimentaire moyen actuel, nombre que nous avons appelé *a* et qui est le but de nos recherches dans cette portion de notre travail.

En effet, en combinant les tables de M. Quételet, qui donnent le poids moyen du corps de l'homme et de la femme aux différents âges, avec la table de l'*Annuaire du Bureau des longitudes* calculée d'après Deparcieux qui fournit la loi de la population en France, il est facile d'obtenir le poids d'un million d'habitants. Une proportion donnera alors la consommation de sel *minimum* et *maximum* pour 100 kilogr. de poids, en remarquant qu'une tête moyenne consomme au moins 4ᵏ.99 et au maximum 10ᵏ.24.

Les calculs effectués[1] nous ont donné

(1) Voici les principaux résultats de ces calculs qui ne sont pas seulement curieux, mais qui peuvent être aussi d'une certaine utilité dans bien des questions où

4,908,5469 kilogr. pour le poids d'un million d'habitants; nous en concluons que 100 kilogr. exigent par an au minimum 10^k.16, au maximum 20^k.88.

Il en résulte que pour le régime alimentaire moyen actuel de l'Europe les limites de a, ou de la ration de chlorure de sodium nécessaire à 100 kilogr. de poids vivant chez l'homme, sont 27 et 57 grammes.

Comme nous l'avons déjà dit, par nos expériences directes faites sur notre famille, nous n'avons trouvé que 16.9, soit 17 gr. pour la consommation journalière de 100 kilogr. Nous devons considérer ce nombre comme la limite inférieure de la quantité de sel réellement nécessaire à la race humaine; c'est celle qui con-

le poids des populations est évalué purement au hasard.

			kil.
192,981 pers. âgées de 0 à 10 ans pèsent	2,987,337
165,915 — 10 à 20 —	7,247,111
77,739 — 20 à 25 —	4,718,757
73,823 — 25 à 30 —	4,565,953
135,986 — 30 à 40 —	8,481,447
121,602 — 40 à 50 —	7,337,465
102,747 — 50 à 60 —	6,371,397
76,770 — 60 à 70 —	4,586,340
41,591 — 70 à 80 —	2,178,173
10,846 — 80 et au-dessus.	611,389
1,000,000 — de tous âges. —	49,085,469

M. Quételet donne, pour le poids d'une population d'un million d'âmes, 45,728,000 kilogr., mais il s'est servi, pour ses calculs, d'une table de population relative à la Belgique. (*Sur l'homme, etc.*, t. II, p. 57.)

vient à un régime alimentaire riche en principes nutritifs, comme celui de familles vivant
dans l'aisance. Nous avons ainsi pour a trois
valeurs :

Limite inférieure : $a = 17$, bon régime alimentaire.

Valeur moyenne : $a = 27$, régime alimentaire moyen
des habitants des villes.

Limite supérieure : $a = 57$, régime alimentaire
le moins réparateur.

Nous voyons que, dans tous les cas, devant
ces nombres, est tout à fait négligeable la quantité de sel qui se trouve naturellement comprise
dans les aliments de l'homme, quantité qui reste
toujours inférieure à 1 gramme même pour la
ration la plus forte.

III.—*Dose de sel nécessaire à la race chevaline.*

Nous avons maintenant toutes les données
nécessaires pour appliquer la formule générale
que nous avons démontrée plus haut à chaque
espèce d'animaux domestiques. Nous allons
commencer par la race chevaline.

En effet, nous avons trouvé précédemment :
$h = 0^k.2680$, $k = 0^k.2212$. Il en résultera pour
la ration de sel de 100 kilogr. de cheval :
Limite inférieure :

$$x = \frac{17 \times 0.2212}{100 \times 0.2680} p - r = 0.140 \times p - r$$

Valeur moyenne :

$$x = \frac{27 \times 0.2212}{100 \times 0.2680} p - r = 0.223 \times p - r.$$

Limite supérieure :

$$x = \frac{57 \times 0.2212}{100 \times 0.2680} p - r = 0.470 \times p - r.$$

Et il n'y a plus dans chaque cas particulier qu'à remplacer p par le poids du cheval exprimé en kilogr., et r par la quantité de sel contenue naturellement dans la ration alimentaire, quantité exprimée en grammes. Ainsi, par exemple, à un cheval adulte pesant moyennement 486 kilogr. et en supposant qu'il n'y eût pas de sel naturel dans la ration alimentaire, il faudrait donner chaque jour une quantité de sel de 68 gr. pour la meilleure alimentation, en moyenne de 109 gr., et au plus de 229.

Nous avons fait voir que la quantité r varie avec le mode d'alimentation, et en général reste inférieure à 26 gr. Si on adopte ce dernier nombre, la ration saline du cheval est comprise entre les limites 38 et 203 gr., en moyenne 83 gr. Mais il est des cas où la quantité de sel contenue naturellement dans la ration, comme l'ont prouvé les analyses de M. Payen sur différents foins, peut devenir dans certaines contrées 5 fois, et même pour le foin de terrains salés 10 fois plus considérable que la moyenne générale par nous admise. Par conséquent r peut deve-

nir égal à 130 et même à 260 grammes, et alors
évidemment il ne faut pas ajouter de sel à la
ration alimentaire du cheval. On pourrait donc
dire que dans certains cas il y a un excès de
chlorure de sodium dans les aliments; il faudrait, s'il était possible, en ôter au lieu d'en
ajouter.

On voit combien il serait erroné de poser des
règles absolues et générales relatives à la quantité de sel utile à chaque tête chevaline ; il faut
au contraire spécifier pour chaque localité et
pour chaque régime alimentaire, en tenant
compte en outre du poids de chaque animal. Il
n'est pas possible de réglementer, comme cela
a été fait par le gouvernement belge, que chaque individu de l'espèce chevaline recevra 32
grammes de sel par jour.

Il est certain aussi que dans beaucoup de cas
la ration de 170 grammes donnée par cheval,
au dire de M. Girardin [1], en Angleterre, peut
être trop considérable.

Enfin il ne faut pas conclure davantage, de
ce que dans les provinces espagnoles limitro-
phes de la France on donne 41 gr. de sel par
cheval ou jument [2], que ce soit là une dose convenable pour l'Espagne entière.

(1) *Courte instruction sur l'emploi du sel en agriculture*, p. 14.
(2) *Du sel dans ses emplois agricoles*, par M. Demesmay, broch. du 12 novembre 1848, p. 18.

IV. — Dose de sel nécessaire à la race bovine.

Nous avons trouvé pour la race bovine $k =$ 0.1783 ; en conséquence, la ration de sel de la race bovine sera comprise entre les limites suivantes :

Limite inférieure. . . $x = 0.113\, p - r$
Valeur moyenne. . . $x = 0.179\, p - r$
Limite supérieure.. . $x = 0.379\, p - r$

Tout dépend de la nature des aliments. M. Boussingault a constaté[1] que des vaches laitières, nourries uniquement avec des pommes de terre, n'ont pu supporter ce régime qu'autant qu'on leur administrait une dose de sel, qui s'élevait à environ à 70 gr. par jour.

Par conséquent, et en supposant qu'il n'y eût pas de chlorure de sodium dans les aliments d'un bœuf moyen de 413 kilogr., il faudrait donner par jour une ration de sel comprise entre 47 et 157 gr.

Mais un bœuf de 413 kilogr. reçoit naturellement pour sa ration alimentaire une quantité de sel qui, dans les cas les plus ordinaires, s'élève à 40 gr. La dose qu'il faut ajouter à ses aliments doit donc seulement être comprise entre 7 et 117 gr.

Dans le cas des fourrages très fortement chargés de chlorure de sodium analysés par

(1) *Economie rurale*, t. II, p. 541.

M. Payen, la dose de sel naturelle ou r s'élève-
rait jusqu'à 200 ou même 400 gr. Alors évidemment l'agriculteur ne doit pas en distribuer dans ses étables ; les bestiaux en reçoivent
déjà un excès.

On dit qu'en Angleterre [1] :

Un bœuf à l'engrais reçoit. .	170 gr.
Un bœuf d'attelage.	114
Une vache à lait.	114
Une génisse pleine.	114
Les élèves d'un an.	85
Un veau de 6 mois.	28

Ensuite, la ration journalière est portée jusqu'à 150 gr. par les cultivateurs aisés, et ce
poids est doublé, assure-t-on, pour les animaux
destinés à la boucherie.

D'après le règlement belge, la ration individuelle de l'espèce bovine est fixée à 64 gr.

La formule que nous donnons exclut toute
incertitude, en tenant compte de la qualité
des fourrages, du poids p de l'animal et du sel r
contenu naturellement dans les aliments.

V.—*Dose de sel nécessaire à la race porcine.*

D'après la valeur $k = 0.1187$ que nous avons
déterminée, nous calculons que dans la race

(1) M. Girardin, *loco citato.* Ce sont aussi les doses
que donne John Sinclair (*Agriculture pratique et raisonnée*, t. II, p. 638), qui cite la pratique d'un habile
cultivateur anglais, M. Curwen.

28.

porcine la ration de sel doit être comprise entre
les limites suivantes :

Limite inférieure. . $x = 0.075\,p - r$
Valeur moyenne.. . $x = 0.119\,p - r$
Limite supérieure. . $x = 0.253\,p - r$

Ainsi pour un porc à l'engrais de 80 kilogr.
il faudra, par jour, une dose de sel comprise
entre 6 et 20 gr., et pour les cas les plus ordinaires de 10 gr., en supposant qu'il n'y ait
pas naturellement de chlorure de sodium dans
les aliments. Mais la dose naturelle du sel de
la ration alimentaire ne s'élève, en *aucun
cas*, dans la race porcine, à plus de 4 gr.; la
dose en réalité *toujours* nécessaire au porc est
donc comprise entre 2 et 16 gr.

En Angleterre, d'après M. Girardin, la ration de sel est par jour, pour un porc, de 35 gr.,
nombre évidemment trop fort.

Le règlement belge porte cette ration à 20
gr., nombre plus rapproché de nos déterminations, mais encore trop élevé.

VI.—*Dose de sel nécessaire à la race ovine.*

Nous avons trouvé, dans la race ovine,
$k = 0.2084$; en conséquence nous calculons
que la ration de sel est comprise entre les
limites suivantes :

Limite inférieure.. . $x = 0.113\,p - r$
Valeur moyenne.. . $x = 0.210\,p - r$
Limite supérieure.. . $x = 0.443\,p - r$

Ainsi, pour un mouton de 25 kilogr., il faut par jour une dose de sel comprise entre 3 et 9 gr., et pour les cas les plus ordinaires de 5 gr., en supposant qu'il n'y ait pas de sel naturellement renfermé dans la ration alimentaire. Le plus souvent, cette proportion du sel naturel des aliments est de 2 gr.; les limites de ce qu'il est convenable de donner au mouton sont donc de 1 et 7 gr. Mais il peut arriver que le sel naturel des fourrages s'élève à 10 ou même, dans les prés salés, à 20 gr., et alors il est tout à fait superflu d'ajouter du sel aux aliments.

Le gouvernement belge a fixé à 16 gr. la quantité de sel donnée en franchise pour chaque individu de l'espèce ovine.

En Angleterre on donne, d'après M. Girardin, 14 gr. de sel par mouton.

En Espagne on ne donne, par jour et par mouton, que 2^{gr}.6 de sel. Cette dose est celle qui se rapproche le plus de nos déterminations.

VII.— *Conclusions relatives à la consommation du sel par les bestiaux.*

Nous avons commencé notre travail avec la ferme conviction, nous l'avons avoué, que le sel était un élément essentiel à l'alimentation de l'homme et des animaux ; nous ne croirons jamais qu'une substance universellement répandue autour des êtres de la création ne leur est d'aucune utilité, surtout quand nous les voyons tous éprouver un véritable plaisir à en absorber une certaine quantité.

D'après les lois naturelles auxquelles obéit l'univers, tout être est constitué de manière à se trouver dans un rapport déterminé avec le milieu où doivent s'accomplir ses évolutions. Si l'on venait à changer ce milieu, les êtres qu'il renferme seraient également modifiés. En d'autres termes, le milieu ambiant sert de prémisses ; les animaux et les végétaux ne sont que les conséquences. Cette vue philosophique, qui ne nous a jamais paru souffrir d'exception, avait déterminé notre conviction, lorsque la question de l'utilité du sel fut soulevée et bientôt partagea les grands pouvoirs de l'État.

Mais si le principe ne nous paraissait pas contestable, il n'en était pas de même de l'étendue de son application. Le mode d'action et le degré d'utilité du chlorure de sodium, en effet, étaient alors loin d'être connus : des allégations vagues et contradictoires, des exagérations dans tous les sens, des opinions tranchées, mais sans aucun caractère scientifique et ayant cependant la prétention de s'appuyer sur ce que l'on appelle l'expérience traditionnelle, se combattaient mutuellement sur la scène politique, où la vérité a rarement la chance de triompher. Pour faire disparaître toutes les incertitudes, il fallait, avons-nous pensé, abandonner le terrain des intérêts du Trésor, de l'agriculture, de la répartition des impôts, des classes pauvres, et réduire le débat au simple examen d'une question de laboratoire.

Sans autre désir que celui de trouver la vérité, ne nous préoccupant en aucune façon des résultats auxquels nous pourrions arriver, nous avons successivement recherché le chlorure de sodium dans tous les organes des animaux, dans leurs déjections et dans leurs aliments, de manière à pouvoir suivre cette substance à travers l'organisme et déterminer son rôle dans la statique de la vie. Après ce premier travail, nous avons recherché quels effets le sel pouvait produire sur les diverses fonctions animales. Enfin la nécessité et les divers effets du sel étant reconnus, nous avons essayé de calculer les doses qu'il était convenable de fournir à chacune des quatre principales espèces d'animaux domestiques.

Notre travail achevé, en comparant les résultats que nous avons obtenus, d'une part aux espérances conçues par plusieurs publicistes et par la majorité des membres des dernières chambres des députés et de l'Assemblée constituante sur l'accroissement nécessaire que l'usage de donner du sel aux bestiaux apporterait dans la consommation générale de cette denrée, d'autre part aux doutes émis par les adversaires de la mesure fiscale de la diminution de l'impôt du sel, nous devons reconnaître que les espérances étaient parfois exagérées et que les doutes étaient en partie fondés. Mais, nous nous hâtons de le dire, ces espérances et ces doutes ne sont point des arguments que l'on puisse raisonnablement faire valoir soit pour, soit contre la décision libérale de l'Assemblée constituante. La nécessité du sel étant absolument démontrée, et cette nécessité étant d'autant plus impérieuse, ainsi que nous l'avons reconnù précédemment, que l'alimentation soit des hommes, soit des animaux, est de moins bonne qualité, et que les populations conséquemment sont plus pauvres, il est profondément inique de le frapper d'un impôt s'élevant à plusieurs fois sa valeur.

Les espérances des partisans du sel, disons-nous, étaient mal fondées, quand ils espéraient que l'usage du sel par les animaux amènerait en France un accroissement de consommation, montant à plus de 266 millions de kilogr.[1]. En effet, ce chiffre était calculé dans deux hypothèses. On admettait d'abord que la moitié des animaux domestiques que possède notre pays serait soumise, dès la troisième année du dégrèvement, au régime alimentaire du sel. Or rien ne prouve que les fourrages de la moitié de la France exigent qu'il y ait une addition de sel

(1) Rapport de M. Dessauret à la Chambre des députés, 25 mai 1847, p. 30.

à la ration alimentaire des bestiaux. Nous avons
vu que, dans certains cas, les aliments contiennent naturellement plus de sel qu'il n'en
est nécessaire à l'accomplissement des mutations des tissus. Seulement, il nous a été impossible de déterminer, quant à présent du moins, les
localités où le sel manque dans les récoltes. Il
serait téméraire de fixer un chiffre à cet égard
sans étudier la question par l'analyse chimique
avec le plus grand soin. La grande étendue des
côtes maritimes de la France et l'importance
des salines de l'Est démontrent évidemment que
dans beaucoup de terrains le sel ne saurait
manquer.

D'un autre côté, tous les calculs des partisans
du sel ont reposé sur l'application à la France
du règlement belge relatif aux rations salines
des divers animaux domestiques. Or nous avons
vu que ces rations, fixées arbitrairement, étaient
souvent beaucoup exagérées. Pour la race ovine,
la ration belge de 16 gr. par tête doit être réduite au moins à 7 gr. pour les fourrages de
mauvaise qualité ; à 3 gr. pour les fourrages
non salins ordinaires, mais de bonne qualité; à
1 gr. seulement pour les très bons fourrages.
Pour la race porcine, la ration belge doit être
abaissée de 20 à un nombre fixé entre 16 et
2 gr., selon la nature et la qualité des aliments.
La ration belge de 64 gr. pour la race bovine est
comprise dans les limites que nous avons dé-

terminées ; mais elle est supérieure à la valeur la plus ordinaire que nous avons trouvée, et enfin la ration saline du cheval seule devrait être portée de 32 à 83 gr. au minimum.

Les valeurs moyennes que nous avons trouvées sont celles que nous conseillons aux agriculteurs, parce qu'elles conviennent à une alimentation d'une qualité moyenne, ce qui est le cas ordinaire. Pour les fourrages de très bonne qualité, ces valeurs doivent être abaissées aux limites inférieures que nous avons données ; mais on devrait recourir aux limites supérieures dans le cas de mauvais fourrages, de récoltes avariées ou menaçant de s'échauffer. Il est facile, du reste, de conclure des nombres que nous avons donnés les quantités de sel que l'on devrait à l'avance mélanger aux fourrages pour en assurer la conservation, car on connaît les rations de foin que consomment les animaux domestiques.

En conséquence de ces observations, et en continuant à admettre que la moitié des bestiaux seulement devra recevoir du sel, non pas à cause de la difficulté qu'il y a à obtenir un progrès de la part de l'agriculture, comme on l'a dit, mais parce que la composition des aliments seule exigerait une addition de chlorure de sodium, on arrive à calculer que le maximum du sel consommé par les bestiaux devrait s'élever, dans l'état actuel des choses, aux nombres suivants :

Espèce	Nombre total des individus.	Moitié du nombre total.	Consom. p. jour p. tête.	Consommat. annuelle de sel p. espèce.
			gr.	kil.
Chevaline.	4,270,000	2,135,000	83	64,687,825
Bovine.. .	10,395,000	5,197,500	34	64,500,975
Porcine. .	5,250,000	2,625,000	6	5,718,750
Ovine. . .	34,545,000	17,272,500	3	18,913,388

Consommation totale par les bestiaux. 153,850,938

Ainsi, au lieu d'une consommation saline de 266 millions de kilogrammes, l'usage du sel pour tous les bestiaux ne pourrait en produire qu'une de 154 millions au plus. Au lieu d'un accroissement de recettes provenant de cette source et montant à 26 millions de francs, il faudrait donc tout au plus en admettre une probable de 15 millions. Mais encore cela n'est-il admissible que dans le cas où la moitié des bestiaux aurait besoin de l'addition de sel ; nous avons reconnu que cette proportion n'est point du tout démontrée. D'ailleurs, dans le tableau précédent, tous les individus sont comptés, ce qui revient à les regarder comme ayant les poids moyens que nous avons supputés dans les calculs des paragraphes spécialement consacrés à chaque espèce chevaline, bovine, porcine ou ovine; or, nous avons vu que la ration saline varie avec le poids de l'animal, et par conséquent les jeunes animaux devraient recevoir des doses de sel bien inférieures à celles qui sont portées dans le tableau. C'est un nouveau motif pour qu'on regarde la consommation de 154 millions de kilo-

grammes comme étant sans doute elle-même
fort exagérée.

Si d'ailleurs on consulte l'expérience, on reconnaît que toutes les observations que nous
présentons sont fondées en fait. Dans les pays
où le sel a été mis à la disposition des agriculteurs par une très grande diminution de l'impôt, la consommation des bestiaux a été de beaucoup inférieure à celle qui résulte des calculs
dont nous exposons la critique.

Nous ne ferons d'abord que mentionner pour
mémoire ce qui s'est passé en France depuis
que l'on a livré au commerce du sel dénaturé
avec des substances qui ne pouvaient répugner
à l'appétence des bestiaux sous l'impôt modéré
de 5 cent. au lieu de 30 : en 1846, il n'a été
donné aux bestiaux que 22,415 kilogrammes
de sel; en 1847, cette consommation s'est élevée
à 53,837 kilogr.

En Belgique, la quantité de sel consommée
par le bétail, avec franchise de tout droit, n'a
été, en 1846, que de 88,000 kil.; nous n'avons
pu savoir quelle importance elle a prise depuis
cette époque.

Les renseignements sont plus importants et
plus complets en ce qui concerne la Prusse, où
le sel est depuis plus longtemps donné aux bestiaux sous le nom de *Viehsalz*, au prix réduit
de 0^f.086 le kilogramme. D'après les détails
officiels que nous trouvons dans le 4e volume

de la *Statistique du Zollverein*, par M. Dieterici, il a été consommé en Prusse, pour cet
objet :

	kil.
En 1843..	2,708,000
1844.	2,527,000
1845.	5,887,000
En moyenne annuelle.	3,707,000

D'après le recensement de 1840, la Prusse
possédait en animaux domestiques :

Espèce	Têtes.	Rapports entre les nombres de bestiaux de France et de Prusse.
Chevaline.. . . .	1,517,000	2.81
Bovine.	4,977,000	2.09
Porcine..	2,239,000	2.35
Ovine..	16,344.000	2.11
Moyenne.		2.34

On voit que le rapport moyen entre les populations bestiales de France et de Prusse étant
2.34, la consommation saline pour les bestiaux
qu'on peut raisonnablement espérer en France,
d'ici à quelques années, d'après ce qui se passe
en Prusse, est seulement de :

$$3,707,000 \times 2.34 = 8,674,000 \text{ kilogr.}$$

Cette consommation, avec l'impôt de $0^f.10$ par
kilogr., donnerait seulement au Trésor un revenu de 867,400 francs. Mais notons, en passant, qu'actuellement le prix du sel donné aux
bestiaux est encore en France de 2 à 3 fois plus
élevé qu'en Prusse.

M. Dieterici a calculé, sur les documents officiels, que dans les différentes provinces de la Prusse il est consommé, par tête de gros bétail ou pour 10 brebis, les quantités annuelles de sel qui suivent :

	kil.
Province de Prusse	1.73
Duché de Posen	0.84
Poméranie	0.70
Silésie	1.17
Brandenburg	0.65
Province de Saxe	0.98
Westphalie	0.05
Province du Rhin	0.14

Ces chiffres sont une nouvelle vérification des principes que nous avons émis relativement aux variations que les doses du sel ajouté aux aliments doivent subir suivant les lieux et les circonstances. Ces variations ne sont pas le résultât de caprices agricoles ; elles sont produites par la nature des choses qui conduit l'agriculteur, lorsqu'il n'est pas gêné par des entraves fiscales, à fournir l'alimentation la plus convenable à ses bestiaux.

Aussi, en résumé, nous pensons avoir démontré par l'étude chimique et physiologique la plus attentive, aussi bien que par les recherches statistiques et historiques, les théorèmes suivants :

I. *Une certaine quantité de chlorure de sodium est chaque jour nécessaire à l'accomplissement des fonctions animales ;*

II. *Chaque espèce exige une dose de sel pro-*

portionnelle à celle qui est contenue dans son organisme;

III. *Cette dose doit être d'autant plus forte que la qualité des aliments devient plus mauvaise;*

IV. *La dose qui doit être ajoutée à la ration est en outre proportionnelle au poids de l'animal, et la quantité ainsi obtenue doit être diminuée de celle qui est naturellement contenue dans les substances alimentaires.*

APPENDICE.

Instruction ministérielle sur l'emploi du sel en agriculture.

Au moment où nous terminons notre travail, M. Lanjuinais, ministre de l'agriculture et du commerce, adresse aux préfets la circulaire suivante sur l'emploi du sel en agriculture. M. le ministre annonce que l'administration se fait un devoir d'encourager les expériences qui seront tentées dans le but de préciser enfin les avantages ou les inconvénients que présente l'usage du sel soit pour l'alimentation des bestiaux, soit pour la culture des terres. Quelques personnes ont cru voir dans cette circulaire une sorte d'engagement de la part du gouvernement à ne pas demander, quant à présent du moins, le rétablissement de l'ancienne taxe. Nous acceptons

cet augure, mais nous devons prévenir les cultivateurs qu'il nous semble bien que, pour tenir
cet engagement, le gouvernement entend que
l'agriculture se servira assez abondamment du
sel et qu'il sera démontré, d'ici à peu d'années,
que l'emploi en a été avantageux. Il est donc
bien important de constater tous les faits, de
tenir une comptabilité saline bien en règle : si
quelque doute pouvait rester, si la consommation du sel ne prenait pas tout l'accroissement
qu'on attend, il est probable que des efforts seraient faits pour obtenir le rétablissement de
l'ancien impôt.

La circulaire ministérielle est du reste rédi-
gée avec une prudence extrême, on pourrait
dire prudence administrative; elle n'avance
aucun fait qui ne soit bien connu, ne donne
aucune indication qui ne soit déjà depuis longtemps dans le domaine public, ne trace aucun programme nouveau d'essai à tenter, et
elle maintiendrait les cultivateurs dans des limites trop étroites et aussi un peu trop arbitrairement fixées, si ceux-ci devaient s'astrein-
dre à la suivre à la lettre. Il faut espérer que,
sans commettre d'imprudences, l'agriculture
française aura au moins quelque initiative heureuse.

Paris, le 14 septembre 1849.

Monsieur le préfet, l'abaissement de l'impôt du
sel, décrété par l'Assemblée nationale le 28 dé-

cembre 1848, en diminuant le prix de cette substance, l'a mise à la portée de l'agriculture. Il
devient possible désormais, par des expériences
nombreuses, variées, faites sur une échelle plus
vaste, d'acquérir des notions plus précises sur les
avantages ou les inconvénients que présente l'u-
sage du sel. Les procédés qui jusqu'ici paraissent
avoir donné les meilleurs résultats doivent être
appliqués et étudiés avec soin ; de nouveaux essais
peuvent être tentés. L'administration se fait un
devoir d'encourager ces recherches et de les diriger : il importe, en signalant aux agriculteurs les
faits qui ont été constatés, de les prémunir soit
contre une défiance excessive, soit contre des espérances exagérées, nécessairement suivies d'un
fâcheux découragement ; de leur éviter, autant
que possible, les tâtonnements de l'expérimentation ; de leur indiquer enfin certaines limites dans
lesquelles leurs tentatives doivent probablement
se restreindre pour être prudentes. En conséquence, l'administration, après s'être éclairée de
l'avis des hommes les plus compétents, a réuni les
indications suivantes, que je vous prie, monsieur
le préfet, de porter à la connaissance des cultivateurs de votre département.

C'est surtout dans le régime hygiénique et alimentaire des animaux que le sel a été le plus généralement recommandé et expérimenté. Depuis
longues années, d'habiles nourrisseurs trouvaient
dans son usage des bénéfices assez considérables
pour n'être point arrêtés par le prix de revient du
sel, bien supérieur à celui qui est fixé par la nouvelle loi ; les ruminants en particulier paraissent
en éprouver de bons effets. L'avidité des pigeons
pour cette substance fait penser qu'on pourrait en
donner aussi avec succès aux volailles ; ce régime
appliqué au cheval ne semble pas présenter les
mêmes avantages.

Le sel paraît intervenir dans l'alimentation des
animaux :

Pour conserver les fourrages, en arrêtant la fermentation, en empêchant la moisissure.

Pour remplacer les sels solubles qu'ont perdus, par le lavage, certains aliments végétaux qui en possédaient naturellement, comme la pulpe des pommes de terre, des betteraves cuites à l'eau.

Pour neutraliser l'action malfaisante des fourrages humides, avariés ou de qualité inférieure. Auss lai plupart des agronomes regardent-ils le sel comme un antidote et un préservatif contre la cachexie aqueuse à laquelle sont sujets les mouston nourris dans les prairies humides.

Enfin, pour éviter une salivation abondante et donner plus de puissance à l'action digestive et assimilatrice : on provoque de cette manière l'appétit des bestiaux (effet utile surtout pendant la dernière période de l'engraissement), et on développe en même temps la production de la graisse, du lait, etc.

Ce régime peut, il est vrai, échauffer les animaux : on remédie à cet inconvénient en remplaçant le sel par une égale dose de sulfate de soude cristallisé, ou mieux encore, on le prévient en faisant périodiquement cette substitution, deux fois par semaine, par exemple. Le sulfate de soude ne coûte pas, du reste, plus cher que le sel marin. On ne le paie, suivant les localités, que 8 à 15 fr. les 100 kilogr.

On ne peut donner de règles absolues sur la dose de sel qu'il convient d'ajouter aux rations : elle doi varier suivant l'humidité plus ou moins grande du climat, du sol, de la saison, des aliments ; elle devra être d'autant plus faible que l'animal sera plus jeune [1], tandis qu'il faudra l'augmenter si la constitution lymphatique du sujet ou un état maladif exige une alimentation plus tonique.

Il peut y avoir quelque difficulté à tenir compte,

(1) Une vache à lait consommant 60 grammes de sel par jour, un veau de 6 mois n'en recevra que 20 gr., un veau d'un an 30 à 40 gr.

dans le dosage, de toutes ces circonstances diverses, et à bien apprécier leur importance relative ; ces difficultés disparaissent si l'on s'en rapporte, comme en certains pays, à l'instinct des bestiaux eux-mêmes.

Des sacs de toile forte, mais à tissu peu serré, sont remplis de sel, humectés une première fois et mis à la portée des animaux. Ceux-ci viennent les lécher et extraient facilement, en le dissolvant par la salivation, le sel qui est nécessaire à leurs besoins.

Dans les contrées où l'on peut se procurer du sel *en roche*, le procédé est encore plus simple, car il est évident que l'usage des sacs est alors superflu.

Cependant on préfère, en général, administrer le sel mélangé directement avec les aliments. C'est surtout lorsque ceux-ci en ont été imprégnés quelque temps avant d'être consommés que les mélanges produisent des effets remarquables, et provoquent le plus puissamment l'appétit des animaux. Du reste, soit que l'on emploie ce procédé, soit que la préparation se fasse au moment de la distribution, les doses peuvent, sauf les modifications que les circonstances particulières font introduire, se rapporter aux quantités suivantes :

Adulte de taille ordinaire,
par jour et par tête.

Bœuf de travail.	60 grammes de sel.
Vache à lait.	60 gr.
Bœuf d'engrais..	80 à 150 gr., suiv. le poids et la période d'engr.
Porc d'engrais	30 à 60 gr., suiv. le poids et la période d'engr.
Cheval, jument, mulet.. .	30 gr.
Moutons (100 têtes) . . .	150 à 200 gr.; à l'engrais., le double.

Voici un tableau des rations en usage, depuis plus de dix ans, chez un des principaux nourrisseurs de Paris, qui entretient jusqu'à 60 animaux dans ses étables :

29.

	Pour une vache.	Pour une ânesse.	Pour une chèvre.
Betteraves.	40ᵏ000	14ᵏ000	5ᵏ900
Carottes.	34.000	11.900	4.850
Rémoulage et recou- pettes.	5.500	2.605	0.960
Luzerne.	3.000	1.050	0.500
Paille d'avoine.. . .	6.000	2.100	1.000
Sel marin.	0.050	0.020	0.010

Détails sur la préparation des mélanges.

1° Mélanges préparés au moment de la distribution.

Lorsque le fourrage à distribuer est humide, on se contente de le saupoudrer de sel ; lorsqu'il est sec, on l'humecte avec de l'eau dans laquelle le sel a été dissous. Nous mentionnerons ici quelques rations dont on vante les bons effets :

Pour les porcs.

Pommes de terre cuites à la vapeur.	10ᵏ000
Farine de seigle..	0.500
Lait écrémé, ou petit lait..	3.000
Sel..	0.015 à 20.

Ce mélange est particulièrement favorable aux truies qui allaitent. Il faudrait toutefois le supprimer s'il purgeait trop violemment l'animal.

2° Mélanges préparés à l'avance.

Dans quelques contrées étrangères, il est, depuis fort longtemps, passé en usage de saler le foin en le mettant en meules : celles-ci sont formées de couches superposées successivement, et dont chacune a été saupoudrée de sel dans la proportion de 2 à 5 kilogrammes de cette substance pour 1,000 kilogrammes de fourrage, selon que le foin est plus ou moins sec. On a coutume d'y ajouter de la paille, qui contribue à absorber l'humidité.

Le sel peut être encore utilement mélangé soit avec de la paille hachée et mouillée, soit avec les pommes de terre coupées et écrasées, soit encore avec des betteraves, du son, des balles de grain,

des tourteaux oléagineux, ou même avec plusieurs
de ces aliments réunis. Il est utile de laisser fermenter ce mélange pendant deux ou trois jours.

On peut distribuer le sel aux animaux chaque
jour ou seulement deux ou trois fois par semaine.
Il est évident que la quantité qui est ajoutée aux
rations doit être d'autant plus considérable que la
distribution en est moins fréquente; le mieux est
peut-être d'en faire une par jour.

Les encouragements accordés par l'administration à l'application de ces procédés ne seront pas
seulement une impulsion salutaire donnée à une
branche importante de notre industrie agricole;
ils amèneront encore, il est permis de l'espérer,
des résultats plus féconds et d'un intérêt plus général : en effet, ce mode d'emploi du sel placera
les agriculteurs dans l'obligation de peser, de mesurer, d'observer, de se rendre compte, en un
mot, des frais de production. C'est seulement
quand cet esprit d'ordre et de calcul se sera suffisamment étendu qu'il deviendra possible de comparer entre elles les diverses méthodes d'exploitation, de porter sur chacune un jugement raisonné,
de choisir les plus avantageuses, d'arriver, en
dernière analyse, au plus grand développement de
la richesse publique, de l'esprit d'observation, du
sens pratique dans la masse de la population.

La régularité et l'intelligence avec lesquelles
serait tenue dans chaque exploitation cette comptabilité dont nous venons d'indiquer les avantages
pourraient être constatées par des enquêtes, hono-
rées par des récompenses publiques. Dans quelques années, la centralisation de données nombreuses, suivies, en offrant des garanties sérieuses
d'exactitude, fournirait, par zones ou par régions,
des renseignements du plus haut intérêt.

Quant à l'emploi direct du sel à la culture des
terres, les faits d'expérience ne sont ni assez nombreux ni assez concluants pour qu'on puisse être
bien fixé sur sa valeur; c'est du temps, des essais

pratiques à venir qu'il faut attendre des éclaircissements sur cette question.

L'état actuel des connaissances agricoles paraît
cependant permettred'espérer de bons résultats,
lorsque le sol ne renferme que des proportions insuffisantes de chlorure de sodium ou de potassium,
et que l'humidité, sans être excessive, est assez
grande pour empêcher la solution saline de se con-
centrer au contact des jeunes plantes ou des grai-
nes en germination.

On sent que, dans ce cas, il y aura double avantage à employer le sel mêlé à la nourriture des
animaux, puisqu'il contribuera d'abord à entretenir leur santé et qu'il se trouvera ensuite dans
les fumiers, propre à être utile aux végétaux.

Au reste, pour que le sel conserve son effet utile,
il ne faut pas, suivant de graves autorités, que la
terre contienne plus de 0,001 de son poids de sel
marin ou de chlorure de sodium et de potassium,
ou d'autre composé alcalin.

POST-SCRIPTUM.

Expériences de M. Millon sur l'alimentation du lapin.

Au moment de la mise sous presse de cette
dernière feuille de notre ouvrage, nous enten-
dons à l'Académie des sciences la lecture d'une
note de M. Millon sur l'alimentation du lapin.
Ce chimiste habile s'est chargé d'exécuter la
contre-partie des recherches de MM. Regnault
et Reiset sur la respiration des animaux en étudiant leur alimentation et leurs évacuations.

M. Millon annonce que les anciens procédés
d'analyse élémentaire appliqués à l'étude des liquides organisés donnant des résultats inexacts,

il a imaginé des méthodes nouvelles. Si ces méthodes permettent d'abréger des analyses très
longues et très délicates, M. Millon aura rendu
un véritable service à la science; mais nous devons
dire que des vérifications nombreuses nous ont
montré que dans les cas les plus difficiles les erreurs commises avec les anciens procédés convenablement employés ne s'élèvent pas à plus
de 1 p. 100.

M. Millon a entrepris quelques expériences
sur la statique d'un lapin nourri : 1° avec des
choux ; 2° avec des carottes; 3° avec une alimentation mixte de choux, de carottes et de pain. Il
fait remarquer avec raison que la richesse en
azote des différentes portions du chou et de la
carotte peut varier du simple au double ou même
au quadruple. Il constate enfin que si les excréments du lapin présentent une contenance constante en azote, il n'en est pas de même pour
les urines qui ont une composition variable d'un
jour à l'autre. M. Millon en conclut qu'il est
difficile de fixer par cette méthode la statique
chimique des animaux, et il termine ainsi : «Sans
doute, au lieu de prendre la marche très lente
que j'ai adoptée, il eût été plus simple d'admettre
qu'à la suite d'un *régime uniforme* assez prolongé toutes les fonctions animales sont mainte-
nues dans un état d'équilibre parfait; il eût été
plus expéditif de se borner à une analyse de la
carotte ou du chou, puis des excréments et de

l'urine ; mais on voit où conduit cette apparente simplicité. » Nous sommes tout à fait de l'avis de M. Millon ; aussi avons-nous eu soin, dans nos recherches, de prolonger *l'expérience* durant quatre ou cinq jours, et de faire des analyses nombreuses de la totalité des excrétions et d'échantillons de tous les aliments. Lorsque l'expérience dure assez longtemps, on obtient l'état statique de vie animale ; cette prolongation de *l'expérience* ne doit pas être confondue avec celle du *régime antérieur*, qui ne saurait suffire.

F I N.

ERRATA

Page 30, ligne 2, *au lieu de* 36.66, *lisez* 39.66.

147, 148, 149 et 150, en titre courant, *au lieu de* urine du porc, *lisez* urine du mouton.

207, ligne 6, *au lieu de* au plus par tête, *lisez* en moyenne par 100 kil.

208, 209 et 210, en titre courant, *au lieu de* ration du bétail, *lisez* ration du porc.

253, ligne 2, *au lieu de* éléments, *lisez* aliments.

287, ligne 11, *au lieu de* du tiers au quart, *lisez* du tiers à la moitié.

325, ligne 17, *au lieu de* et par suite dans l'organisme, *lisez* et par conséquent dans l'organisme.

373, ligne 27, *au lieu de* l'autre, *lisez* les deux autres.

441, ligne 21, *au lieu de* 11.31, *lisez* 21.31.

TABLE

ANALYTIQUE ET ALPHABÉTIQUE
DES MATIÈRES.

TABLE DES AUTEURS MENTIONNÉS

FIN DE LA TABLE DES AUTEURS.

TABLE DES CHAPITRES

FIN DE LA TABLE DES CHAPITRES.